高等院校信息技术规划教材

Java EE框架技术
进阶式教程（第2版）

赵彦 许常青 刘丽 编著

清华大学出版社
北京

内 容 简 介

本书使用新颖的进阶式教学模式,让学生拾阶而上,攀登知识的高峰。同时采用项目驱动法、任务教学法和实例教学法完成对 Java EE 框架技术的讲述,让学生提前感知软件开发人员的工作。

全书共分 12 个单元,每个单元包含若干个任务。两个大项目贯穿全书,项目 1 是网上购物系统,项目 2 是图书管理系统。第 1~11 单元按知识点展开项目 1 中的相应部分。项目 2 的相应部分在各单元后面的习题和实训中讲述。第 12 单元是网上购物系统的开发,详细阐述使用 Java EE 四层模型开发项目 1 的全过程。

本书图文并茂,深入浅出,语言流畅,富含大量实例和案例,各个知识点的展开符合认识规律,既可作为一般高等院校 Java EE 课程的教材,又可供软件开发人员参考。

本书封面贴有清华大学出版社防伪标签,无标签者不得销售。
版权所有,侵权必究。侵权举报电话:010-62782989　13701121933

图书在版编目(CIP)数据

Java EE 框架技术进阶式教程/ 赵彦等编著. —2 版. —北京:清华大学出版社,2018
（高等院校信息技术规划教材）
ISBN 978-7-302-50343-9

Ⅰ. ①J… Ⅱ. ①赵… Ⅲ. ①JAVA 语言—程序设计—高等学校—教材　Ⅳ. ①TP312.8

中国版本图书馆 CIP 数据核字(2018)第 114916 号

责任编辑:袁勤勇
封面设计:常雪影
责任校对:白　蕾
责任印制:董　瑾

出版发行:清华大学出版社
　　　　网　　　址:http://www.tup.com.cn,http://www.wqbook.com
　　　　地　　　址:北京清华大学学研大厦 A 座　　　邮　　编:100084
　　　　社　总　机:010-62770175　　　　　　　　　邮　　购:010-62786544
　　　　投稿与读者服务:010-62776969,c-service@tup.tsinghua.edu.cn
　　　　质量反馈:010-62772015,zhiliang@tup.tsinghua.edu.cn
　　　　课件下载:http://www.tup.com.cn,010-62795954
印 装 者:三河市国英印务有限公司
经　　销:全国新华书店
开　　本:185mm×260mm　　　印　张:18.75　　　字　数:429 千字
版　　次:2011 年 10 月第 1 版　　2018 年 9 月第 2 版　　印　次:2018 年 9 月第 1 次印刷
定　　价:49.00 元

产品编号:078281-01

前言

Java EE 是企业应用的一种软件架构，该技术在逐步发展并日趋成熟，已成为当前 Web 开发以及大型软件开发的首选方案，受到广大 Java 爱好者和软件公司的追捧。因此，越来越多的人开始关注并学习 Java EE，希望使其成为职场生涯的必胜法宝。本书以网上购物系统和图书管理系统案例为教学背景，采用新型的"进阶式"教学模式，介绍 Java EE 框架技术和应用系统开发技术，将项目驱动法、任务式教学法和实例教学法融入课堂，让学生提前感知软件开发人员的工作。

本书以框架为主线，选择最先进的版本，采用通俗的语言，循序渐进，由浅入深地讲述 MySQL 数据库技术、Struts 2 框架、Hibernate 框架、Spring 框架，并详细介绍 Tomcat、MyEclipse 的使用方法。

本书最大的特点就是采用了进阶式教学模式。

在宏观上，作者根据 Java EE 的技术规范和应用经验，通过对 Java EE 知识点的分析，将教学内容分为基础篇、框架篇和系统开发篇，分阶段、分层次地实现了各单元间知识的进阶。在微观上，全书共分为 12 个单元，每个单元都包含一个引入性案例，即每个单元的主题，首先使用已有知识实现引入性案例；接着对该实现过程进行分析，提出有待解决的问题；然后学习新知识点，解决提出的问题；最后使用新学的知识重新实现引入性案例，也就是完成进阶式案例，达到知识的进阶。

这样的学习过程，不仅可以让学生知道学了什么，还能让学生明白为什么学、学了之后怎么用。

下面详述本书的其他特点，欢迎读者批评指正、共同探讨、提出宝贵意见和建议。

（1）本书完全按照认识的规律逐步展开，由浅入深讲述每一个知识点。

（2）全书分为 12 个单元，每个单元又包含若干个任务。将各个知识点渗透到每个单元的任务中，概念清晰、明确，图文并茂，易于理解。

(3) 以项目驱动法进行教学,逐步拓展课程内容。两个大项目贯穿全书,项目1是网上购物系统,项目2是图书管理系统。各单元按知识点展开项目1的相应部分,进行针对性的技能训练,同时加强老师的指导作用。项目2的相应部分在各单元后面的习题和实训中讲述,供学生练习,培养学生的探索和创新能力。

(4) 注重理论的可视化,可读性强,便于学生自学。本书中的任何一个案例都由背景介绍、功能演示、实现步骤、代码解释四部分组成。同时,在改进引入性案例的过程中,学生可以对已经学过的内容举一反三,将知识点贯穿于整个教学活动过程中,能够温故而知新。

(5) 通过大量的案例来引导、剖析、阐述各个知识点,每个案例都是最终项目的一部分。

建议用80个学时完成第1~11单元的课程,讲解Java EE框架技术的相关知识点,实现网上购物系统的各个功能。第12单元为系统开发篇,建议放在实训环节中讲述,该单元采用Java EE四层开发模型,使用软件工程的设计理念,以网上购物系统为例讲述项目开发的过程,同时该单元也是前11个单元的综合。

本书既可作为一般高等院校Java EE相关课程的教材,又可供软件开发人员参考。

为了方便教学和读者上机操作,作者提供本书配套的课程标准、教学大纲、教案、教学课件、系统的所有源代码文件和系统所需的JAR包。读者可以到清华大学出版社网站(http://www.tup.com.cn)查询和下载,也可以将有关建议和要求直接发送到作者信箱(flingmonica@163.com)。

本书的第1~4单元由许常青老师编写,第5~6单元由刘丽老师编写,第7~12单元由赵彦老师编写。

在本书的编写过程中,承蒙江苏信息职业技术学院物联网工程学院顾晓燕院长的帮助。感谢我的同事许常青老师、刘丽老师、季云峰老师对该课程的帮助和支持。也由衷地感谢清华大学出版社的关心和帮助。我的每一分收获都渗透了大家的关怀。

最后,我要感谢我的家人对我的理解和支持。感谢第1版的真诚读者,以及所有朋友对我的帮助,是您的支持才有了今天的第2版。

赵 彦

2018年4月

目录

第一篇 基 础 篇

第1单元 Java EE 概述 ·· 3
1.1 任务1 Java EE 发展历史 ·· 3
1.2 任务2 Java EE 简介 ··· 4
    1.2.1 Java EE 的概念 ··· 4
    1.2.2 Java EE 提出的背景 ··· 4
    1.2.3 Java EE 的优势 ··· 4
    1.2.4 Java EE 的四层模型 ··· 5
1.3 任务3 Java EE 的13种核心技术 ··································· 6
单元总结 ··· 8
习题 ··· 8
实训1 Java EE 概况 ·· 8

第2单元 Java EE 运行及开发环境的搭建 ····························· 9
2.1 任务1 JDK 的下载、安装及配置 ···································· 9
    2.1.1 JDK 的下载和安装 ·· 9
    2.1.2 JDK 的环境变量的配置 ······································ 9
2.2 任务2 Eclipse 的下载与安装 ······································ 10
2.3 任务3 MyEclipse 的下载与安装 ··································· 11
    2.3.1 MyEclipse 插件的下载 ······································ 11
    2.3.2 MyEclipse 插件的安装 ······································ 11
    2.3.3 启动 MyEclipse ·· 11
2.4 任务4 Tomcat 服务器的下载、安装及配置 ·························· 12
    2.4.1 Tomcat 的下载和安装 ······································ 13
    2.4.2 在 MyEclipse 中配置 Tomcat ································ 13
2.5 任务5 进阶式案例——Hello World 程序 ··························· 15
单元总结 ··· 18

习题 …………………………………………………………………………………… 18
实训 2　搭建 Java EE 运行及开发环境 …………………………………………… 19

第 3 单元　数据库访问技术 …………………………………………………………… 20

3.1　任务 1　引入性案例 ……………………………………………………………… 20
 3.1.1　案例分析 …………………………………………………………………… 20
 3.1.2　解决方案 …………………………………………………………………… 21
 3.1.3　具体实现 …………………………………………………………………… 21
3.2　任务 2　MySQL 数据库 …………………………………………………………… 21
 3.2.1　MySQL 安装与配置 ………………………………………………………… 21
 3.2.2　MySQL 的使用 ……………………………………………………………… 23
3.3　任务 3　JDBC ……………………………………………………………………… 26
 3.3.1　JDBC 概述 …………………………………………………………………… 26
 3.3.2　JDBC 驱动程序 ……………………………………………………………… 26
 3.3.3　使用 JDBC 连接数据库 ……………………………………………………… 27
 3.3.4　常用数据库的 JDBC 连接代码 ……………………………………………… 28
 3.3.5　JDBC 发送 SQL 语句 ………………………………………………………… 29
 3.3.6　获得 SQL 语句的执行结果 ………………………………………………… 30
3.4　任务 4　进阶式案例——添加用户功能的具体实现 ………………………… 31
 3.4.1　功能概述 …………………………………………………………………… 32
 3.4.2　运行效果 …………………………………………………………………… 32
 3.4.3　具体实现 …………………………………………………………………… 32
单元总结 ……………………………………………………………………………… 38
习题 …………………………………………………………………………………… 39
实训 3　实现图书管理系统中添加图书信息的功能 ……………………………… 39

第二篇　框　架　篇

第 4 单元　Struts 2 框架技术入门 …………………………………………………… 43

4.1　任务 1　引入性案例 ……………………………………………………………… 43
 4.1.1　解决方案 …………………………………………………………………… 44
 4.1.2　具体实现 …………………………………………………………………… 44
 4.1.3　分析不足之处 ……………………………………………………………… 50
4.2　任务 2　Struts 2 简介 …………………………………………………………… 51
 4.2.1　Struts 2 的发展历史 ………………………………………………………… 51
 4.2.2　Struts 2 与 WebWork 2、Struts 1 的关系 ………………………………… 51
4.3　任务 3　Struts 2 的体系结构 …………………………………………………… 53

4.3.1　Struts 2 的体系结构 ………………………………………………… 53
　　4.3.2　Struts 2 的工作机制 ………………………………………………… 53
4.4　任务 4　Struts 2 的配置 …………………………………………………… 54
　　4.4.1　web.xml 的配置 ……………………………………………………… 55
　　4.4.2　struts.properties 的配置 ……………………………………………… 55
　　4.4.3　struts.xml 的配置 …………………………………………………… 56
　　4.4.4　package 的配置 ……………………………………………………… 56
　　4.4.5　命名空间的配置 ……………………………………………………… 56
4.5　任务 5　进阶式案例——第一个 Struts 2 程序 …………………………… 57
　　4.5.1　解决方案 ……………………………………………………………… 57
　　4.5.2　具体实现 ……………………………………………………………… 57
单元总结 …………………………………………………………………………… 60
习题 ………………………………………………………………………………… 60
实训 4　使用 Struts 2 框架实现图书管理系统的用户登录模块 ………………… 61

第 5 单元　Struts 2 进阶与提高 …………………………………………… 62

5.1　任务 1　引入性案例 ………………………………………………………… 62
　　5.1.1　案例分析 ……………………………………………………………… 62
　　5.1.2　设计步骤 ……………………………………………………………… 64
　　5.1.3　具体实现 ……………………………………………………………… 64
　　5.1.4　Struts 2 工作流程 …………………………………………………… 67
　　5.1.5　分析不足之处 ………………………………………………………… 68
5.2　任务 2　Struts 2 标签库 …………………………………………………… 69
　　5.2.1　Struts 2 标签分类 …………………………………………………… 69
　　5.2.2　表单标签 ……………………………………………………………… 70
　　5.2.3　非表单标签 …………………………………………………………… 73
　　5.2.4　控制标签 ……………………………………………………………… 73
　　5.2.5　数据标签 ……………………………………………………………… 74
5.3　任务 3　Struts 2 国际化 …………………………………………………… 74
　　5.3.1　Struts 2 中的全局资源文件 ………………………………………… 74
　　5.3.2　在 Struts 2 中访问国际化信息 ……………………………………… 75
　　5.3.3　对引入性案例实现国际化 …………………………………………… 75
5.4　任务 4　数据类型转换器 …………………………………………………… 76
　　5.4.1　传统的类型转换 ……………………………………………………… 76
　　5.4.2　Struts 2 内建的类型转换器 ………………………………………… 77
　　5.4.3　其他转换方式 ………………………………………………………… 78
5.5　任务 5　数据校验 …………………………………………………………… 82
　　5.5.1　使用 validate 方法进行数据校验 …………………………………… 82

5.5.2 使用 Validation 框架进行数据校验 …… 84
5.6 任务6 进阶式案例——用户注册模块 …… 86
　　5.6.1 设计步骤 …… 87
　　5.6.2 运行效果 …… 88
单元总结 …… 89
习题 …… 89
实训5 图书管理系统的用户登录模块的优化 …… 89

第6单元 Hibernate 框架技术入门 …… 91

6.1 任务1 引入性案例 …… 91
　　6.1.1 案例分析 …… 91
　　6.1.2 设计步骤 …… 92
　　6.1.3 具体实现 …… 92
　　6.1.4 分析不足之处 …… 97
6.2 任务2 ORM 简介 …… 97
　　6.2.1 为什么要使用 ORM …… 98
　　6.2.2 具有代表性的 ORM 框架 …… 98
6.3 任务3 Hibernate 简介 …… 99
　　6.3.1 Hibernate 的发展历史 …… 99
　　6.3.2 Hibernate 与 EJB 的关系 …… 99
　　6.3.3 Hibernate 框架结构 …… 100
　　6.3.4 Hibernate 的工作原理 …… 100
6.4 任务4 Hibernate 的安装与配置 …… 101
　　6.4.1 Hibernate 的安装 …… 101
　　6.4.2 Hibernate 配置文件 …… 101
6.5 任务5 Hibernate 的核心类 …… 103
　　6.5.1 Configuration 与 SessionFactory …… 103
　　6.5.2 Session 类 …… 104
6.6 任务6 对象关联关系 …… 104
6.7 任务7 Hibernate 映射 …… 104
　　6.7.1 基本数据类型映射 …… 105
　　6.7.2 持久化类和数据表映射 …… 106
6.8 任务8 进阶式案例——使用 Hibernate 框架技术添加商品信息 …… 107
　　6.8.1 解决方案 …… 107
　　6.8.2 具体实现 …… 107
　　6.8.3 运行效果 …… 110
单元总结 …… 111
习题 …… 111

实训 6　使用 Hibernate 框架实现图书管理系统中添加图书信息的功能 ········ 111

第 7 单元　Hibernate 查询 ·· 113

7.1　任务 1　引入性案例 ·· 113
　　7.1.1　案例分析 ··· 113
　　7.1.2　设计步骤 ··· 114
　　7.1.3　具体实现 ··· 114
　　7.1.4　分析不足之处 ··· 117
7.2　任务 2　Hibernate 的关联查询 ··· 117
　　7.2.1　一对一关联关系 ··· 118
　　7.2.2　一对多、多对一关联关系 ··· 119
　　7.2.3　多对多关联关系 ··· 121
7.3　任务 3　Hibernate 的数据检索策略 ·· 122
　　7.3.1　立即检索 ··· 122
　　7.3.2　延迟检索 ··· 123
　　7.3.3　预先检索 ··· 123
　　7.3.4　批量检索 ··· 124
7.4　任务 4　Hibernate 的数据查询策略 ·· 124
　　7.4.1　Hibernate 查询方式简介 ··· 125
　　7.4.2　标准 API 方式 ·· 125
　　7.4.3　HQL 方式 ·· 126
　　7.4.4　原生 SQL 方式 ··· 127
7.5　任务 5　Hibernate 过滤 ·· 128
　　7.5.1　Session 过滤 ··· 128
　　7.5.2　Filter 过滤 ··· 129
7.6　任务 6　进阶式案例——使用 Hibernate 框架技术实现多表连接查询 ··· 129
　　7.6.1　解决方案 ··· 130
　　7.6.2　具体实现 ··· 130
　　7.6.3　运行效果 ··· 134
　　7.6.4　案例解析 ··· 134
单元总结 ·· 136
习题 ·· 137
实训 7　使用 Hibernate 框架实现图书管理系统中查询图书详细信息的
　　　　功能 ·· 137

第 8 单元　Hibernate 高级特性 ·· 139

8.1　任务 1　引入性案例 ·· 139

	8.1.1	案例分析 ································	140
	8.1.2	设计步骤 ································	140
	8.1.3	具体实现 ································	141
	8.1.4	分析不足之处 ····························	148
8.2	任务2	Hibernate 的事务管理 ····················	149
	8.2.1	事务的基本概念 ··························	149
	8.2.2	基于 JDBC 的事务管理 ····················	150
	8.2.3	基于 JTA 的事务管理 ·····················	151
8.3	任务3	Hibernate 的并发控制 ····················	152
	8.3.1	并发的基本概念 ··························	152
	8.3.2	悲观锁 ···································	153
	8.3.3	乐观锁 ···································	154
8.4	任务4	Hibernate 的缓存管理 ····················	155
	8.4.1	缓存原理 ································	156
	8.4.2	一级缓存 ································	156
	8.4.3	二级缓存 ································	157
	8.4.4	查询缓存 ································	158
8.5	任务5	进阶式案例——使用 Hibernate 的高级特性优化引入性案例 ···	161
	8.5.1	解决方案 ································	162
	8.5.2	具体实现 ································	162
	8.5.3	运行效果 ································	166
	8.5.4	案例解析 ································	166

单元总结 ··· 167
习题 ·· 167
实训 8 使用 Hibernate 框架实现图书管理系统中借阅、归还图书的功能 ······ 168

第 9 单元 Spring 框架技术入门 ························ 170

9.1	任务1	引入性案例 ·····························	170
	9.1.1	案例分析 ································	170
	9.1.2	设计步骤 ································	171
	9.1.3	具体实现 ································	171
	9.1.4	分析不足之处 ····························	172
9.2	任务2	Spring 简介 ······························	172
	9.2.1	Spring 的发展历史 ························	172
	9.2.2	Spring 的主要特性 ························	173
	9.2.3	Spring 框架的组成 ························	173
9.3	任务3	Spring 的下载和配置 ······················	174
	9.3.1	下载 Spring 框架 ··························	175

9.3.2　Spring 发布包和软件包 …………………………………………… 175
　　　9.3.3　Spring 的配置 …………………………………………………… 176
　　　9.3.4　Bean 的配置 ……………………………………………………… 176
　9.4　任务 4　理解 Spring 的核心模式——IoC …………………………………… 178
　　　9.4.1　反转控制 ………………………………………………………… 178
　　　9.4.2　依赖注入的 3 种方式 …………………………………………… 180
　9.5　任务 5　BeanFactory 与 ApplicationContext ………………………………… 181
　　　9.5.1　BeanFactory ……………………………………………………… 182
　　　9.5.2　ApplicationContext ……………………………………………… 183
　9.6　任务 6　进阶式案例——使用 Spring 框架实现引入性案例 ……………… 183
　　　9.6.1　解决方案 ………………………………………………………… 183
　　　9.6.2　具体实现 ………………………………………………………… 184
　　　9.6.3　运行效果 ………………………………………………………… 186
单元总结 …………………………………………………………………………………… 186
习题 ………………………………………………………………………………………… 187
实训 9　使用 Spring 框架实现本单元实例 1 中的情景 ……………………………… 187

第 10 单元　Spring 框架中的 AOP 技术 ……………………………………… 188

　10.1　任务 1　引入性案例 ………………………………………………………… 188
　　　10.1.1　案例分析 ……………………………………………………… 188
　　　10.1.2　设计步骤 ……………………………………………………… 189
　　　10.1.3　具体实现 ……………………………………………………… 189
　　　10.1.4　分析不足之处 ………………………………………………… 190
　10.2　任务 2　AOP 概述 …………………………………………………………… 190
　　　10.2.1　OOP 与 AOP 的关系 …………………………………………… 191
　　　10.2.2　AOP 的相关概念 ……………………………………………… 192
　　　10.2.3　Java 动态代理与 AOP ………………………………………… 192
　10.3　任务 3　Spring AOP 中的通知 ……………………………………………… 195
　　　10.3.1　Spring AOP 支持的通知类型 ………………………………… 195
　　　10.3.2　BeforeAdvice …………………………………………………… 196
　　　10.3.3　AfterReturningAdvice ………………………………………… 198
　　　10.3.4　MethodInterceptor ……………………………………………… 199
　　　10.3.5　ThrowAdvice …………………………………………………… 200
　10.4　任务 4　Spring AOP 的切入点 ……………………………………………… 202
　　　10.4.1　静态切入点 …………………………………………………… 202
　　　10.4.2　动态切入点 …………………………………………………… 203
　　　10.4.3　静态切入点测试实例 ………………………………………… 203
　10.5　任务 5　AOP 的代理模式 …………………………………………………… 205

	10.5.1	理解代理	205
	10.5.2	ProxyFactory	206
	10.5.3	ProxyFactoryBean	207
	10.5.4	AOP 代理模式测试实例	207
10.6	任务 6	进阶式案例——使用 Spring 框架中的 AOP 技术实现引入性案例	211
	10.6.1	解决方案	211
	10.6.2	具体实现	211
	10.6.3	运行效果	213

单元总结 214
习题 214
实训 10 使用 Spring AOP 技术模拟图书管理系统中到期提醒信息的输出 215

第 11 单元　Spring、Struts、Hibernate 框架整合技术 216

11.1	任务 1	引入性案例	216
11.2	任务 2	Spring 与 Struts 的整合	217
	11.2.1	Spring 与 Struts 1 的整合方式	217
	11.2.2	Spring 与 Struts 2 的整合技术	218
11.3	任务 3	Spring 与 Java EE 持久化数据访问技术	220
	11.3.1	获取 DataSource 的方法	220
	11.3.2	Spring 对 JDBC 的支持	222
11.4	任务 4	Spring 与 Hibernate 的整合	224
	11.4.1	Spring 对 Hibernate 的支持	224
	11.4.2	Spring 对 SessionFactory 的管理	225
	11.4.3	Hibernate 的 DAO 实现	226
	11.4.4	使用 HibernateTemplate	226
	11.4.5	管理 Hibernate 事务	227
11.5	任务 5	构建 SSH 整合框架体系	229
11.6	任务 6	进阶式案例——使用 SSH 框架体系实现购物车模块的开发	241
	11.6.1	解决方案	241
	11.6.2	具体实现	242
	11.6.3	运行效果	251

单元总结 251
习题 252
实训 11 使用 SSH 框架体系实现图书管理系统中图书添加和查阅模块 252

第三篇 系统开发篇

第 12 单元　网上购物系统 ································ 255
- 12.1　步骤 1　网上购物系统需求分析 ·················· 255
- 12.2　步骤 2　网上购物系统数据库设计 ··············· 256
- 12.3　步骤 3　网上购物系统框架搭建 ··················· 258
  - 12.3.1　工程目录结构解析 ······························ 258
  - 12.3.2　创建 ShoppingSystem 工程 ·················· 259
- 12.4　步骤 4　网上购物系统的代码实现 ··············· 259
  - 12.4.1　数据持久层的实现 ······························ 259
  - 12.4.2　数据库连接的实现 ······························ 260
  - 12.4.3　用户管理模块的实现 ··························· 261
  - 12.4.4　商品浏览模块的实现 ··························· 266
  - 12.4.5　购物车管理模块的实现 ························ 271
  - 12.4.6　订单管理模块的实现 ··························· 278
  - 12.4.7　主界面的实现 ···································· 281
- 单元总结 ··· 284
- 习题 ··· 284
- 实训 12　图书管理系统 ···································· 285

第一篇

基础篇

第一篇

基础篇

第 1 单元

Java EE 概述

单元描述：

在计算机发展历史上，网络的出现是一个重要的里程碑。如果没有网络，世界上任何一台计算机都将成为孤岛。如果说 20 世纪是桌面程序的时代，那么 21 世纪无疑是网络程序的天下。企业版 Java 平台（Java Platform Enterprise Edition，Java EE）的出现，使得 Java 企业应用的 Web 开发变得更加简单快捷。本单元首先介绍 Java EE 的发展历史，然后简单介绍 Java EE 的特点和核心技术，让读者对 Java EE 有一个初步认识。

单元目标：

- 掌握 Java EE 的发展历史；
- 了解 Java EE 在 Java 平台中的地位和作用；
- 熟悉 Java EE 的四层模型；
- 了解 Java EE 的 13 种核心技术。

1.1 任务 1 Java EE 发展历史

任务描述及任务目标： "治学先治史"，无论是学习一门课程，还是一门语言，都应首先了解其发展历史。

Java EE 由 J2EE 发展而来。J2EE 即 Java 2 平台企业版（Java 2 Platform Enterprise Edition），是 Sun 公司为企业级应用推出的标准（Platform）。Sun 公司在 1998 年发布 1.2 版本的时候，使用了新名称 Java 2 Platform，即 Java 2 平台，修改后的 JDK 称为 Java 2 Platform Software Developing Kit。Java 2 平台分为标准版（Standard Edition，J2SE）、企业版（Enterprise Edition，J2EE）、微型版（Micro Edition，J2ME），J2EE 由此诞生。它们的范围是：J2SE 包含于 J2EE 中，J2ME 包含了 J2SE 的核心类，但又新添加了一些专有类。

2005 年 6 月，JavaOne 大会召开，Sun 公司公开了 JavaSE6。此时，Java 的各种版本已经更名取消其中的数字 2：J2EE 更名为 Java EE，J2SE 更名为 JavaSE，J2ME 更名为 JavaME。

随着 Java 技术的发展，Java EE 平台取得了前所未有的进步，成为 Java 语言中最活跃的体系之一。现如今，Java EE 不仅仅是指一种标准平台，它更多地表达着一种软件架构设计思想。

1.2 任务2 Java EE简介

任务描述及任务目标：Java EE是一套全然不同于传统应用开发的技术架构，它包含许多组件，主要用于简化、规范应用系统的开发与部署，进而提高可移植性、安全性和可重用性。

Java EE的核心是一组技术规范与指南，其中所包含的各类组件、服务架构及技术层次，均有共同的标准及规格，使得各种依循Java EE架构的不同平台之间存在良好的兼容性，解决过去企业后端使用的信息产品间无法兼容的问题，从而不存在企业内部或外部难以互通的窘境。

1.2.1 Java EE的概念

Java EE是一种利用Java平台来简化企业解决方案且开发、部署和管理相关复杂问题的体系结构。Java EE技术的基础是核心Java平台或JavaSE。Java EE不仅巩固了标准版中的许多优点，例如"编写一次、随处运行"的特性、方便存取数据库的JDBC(Java Data Base Connectivity) API、CORBA(Common Object Request Broker Architecture,公共对象请求代理体系结构)技术以及能够在Internet应用中保护数据的安全模式等，同时还提供了对EJB(Enterprise JavaBeans)、Java Servlets API、JSP(Java Server Pages)以及XML技术的全面支持。其最终目的就是成为一个能够使企业开发者大幅缩短投放市场时间的体系结构。

1.2.2 Java EE提出的背景

许多企业级应用，例如数据库连接、邮件服务、事务处理等都是一些通用企业需求模块。如果在每次开发中都由开发人员完成这些模块，将会造成开发周期长和代码可靠性差等问题。于是许多大公司开发了自己的通用模块服务。这些服务性的软件系列统称为中间件。

在以上分析的需求基础之上，许多公司都开发了自己的中间件，但其与用户的沟通都各有不同，从而导致用户无法将各个公司不同的中间件组装在一块为自己服务。于是提出了标准的概念。其实Java EE就是基于Java技术的一系列标准。

1.2.3 Java EE的优势

Java EE为搭建具有可伸缩性、灵活性、易维护性的商务系统提供了良好的机制。

1. 保留现存的IT资产

由于企业必须适应新的商业需求，必须利用已有的企业信息系统方面的投资，而不是重新制定全盘方案。这样，一个以渐进的（而不是激进的、全盘否定的）方式建立在已有系统之上的服务器端平台机制是公司所需求的。由于基于Java EE平台的产品几乎能够在任何操作系统和硬件配置上运行,现有的操作系统和硬件也能被保留使用。图 1-1 中给出的是 Java EE 的技术架构。

2. 高效的开发

Java EE 允许公司把一些通用的、很烦琐的服务端任务交给中间件供应商去完成。这样开发人员可以将注意力放在如何创建商业逻辑上,相应地缩短了开发时间。高级中间件供应商将提供以下这些复杂的中间件服务:状态管理服务——让开发人员写更少的代码,不用关心如何管理状态,这样能够更快地完成程序开发;持续性服务——让开发人员不用对数据访

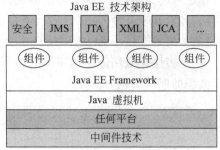

图 1-1　Java EE 的技术架构

问逻辑进行编码就能编写应用程序,能生成更轻巧、与数据库无关的应用程序,这种应用程序更易于开发与维护;分布式共享数据对象 cache(高速缓存)服务——让开发人员编制高性能的系统,极大提高整体部署的伸缩性。

3. 支持异构环境

Java EE 能够开发部署在异构环境中的可移植程序。基于 Java EE 的应用程序不依赖任何特定操作系统、中间件、硬件。因此设计合理的基于 Java EE 的程序只需开发一次就可部署到各种平台。这在典型的异构企业计算环境中是十分关键的。Java EE 标准也允许客户订购与 Java EE 兼容的第三方的现成组件,把它们部署到异构环境中,节省由自己制订整个方案所需的费用。

4. 可伸缩性

企业必须选择一种服务器端平台,这种平台应能提供极佳的可伸缩性,以满足那些在他们系统上进行商业运作的大批新客户。基于 Java EE 平台的应用程序可被部署到各种操作系统上。例如,可被部署到高端 UNIX 与大型机系统,这种系统单机可支持 64 个至 256 个处理器(这是 Windows NT 服务器望尘莫及的)。Java EE 领域的供应商提供了更为广泛的负载平衡策略,能解决系统中的瓶颈问题,允许多台服务器集成部署,这种部署可达数千个处理器,满足了未来商业应用的需要。

5. 稳定的可用性

一个服务器端平台必须能全天候运转以满足公司客户、合作伙伴的需要。因为 Internet 是全球化的、无处不在的,即使在夜间按计划停机也可能造成严重损失。若是意外停机,将会有灾难性后果。将 Java EE 部署到可靠的操作环境中,它能支持长期的可用性。一些 Java EE 部署在 Windows 环境中,客户也可选择健壮性更好的操作系统,如 Sun Solaris、IBM OS/390。最健壮的操作系统可达到 99.999% 的可用性或每年只需 5 分钟停机时间。这是实时性很强的商业系统的理想选择。

1.2.4　Java EE 的四层模型

Java EE 使用多层的分布式应用模型,应用逻辑按功能划分为组件,各个应用组件根据它们所在的层分布在不同的机器上。事实上,Sun 设计 Java EE 的初衷正是为了解决

两层模式(Client/Server)的弊端。在传统模式中,客户端因担当了过多的角色而显得臃肿,在这种模式中,第一次部署的时候比较容易,但难于升级或改进,可伸展性也不理想,而且它经常基于某种专有的协议,通常是某种数据库协议,从而使得重用业务逻辑和界面逻辑非常困难。Java EE 的多层企业级应用模型将两层化模型中的不同层面切分成许多层。一个多层化应用能够为不同的每种服务提供一个独立的层,图 1-2 给出的就是 Java EE 典型的四层结构。

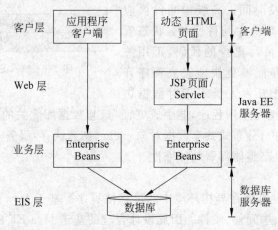

图 1-2 J2EE 典型的四层结构

在图 1-2 中,客户层组件运行在客户端机器上,Web 层组件、业务层组件运行在 Java EE 服务器上,企业信息系统(Enterprise Information System,EIS)层软件运行在 EIS 服务器上。

1.3 任务 3 Java EE 的 13 种核心技术

任务描述:Java 最初在浏览器和客户端机器使用。当时,很多人质疑它是否适合做服务器端的开发。现在,随着对 Java EE 的出台,Java 被广泛接纳为开发企业级服务器端解决方案的首选平台之一。

任务目标:Java EE 平台由一整套服务(Services)、应用程序接口(API)和协议构成,它对开发基于 Web 的多层应用提供了功能支持。在本任务中将简单介绍支撑 Java EE 的 13 种核心技术:JDBC、JNDI、EJB、RMI、Java IDL、JSP、Java Servlet、XML、JMS、JTS、JTA、JavaMail 和 JAF,同时还将描述在何时、何处需要使用这些技术。

1. JDBC(Java Database Connectivity)

JDBC 为访问不同的数据库提供了一种统一的途径,像 ODBC 一样,JDBC 对开发者屏蔽了一些细节问题,另外,JDCB 对数据库的访问也具有平台无关性。

2. JNDI(Java Name and Directory Interface)

JNDI API 被用于执行名字和目录服务。它提供了一致的模型来存取和操作企业级的资源,如 DNS 和 LDAP、本地文件系统或应用服务器中的对象。

3. EJB（Enterprise JavaBean）

Java EE 技术赢得媒体广泛重视的原因之一就是 EJB。它们提供了一个框架来开发和实施分布式商务逻辑，由此显著地简化了具有可伸缩性和高度复杂的企业级应用开发。EJB 规范定义了 EJB 组件在何时如何与它们的容器进行交互。容器负责提供公用的服务，例如目录服务、事务管理、安全性、资源缓冲池以及容错性。但这里值得注意的是，EJB 并不是实现 Java EE 的唯一途径。正是由于 Java EE 的开放性，使得有的厂商能够以一种与 EJB 平行的方式来达到同样的目的。

4. RMI（Remote Method Invoke）

正如其名字所表示的那样，RMI 协议调用远程对象上的方法。它使用了序列化方式在客户端和服务器端传递数据。RMI 是 EJB 使用的更底层的协议。

5. Java IDL/CORBA

在 Java IDL 的支持下，开发人员可以将 Java 和 CORBA 集成在一起。它们可以创建 Java 对象并使之可在 CORBA ORB 中展开，或者还可以创建 Java 类并作为和其他 ORB 一起展开的 CORBA 对象的客户。后一种方法提供了另外一种途径，通过它 Java 可将新的应用系统和旧的系统相集成。

6. JSP

JSP 页面由 HTML 代码和嵌入其中的 Java 代码所组成。服务器收到来自页面的客户端的请求以后，对这些 Java 代码进行处理，然后将生成的 HTML 页面返回给客户端的浏览器。

7. Java Servlet

Servlet 是一种小型的 Java 程序，它扩展了 Web 服务器的功能。作为一种服务器端的应用，当被请求时开始执行，它和 CGI Perl 脚本很相似。Servlet 提供的功能大多与 JSP 类似，不过实现的方式不同。JSP 通常是大多数 HTML 代码中嵌入少量的 Java 代码，而 Servlet 全部由 Java 写成并且生成 HTML 代码。

8. XML（Extensible Markup Language）

XML 是一种可以用来定义其他标记语言的语言。它被用来在不同的商务过程中共享数据。XML 的发展和 Java 是相互独立的，但是，它和 Java 具有的相同目标正是平台独立性。通过 Java 和 XML 的组合，可以得到一个完美的具有平台独立性的解决方案。

9. JMS（Java Message Service）

JMS 是具有面向消息的中间件相互通信的应用程序接口（API）。它既支持点对点的域，也支持发布/订阅（Publish/Subscribe）类型的域，并且可以传递认可的消息、事务型消息、一致性消息和具有持久性的订阅者支持。JMS 还提供了应用与旧后台系统相集成的方法。

10. JTS（Java Transaction Service）

JTS 是 CORBA OTS 事务监控的基本的实现，JTS 规定了事务管理器的实现方式。该事务管理器是在高层支持 Java Transaction API（JTA）规范，并且在较底层实现 OMG OTS Specification 的 Java 映像。JTS 事务管理器为应用服务器、资源管理器、独立的应用以及通信资源管理器提供事务服务。

11. JTA（Java Transaction Architecture）

JTA 定义了一种标准的 API，应用系统由此可以访问各种事务监控。

12. JavaMail

JavaMail 是用于存取邮件服务器的 API，它提供了一套邮件服务器的抽象类。不仅支持 SMTP 服务器，也支持 IMAP 服务器。

13. JAF（JavaBeans Activation Framework）

JavaMail 利用 JAF 来处理 MIME 编码的邮件附件。MIME 的字节流可以被转换为 Java 对象，或者转换自 Java 对象。大多数应用都不需要直接使用 JAF。

单 元 总 结

本单元首先介绍 Java EE 的发展历史，然后简单介绍了 Java EE 的特点和核心技术。通过本单元的学习，读者会对 Java EE 有一个初步认识。

习　　题

（1）简述 Java EE 的发展历程。
（2）描述 Java EE 的四层模型。
（3）Java EE 所包括的 13 种核心技术是什么？

实训 1　Java EE 概况

1. 实训目的

（1）掌握 Java EE 的发展历史，了解 Java EE 在 Java 平台中的地位和作用。
（2）熟悉 Java EE 的四层模型。
（3）了解 Java EE 的 13 种核心技术。

2. 实训内容

（1）查阅资料了解 Java 的发展历史以及 Java EE 在 Java 平台中的地位和作用。
（2）通过查阅资料，了解 Java EE 的四层模型是什么，各个层次的作用是什么。
（3）了解 Java EE 包含的 13 种核心技术。

3. 实训小结

查阅相关资料，对相关内容写出实训总结。

第 2 单元
Java EE 运行及开发环境的搭建

单元描述：

在开发 Java EE 应用程序之前，首先要搭建 Java EE 运行及开发环境。本单元首先详细介绍如何搭建 Java EE 运行及开发环境，其中包含 JDK、Eclipse、MyEclipse 以及 Tomcat 的安装和基本配置。然后完成一个 Hello World 的 Java EE 应用程序，使读者初步了解 Java EE，为以后的学习打下基础。本书以 Windows 2003 Server 操作系统为例，讲解 Java EE 运行及开发环境的搭建。

单元目标：

- 了解 JDK 的下载和安装及环境变量的配置；
- 了解 Eclipse 的下载与安装，熟悉其开发环境；
- 了解 Tomcat 的下载与安装，以及其基本配置；
- 学习使用 MyEclipse 创建 Java EE 应用程序。

2.1 任务 1 JDK 的下载、安装及配置

任务描述及任务目标： 开发 Java EE 应用程序的环境，需要安装 JDK(Java Development Kit, Java 开发工具箱)，它是整个 Java 的核心，包括 Java 运行环境 JRE(Java Runtime Environment)、一些 Java 工具和 Java 基础的类库。

2.1.1 JDK 的下载和安装

目前，Oracle 公司推出的 JDK 的最新版本是 JDK 9.0 Update20，读者可以从如下网站上下载 JDK 9.0 的最新版本：http://java.oracle.com/technetwork/java/javase/downloads/index.html。

如果您使用的是 Windows 操作系统，可以下载 Windows 版本的 JDK，该版本是一个可执行的 exe 文件。双击安装程序即可安装 JDK。

2.1.2 JDK 的环境变量的配置

JDK 安装完成后需要将其配置到环境变量中。如果 JDK 安装在 C:\Program Files\Java\jdk1.6.0 目录下，那么可按照以下步骤完成环境变量的配置。

单击 Windows 的"开始"→"控制面板"→"系统"命令，打开"系统属性"对话框，切换

到"高级"选项卡。单击"环境变量"按钮,打开"环境变量"对话框,如图 2-1 所示。在弹出的"环境变量"对话框中"系统变量"部分双击 Path,在后面输入 C:\Program Files\Java\jdk1.9.0\bin,如图 2-2 所示。

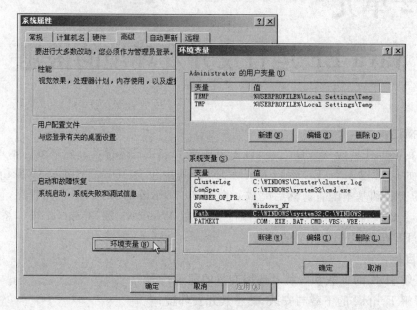

图 2-1 环境变量的设置

图 2-2 编辑环境变量

设置完成后,单击"确定"按钮,完成系统变量 Path 的编辑,关闭对话框。

2.2 任务 2 Eclipse 的下载与安装

任务描述及任务目标:Eclipse 的下载与安装。

Eclipse 是一个免费的 Java 开发平台,Eclipse 以其代码开源、使用免费、界面美观、功能强大、插件丰富等特性成为 Java 开发中使用最为广泛的开发平台。

Eclipse 不仅可以开发 Java 程序,还可以开发 PHP、PERL、C++ 等多种语言程序。目前 Eclipse 的最新版本是 Eclipse 3.4。可以从 Eclipse 的官方网站下载最新版本的 Eclipse。下载网址为:http://www.eclipse.org/downloads/。

Eclipse 是一个典型的绿色软件,不需要安装,不修改注册表,只要解压 Eclipse.zip 到任意文件夹并启动 Eclipse.exe 文件就可以运行。原装的 Eclipse 可以编写 Java 程序,但是不可以编写 JSP 等 Java EE 文件。因此下一个任务就是下载并安装 MyEclipse 插件。

2.3 任务3 MyEclipse 的下载与安装

任务描述及任务目标：MyEclipse 是近几年发展起来的较为成熟的 Java EE 开发平台，以 MyEclipse 插件的形式运行在 Eclipse 平台上。由于 Java EE 的流行，MyEclipse 在 Java EE 开发中拥有绝对的优势和较高的市场占有率。

2.3.1 MyEclipse 插件的下载

可以从 MyEclipse 的官方网站 http://www.MyEclipseide.com/Downloads-reqviews download-sid-30.html 下载 MyEclipse 7.0。不同于 Eclipse，MyEclipse 是一个商业插件。用户需要购买一个 License 来使用正版 MyEclipse，或者选择 30 天试用。超出试用期后，会弹出"注册"对话框，但不影响使用。

2.3.2 MyEclipse 插件的安装

MyEclipse 提供两种下载包：All In One 下载包和 Plug-in 下载包。All In One 下载包包含 Eclipse，Plug-in 下载包不包含 Eclipse。由于在任务 2 中已经下载了 Eclipse，这里只需要下载 Plug-in 下载包即可。

Plug-in 下载包非常小，但它是一个可执行的安装程序。运行后，会自动从 MyEclipse 的官方网站上下载当前版本的 MyEclipse，因此安装 Plug-in 下载包时需要网络连接。

2.3.3 启动 MyEclipse

安装完毕就可以从"开始"按钮启动 MyEclipse。启动时，会让读者选择工作文件夹，默认工作文件夹是 C:\Documents and Settings\Administrator\workspace，如图 2-3 所示。

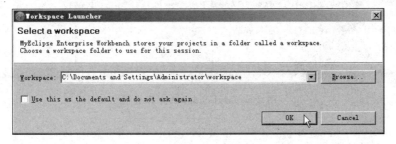

图 2-3 选择工作文件夹

单击 OK 按钮，进入 MyEclipse 工作台。第一次启动 MyEclipse 会出现欢迎界面，如图 2-4 所示。关闭欢迎界面将进入 MyEclipse 的工作界面，如图 2-5 所示。

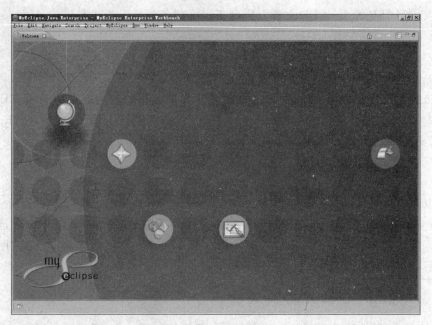

图 2-4 欢迎界面

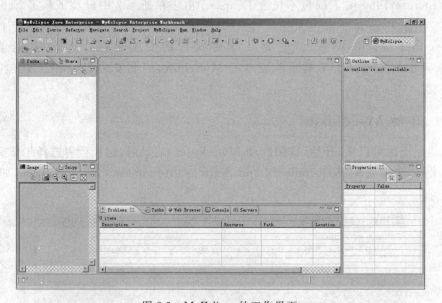

图 2-5 MyEclipse 的工作界面

2.4 任务 4 Tomcat 服务器的下载、安装及配置

任务描述及任务目标：Tomcat 服务器是一个免费的开源的 Web 应用服务器，它是 Apache 软件基金会（Apache Soft Foundation）下 Jakarta 项目组的核心项目，由 Apache、Sun 和其他一些公司及个人共同开发而成，由于 Sun 的参与和支持，最新的 Servlet 和

JSP 规范总能在 Tomcat 中得到体现。由于 Tomcat 具有性能稳定及免费开源的特点，深受广大 Java 爱好者的追捧，同时也得到了许多软件开发商的认可，成为目前市场上最为流行的 Web 服务器。

2.4.1 Tomcat 的下载和安装

本书使用 Tomcat 6.0 作为 Web 服务器。可以从 http://tomcat.apache.org/download-60.cgi 下载 Tomcat 的最新版本。

如果读者下载的是 Tomcat 的 Windows 版本，可以通过执行 exe 文件的方式安装 Tomcat。在安装的过程中可以指定 Tomcat 的端口号、用户名和密码，默认端口号为 8080，用户名为 admin，密码可以为空。

安装完成后，选择"开始"→"所有程序"→Apache Tomcat 6.0 选项，在弹出的 Apache Tomcat 6 Properties 对话框的 General 选项卡中单击 Start 按钮，启动 Tomcat，如图 2-6 所示。然后单击"确定"按钮，关闭该对话框。

图 2-6　启动 Tomcat

启动 Tomcat 之后，在浏览器地址栏中输入如下 URL：http://localhost:8080/。如果在浏览器中显示如图 2-7 所示的页面，表示 Tomcat 已经安装成功，并可以成功启动。

2.4.2 在 MyEclipse 中配置 Tomcat

MyEclipse 默认使用内置 Tomcat。如果读者想使用最新版本的 Tomcat，需要在 MyEclipse 中配置 Tomcat。在 MyEclipse 的菜单栏中，选择 Window 命令，在弹出的下拉菜单中选择 Preferences 命令，打开 Preferences 对话框。在左侧的列表中选择 MyEclipse Enterprise Workbench 选项，在该选项下，选择 Servers，接着选择 Tomcat，然后单击 Tomcat 6.x 节点。此时，右侧将出现 Tomcat 的配置界面。首先选中 Enable 单

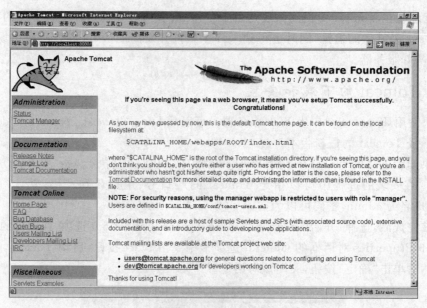

图 2-7　Tomcat 首页

选按钮，开启 Tomcat 6.x。单击 Tomcat home directory 标签后面的 Browse 按钮，在弹出的对话框中，找到 Tomcat 的安装路径 C:\Program Files\Apache Software Foundation\Tomcat 6.0，单击"确定"按钮，回到 Preferences 对话框，此时 Tomcat base directory 和 Tomcat temp directory 会根据 Tomcat 的安装路径自动找到各自的位置。具体的配置情况如图 2-8 所示。

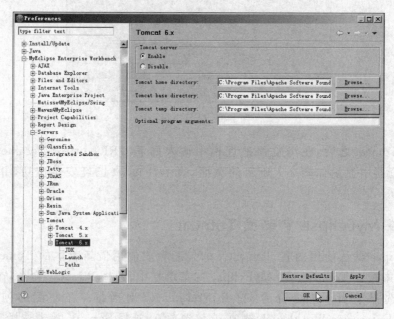

图 2-8　在 MyEclipse 中配置 Tomcat

在默认情况下，MyEclipse 使用自带的 JDK，若想为 Tomcat 选择自己安装的 JDK 需要选择 Preferences 对话框左边目录树中的 MyEclipse Enterprise Workbench 选项，在 Servers 节点中选择 Tomcat，展开 Tomcat 6.x 节点，单击 JDK 选项。单击 Tomcat JDK name 标签下的 Add 按钮，在弹出的对话框中，为 Tomcat 选择自己安装的最新版本的 JDK。

2.5 任务5 进阶式案例——Hello World 程序

任务描述：下面使用 MyEclipse 编写一个简单的显示 Hello World 字样和当前时间的网页程序。

任务目标：通过对本任务的学习，读者不但可以了解使用 MyEclipse 创建 Java EE 工程的方法，还能掌握如何在 MyEclipse 中配置 Tomcat 以及发布工程。

1. 创建 Web 工程

在 MyEclipse 中新建一个 Web 工程。启动 MyEclipse，在菜单栏中选中 File，在随后弹出的下拉菜单中，选择 New 命令。在之后弹出的子菜单中选择 Project 选项 Project...。随后弹出 New Project 对话框，如图 2-9 所示，在该对话框中选中 Web Project 选项，单击 Next 按钮，弹出 New Web Project 对话框。在该对话框中，输入工程名 Hello，并将其设置成为 Java EE 5.0 应用级别，具体设置如图 2-10 所示。设置完毕单击 Finish 按钮，完成 Java EE 应用的创建。新建的 Web 工程的文件结构如图 2-11 所示。

图 2-9 新建工程

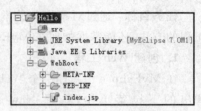

图 2-10 对 Web 工程进行设置　　　　图 2-11 Hello 工程文件结构

2. 具体实现

（1）获取时间的 Java 源码程序。在工程文件结构图中，src 文件夹下的文件是 Java 文件。选择 src 文件夹，右击，在弹出的快捷菜单中选择 New 命令，在随后弹出的快捷菜单中选择 Package 命令。在弹出的 New Java Package 对话框中，输入要创建的 Package 的名称 myClass，然后单击 Finish 按钮，如图 2-12 所示。

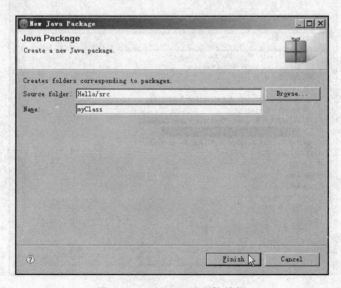

图 2-12 Hello 工程文件结构

在 myClass 包下，创建名为 GetTime 的 Java 文件，其代码如下。

```java
package myClass;
import java.util.Date;
public class GetTime {
    public String printTime() {
        return new Date().toString();
    }
}
```

（2）对 index.jsp 文件进行修改，使其能够在此文件的页面中输出"Hello World"，并显示当前时间，代码如下：

```jsp
<%@page language="java" pageEncoding="ISO-8859-1"%>
<%@page import="myClass.GetTime;"%>
<html>
    <head>
    </head>
    <body>
        <p align="center">
            Hello World
            <br>
        </P>
        <%=new GetTime().printTime()%>
    </body>
</html>
```

注意：在给 Project 命名时，首字母要大写，否则 New Web Project 对话框中会有警告性提示信息出现。在工程中创建的 Package 的命名应该采用完整的英文描述符，首字母要小写，Class 命名的首字母要大写。命名时要尽量采用简洁易懂的英文字符描述，以增强程序的可读性和可维护性。

（3）发布工程。为了能够使此页面可以在浏览器中显示，需要将其发布到 Tomcat 中。首先在 MyEclipse 中启动 Tomcat。单击工具栏上 按钮旁的下拉按钮，在弹出的下拉选项中选择 Tomcat 6.x，在随后弹出的菜单中选择 Start 命令，此时系统会启动 Tomcat。启动后，单击工具栏上的 按钮，在弹出的 Project Deployment 对话框中，进行工程发布。在该对话框的 Project 标签的后面选择要发布的工程 Hello，之后单击 Add 按钮，在随后弹出的 New Deployment 对话框中选择 Tomcat 6.x 服务器进行发布，单击 Finish 按钮，完成在 New Deployment 对话框中的设置。回到 Project Deployment 对话框，此时在 Deployment Status 中会显示 Successfully Deployed，表示已经成功发布。单击 OK 按钮，完成工程发布。Project Deployment 对话框和 New Deployment 对话框的设置如图 2-13 所示。

（4）查看 index.jsp。打开 IE 浏览器，在其地址栏中输入 http://localhost:8080/

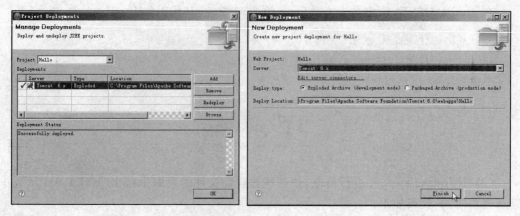

图 2-13 发布 Hello 工程

Hello/index.jsp，浏览器会显示 HelloWorld 以及当前的时间信息。运行结果如图 2-14 所示。

图 2-14 运行结果

单 元 总 结

本单元首先介绍 Java EE 运行环境的搭建，其中包括 JDK 的下载、安装和配置，Eclipse 和 MyEclipse 的下载、安装和配置，Tomcat 服务器的下载、安装和配置问题。在讲述 Tomcat 的时候，着重讲述 Tomcat 和 MyEclipse 的集成。最后通过实例让读者清楚了解 Java EE 运行环境及开发工具的方法使用。

习 题

（1）简述如何配置 JDK 的环境变量。
（2）简述并操作 Tomcat 和 MyEclipse 的集成。
（3）使用已经搭建好的 Java EE 开发环境创建 Java 工程，使其能够打印 Hello World 和系统时间。

实训 2　搭建 Java EE 运行及开发环境

1．实训目的

（1）掌握 JDK 的下载以及环境变量的配置。

（2）了解 Eclipse、MyEclipse 的下载与安装,熟悉其开发环境。

（3）学习使用 MyEclipse 创建 Java EE 应用程序。

2．实训内容

（1）安装 JDK。

（2）安装 Eclipse 和 MyEclipse。

（3）安装并配置 Tomcat。

（4）使用已经搭建好的 Java EE 开发环境建立 Java 工程和 Web 工程,使其能够正确打印 Hello World 和系统时间。

3．操作步骤

参考本单元任务 2 至任务 5 的讲述,完成 Java EE 运行环境的搭建工作,并完成相应的工程的创建,实现其功能。

4．实训小结

对相关内容写出实训总结。

第 3 单元

数据库访问技术

单元描述：

大多数网络程序的开发都需要数据库的支持。控制台、图形化界面客户端与数据库交互的途径就是执行 SQL 语句。在 Java 中，访问数据库的主要技术是 JDBC。JDBC 是 Java 规定的访问数据库的标准 API，目前主流数据库都支持 JDBC。解决如何使用 JDBC 技术访问 MySQL 数据库的问题是本单元的主要目标。

单元目标：

- 掌握 SQL 的基本概念；
- 掌握 MySQL 的基本操作；
- 通过实例掌握 JDBC 的设计方案和典型用法；
- 了解 JDBC 编程的基本步骤。

3.1 任务1 引入性案例

任务描述及任务目标： 在网上购物系统中，最为重要的就是用户管理，用户应分为管理员用户和普通用户。管理员用户具有商品管理、订单管理等权限。普通用户具有商品浏览、购买等权限。管理员用户只有一个 admin，普通用户可以有很多。当一个普通用户注册后，需要添加一条用户信息。本案例主要解决添加一个普通用户的问题。

3.1.1 案例分析

一个完整的系统，往往会用到大量的数据，数据库本身就是存储数据的仓库，在程序中扮演着重要的角色。在数据库和应用程序之间，数据库负责数据管理，应用程序负责业务逻辑。在一个商业应用中，引入数据库技术、维护数据的存取是完全必要的，这也是设计数据库的初衷。

市场上的数据库产品很多，本书采用的是当前应用最广泛的开源数据库软件 MySQL，MySQL 的开发者为瑞典 MySQL AB 公司，该公司于 2008 年 1 月 16 日被 Sun 公司收购。在非商业用途下，MySQL 可以免费使用。它因精巧、执行效率高、运行稳定而深受欢迎。

3.1.2 解决方案

在目前的知识体系下,添加一个普通用户的解决方案就是直接到数据库中向 user 表添加一条记录。

3.1.3 具体实现

在 SQL 中,添加一条记录要使用 insert 语句。insert 语句的语法如下:

insert [into] 表名
{[(字段列表)]}
{values (相应的值列表)

aser 表的结构如表 3-1 所示。

表 3-1 user 表的结构

列 名	数据类型	长度	是否允许为空	说 明
userID	int	4	否	主键,保持自动增长,步长为1
userName	varchar	30	否	用户名
passWord	varchar	30	否	密码
sex	varchar	4	否	性别,默认值为男
age	int	4	是	年龄
telNum	varchar	15	是	电话号码
e_Mail	varchar	50	否	电子邮箱

插入 user 表的数据如表 3-2 所示。

表 3-2 要添加的用户信息

userID	userName	passWord	sex	age	telNum	e_Mail
1	王新民	123456	男	33	13895251191	wxm@163.com

要执行的 insert 语句如下:

insert into user(userName,passWord,age,telNum,e_Mail)
values("王新民","123456",33,"13895251191","wxm@163.com");

3.2 任务2 MySQL 数据库

任务描述及任务目标:本任务主要学习 MySQL 的安装、配置和使用。

3.2.1 MySQL 安装与配置

读者可以从官方网站(http://www.mysql.com)下载 MySQL,目前的稳定版本是

MySQL 5.0。MySQL 提供安装版与非安装版下载。下载后运行 MySQL 的安装程序，安装界面如图 3-1 所示。采用默认设置安装，在出现图 3-2 所示的界面时，选择编码方式 utf8，否则存储中文会出现乱码。如果此时忘记选择编码方式，也可以在安装后在 MySQL 的安装路径下找到 my.ini 配置文件，在里面配置客户端服务器端字符格式。在安装过程中，有一步要填写管理员账号 root 的密码，此时选用 123456，读者可以根据自己的需要填写。

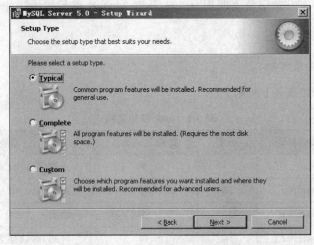

图 3-1　MySQL 安装界面

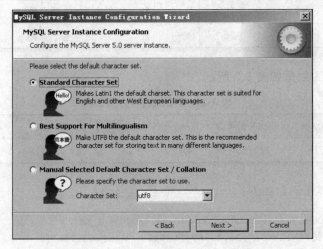

图 3-2　配置界面

安装完毕单击"开始"→MySQL→MySQL Server 5.0，在随后弹出的菜单中单击 MySQL Command Line Client 命令。打开 MySQL Command Line Client 命令行窗口，如图 3-3 所示。在该窗口中输入安装时管理员账户 root 对应的密码 123456，单击 Enter 键。成功登录，并出现 mysql> 以及闪烁的标，这就是 MySQL 的控制台，可以在此输入各种合法命令，如图 3-4 所示。root 账号是默认的管理员账号，能够对数据库进行任何操作。

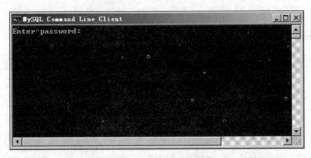

图 3-3　MySQL 命令行窗口

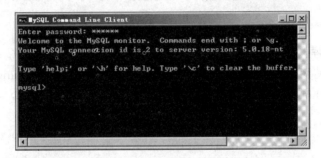

图 3-4　登录 MySQL

3.2.2　MySQL 的使用

MySQL 为关系型数据库，符合 SQL 语言标准。SQL 语言是一个综合的、功能极强、方便易学的结构化查询语言。它集查询语言 QL(Query Language)、数据定义语言 DDL (Data Definition Language)、数据操纵语言 DML(Data Manipulation Language)和数据控制语言 DCL(Data Control Language)于一体。使用 SQL 语言进行数据操作，只要提出"做什么"，而不需指明"怎么做"。它是一种高度非过程化的语言，减轻了用户的负担，提高了数据的独立性。这种语言功能强、设计巧妙、语言简洁、易学、易使用。其功能如表 3-3 所示。

表 3-3　SQL 语言各组成部分实现的功能

SQL 的组成部分	各部分的功能	SQL 的组成部分	各部分的功能
数据查询语言(QL)	查询数据库	数据操纵语言(DML)	插入、删除、修改数据
数据定义语言(DDL)	定义表、视图、索引等操作	数据控制语言(DCL)	数据库访问权限的控制

下面分别从创建数据库、删除数据库、修改数据库模式、创建表、插入数据、删除数据、修改数据、查询数据几个方面简单介绍 MySQL 的使用方法。

1. 创建数据库

使用 create database 命令创建数据库。例如，下面给出的是创建名为 shopping 的数据库的代码。

```
mysql>create database shopping;
Query OK, 1 row affected (0.23 sec)
```

如果想使用 shopping 数据库作为当前数据库,可使用 use 语句,代码如下:

```
mysql>use shopping;
Database changed
```

注意:MySQL 的默认编码方式为 latin1,显示中文时会出现乱码,可以在创建数据库时指定数据库编码,注意在 MySQL 中 UTF-8 要写成 utf8。在中文环境下的 Java Web 程序,一定要以 UTF-8 编码创建数据库,否则会出现乱码。代码如下:

```
create database shopping character set utf8;
```

2. 删除数据库

删除数据库使用 drop database 命令。下面给出首先删除 shopping 数据库,然后再使用 use 命令将 shopping 切换为当前数据库的代码。

```
mysql>drop database shopping;
Query OK, 0 rows affected (0.41 sec)
mysql>use shopping;
ERROR 1049 (42000): Unknown database 'shopping'
```

删除数据库后再使用 use 命令将 shopping 数据库切换为当前数据库时,系统提醒数据库找不到,说明删除成功。

3. 修改数据库

修改数据库使用 alter database 命令。注意使用该命令的账号为系统账号,当前系统账号为 root,为管理员账户,具有所有权限。下面给出首先创建 shopping 数据库,然后将该数据库的编码格式改为 GBK 的代码。

```
mysql>create database shopping;
Query OK, 1 row affected (0.00 sec)
mysql>alter database shopping character set gbk;
Query OK, 1 row affected (0.05 sec)
```

4. 创建表

使用 create table 创建表。

实例:根据本单元任务 1 中 user 表的表结构在 shopping 数据库中创建 user 表。

```
create table if not exists user              #如果表 user 不存在,则创建
(userID int primary key auto_increment,      #创建 int 类型主键,且自动增长
userName varchar(30) not null,               #创建可变长度字符类型的列,最大长度为 30,不许为空
passWord varchar(30) not null,               #创建可变长度字符类型的列,最大长度为 30,不许为空
sex varchar(4) not null default '男',         #默认值为男
```

```
age int,
telNum varchar(15),
e_Mail varchar(50) not null
);
```

5．删除表

删除表可以使用 drop table 命令，下面给出的是删除 user 表的语句。

```
drop table user;
```

6．修改表

修改表结构使用 alter table 命令。常用的操作有删除列、添加列、更改列等。

删除列、添加列、更改列的语法分别为：

```
alter table 表名 drop 列名
alter table 表名 add 列名
alter table 表名 change 旧列名 新列名
```

7．插入数据

使用 insert 命令向表插入数据。

引入性案例中向 user 表中插入一条记录的 insert 语句的运行结果如图 3-5 所示。

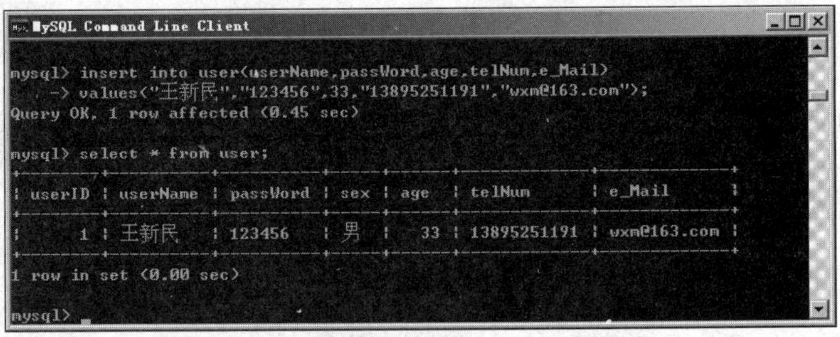

图 3-5　引入性案例中 insert 语句的执行效果

8．删除数据

使用 delete 命令删除数据，如果要删除 user 表中的数据，可使用下面的语句。

```
delete from user
```

9．修改数据

使用 update 命令修改数据，例如，将 user 表中王新民的密码改为 123 的代码如下。运行结果如图 3-6 所示。

```
update user
set password='123'
where userName='王新民';
```

图 3-6 update 语句的执行结果

10. 查询数据

查询数据使用 select 命令。图 3-5 给出了向 user 表插入 1 条记录后,再查询 user 表的情况。

这里仅仅对 MySQL 的基本操作做了简单介绍,不做深入讲解。MySQL 的命令提示行控制台采用纯字符操作,命令繁多容易出错。现在也有很多图形界面管理工具,如 phpMyAdmin、MySQL-Front、MySQL Query Browser 等。安装方面操作简单,具有一定 SQL Server 基础的读者可以轻松掌握。

3.3 任务 3 JDBC

任务描述及任务目标:Java 向程序员做出一项承诺:构建与平台无关的客户机/服务器数据库应用,真正实现这一承诺的就是 JDBC。它是标准的 Java 访问数据库的 API。本任务将完成 JDBC 的介绍,了解如何使用 JDBC 连接数据库。

3.3.1 JDBC 概述

JDBC 对 Java 程序员而言是 API,对实现和数据库连接的服务提供商而言是接口模型。作为 API,JDBC 为程序开发提供标准接口,并为数据库厂商及第三方中间件厂商实现与数据库的连接提供了操作数据库的方法。JDBC 使用已有的 SQL 语言标准支持与其他数据库连接标准,实现了面向数据库的操作。

3.3.2 JDBC 驱动程序

Java 提供了 3 种 JDBC 产品组件,它们是 Java 开发工具包(JDK)的组成部分。它们分别是 JDBC 驱动程序管理器、JDBC 驱动程序测试工具包和 JDBC-ODBC(Open Database Connectivity)桥。

(1) JDBC 驱动程序管理器:它是使用 Java 编写的一个小程序,是 JDBC 体系的支柱,其主要作用是把 Java 应用程序连接到正确的 JDBC 驱动程序上,然后立即退出。

(2) JDBC 驱动程序测试工具包:此测试工具包可以为 JDBC 提供安全检测。只有通过此工具包测试的程序才符合 JDBC 的标准,才可放心使用。

（3）JDBC-ODBC 桥：使 ODBC 驱动可被 JDBC 使用，以访问那些不常见的数据库管理系统。

不同的数据库产品使用不同的驱动程序和类库。在实际应用中，程序员可以通过加载不同的数据库驱动程序连接数据库，而不需要为不同的数据库编写驱动程序，从而提高了开发效率。根据驱动程序的类型，将其分为如下 4 种。

（1）JDBC-ODBC 桥和 ODBC 驱动程序：该驱动程序通过 JDBC 访问 ODBC 接口。在使用时，客户机上必须加载 ODBC 二进制代码，在必要情况下需要加载数据库客户机代码。大多数的企业网常常使用此驱动。

（2）本地代码和 Java 驱动程序：该驱动是将客户机上的 JDBC API 转换为 DBMS（数据库管理系统）来调用，从而进行数据库的连接。同上一个驱动类型相似，客户机必须加载某些必要的二进制代码。

（3）JDBC 网络的纯 Java 驱动程序：该驱动首先将 JDBC 转换成一种网络协议，该网络协议与 DBMS 没有任何关系。然后再将该网络协议转换成 DBMS 协议。网络纯 Java 驱动程序是最灵活的驱动程序，因为网络中的服务器可以将 Java 客户机连接到各种数据库上，所使用的协议也可以根据数据库提供者决定。

（4）本地协议纯 Java 驱动程序：该驱动是将 JDBC 调用直接转换为 DBMS 使用的协议，客户机可以直接调用 DBMS 服务器。各个数据库制造商提供专用的 DBMS 使用协议。

目前，最常用、访问数据库速度最快的方法是第 4 种。

3.3.3　使用 JDBC 连接数据库

在了解了 JDBC 的工作原理之后，下面详细介绍如何使用 JDBC 连接数据库。表 3-4 给出的是 JDBC 主要接口和类。

表 3-4　JDBC 的主要接口和类

接口或类名	功 能 描 述
Driver 接口	驱动器
DriverManager 类	管理驱动器，支持驱动器与数据库连接的创建
Connection 接口	代表与某一数据库的连接，支持 SQL 声明的创建
Statement 接口	在连接中执行一静态的 SQL 声明并取得执行结果
PreparaedStatement 接口	Statement 的子类，代表预编译的 SQL 声明
CallableStatement 接口	Statement 的子类，代表 SQL 的存储过程
ResultSet 接口	执行 SQL 声明后产生的数据结果

下面介绍如何使用 JDBC 连接数据库，在此我们使用的是 MySQL 数据库。首先要在创建的工程中加载名为"mysql-connector-java-5.0.8-bin.jar"的 MySQL 的 JDBC 驱动

程序包的 JAR 文件。

连接数据库的步骤分为注册 MySQL 驱动和获取 Connection 实例两步完成。

1. 注册 MySQL 驱动

使用 "Class.forName("com.mysql.jdbc.Driver").newInstance();" 语句加载驱动程序，并创建该类的一个实例。此时使用到了 Java 中的范式，在这里应用此类的 forName() 方法来获得数据库的驱动程序，里面的参数就是数据库的驱动，这些驱动程序位于数据库提供的 JAR 包中。不同的数据库使用的驱动程序不同。

2. 获取 Connection 实例

使用 "Connection dbCon = DriverManager.getConnection(url);" 语句获取一个 Connection 实例，如果执行该语句后，dbCon 对象不为 null，表明数据库连接成功。

要连接一个特定的数据库，必须使用 DriverManager 类来管理 JDBC 驱动器设置的基本服务，运行 Class.forName() 方法加载 JDBC 驱动程序。DriverManager 类包含多个方法，最常用的就是与数据库建立连接的方法 getConnection()。该方法的重载形式有多种，最常用的是 DriverManager.getConnection(url)，其中参数 url 指的是要连接数据库的地址，以字符串的形式给出。对于不同的数据库它们的 URL 地址也不同，其中 MySQL 的 URL 格式为：

```
jdbc:mysql://localhost:3306/shopping?user=root&password=123456&useUnicode=true&characterEncoding=GBK
```

其中，localhost 指的是连接数据库主机的 IP 地址，如果是本机，可以换为 "127.0.0.1"，如果是网络上的其他机器，则要换为对应机器的 IP 地址；shopping 指的是要连接的数据库为 shopping，其中用户名和密码分别为 root 和 123456。字符编码方式为 GBK。

在 Connection 使用完成后，需要关闭 Connection。

3.3.4 常用数据库的 JDBC 连接代码

表 3-5 给出的是常用数据库的 JDBC 连接代码和默认端口说明。

表 3-5 常用数据库的 JDBC 连接代码和默认端口说明

数据库	JDBC 连接代码	说明
Oracle	Class.forName("oracle.jdbc.driver.OracleDriver").newInstance(); String url = "jdbc:oracle:thin:@localhost:1521:shopping"; String user = "scott"; String password = "tiger"; Connection dbCon = DriverManager.getConnection(url, user, password);	默认端口号为 1521
DB2	Class.forName("com.ibm.db2.jdbc.app.DB2Driver").newInstance(); String url = "jdbc:db2://localhost:6789:shopping"; String user = "db2admin"; String password = "db2admin"; Connection dbCon = DriverManager.getConnection(url, user, password);	默认端口号为 6789

续表

数据库	JDBC 连接代码	说明

Sybase	Class.forName("com.sybase.jdbc.SybDriver").newInstance();
	String url="jdbc:jtds:sybase://localhost:2638:shopping";
	Properties sysProps=System.getProperties();
	sysProps.put("user",sa);
	sysProps.put("password","");
	Connection dbCon=DriverManager.getConnection(url,sysProps);
		默认端口号为 2638

SQL Server	Class.forName("com.microsoft.jdbc.sqlserver.SQLServerDriver"); String url="jdbc:microsoft:sqlserver://localhost;databaseName=DB"; String user="sa"; String psw="sa"; Connection dbCon=DriverManager.getConnection(url,user,password);	默认端口号为 1433
SQL Server 2005	Class.forName("com.microsoft.jdbc.sqlserver.SQLServerDriver"); String url="jdbc:sqlserver://localhost:1433;databaseName=DB"; String user="sa"; String psw="sa"; Connection dbCon=DriverManager.getConnection(url,user,password);	默认端口号为 1433
PostgreSQL	Class.forName("org.postgresql.Driver").newInstance(); String url="jdbc:postgresql://localhost/shopping"; String user="postgresql"; String password="postgresql" Connection dbCon=DriverManager.getConnection(url,user,password);	默认端口号为 5432

3.3.5 JDBC 发送 SQL 语句

使用 JDBC 连接数据库的主要目的就是操作数据库中的数据，对数据库中的数据进行增、删、改、查四大操作。在 Java 中，Statement 对象用于将 SQL 语句发送到数据库中。实际上有 3 种 Statement 对象，它们都作为在给定连接上执行 SQL 语句的包容器，分别是 Statement、PreparedStatement（从 Statement 继承来）和 CallableStatement（从 PreparedStatement 继承来）。

Statement 接口提供了执行语句和获取结果的基本方法。

1. 创建 Statement 对象

使用 Connection 的 createStatement 方法创建 Statement 对象，代码如下：

```
Connection dbCon=DriverManager.getConnection(url);
Statement stmt=dbCon.createStatement();
```

2. 使用 Statement 对象执行 SQL 语句

Statement 接口提供了 3 种执行 SQL 语句的方法：executeQuery、executeUpdate、execute。选用哪一个方法由 SQL 语句所产生的内容决定。

（1）executeQuery 方法用于产生单个结果集语句，如 select 语句的执行往往使用 executeQuery 方法。

（2）executeUpdate 方法用于执行 insert、update、delete 以及 SQL DDL 语句。executeUpdate 方法返回一个整数值，表示受影响的行数。

（3）execute 方法仅在语句能返回多个 ResultSet 对象、多个更新计数或多个 ResultSet 对象与更新计数的组合时使用。

在 Statement 使用完成后，需要关闭 Statement。

当然读者也可以选择使用 PreparedStatement 和 CallableStatement 来实现 JDBC 发送 SQL 语句的功能。这二者大致也是通过创建对象，执行 SQL 语句两步实现的，请通过阅读后续单元中的代码进一步学习。

3.3.6 获得 SQL 语句的执行结果

ResultSet 对象为结果集对象，该对象提供访问查询结果的功能，可以按顺序获取表中记录的数据。ResultSet 中的一条记录可以按照列名任意访问。ResultSet 提供了两种访问数据的方法。

（1）指定数据表列编号位置：通过指定字段位置获得记录数据。例如，ResultSet 获取字符类型数据时使用的方法是 getString(int)，通过指定位置如 getString(1) 可以获得查询结果集中的第 1 列上的数据。

（2）指定数据表列名称：通过指定字段名称获得记录数据。例如，ResultSet 获取字符类型数据时使用的方法是 getString(String)，通过指定位置如 getString("userName") 可以获得查询结果集中的 userName 列上的数据。

表 3-6 给出了 ResultSet 常用的方法。

表 3-6 ResultSet 的常用方法

方法名称	功能描述
next()	ResultSet 初始化时定位于它的第一行数据之前，使用 next 方法可以将第一行数据放到 ResultSet 对象中，通过 getXXX() 方法得到数据
close()	用来释放 ResultSet 占用的系统资源
getBigDecimal(int,int)	取得指定列的 java.lang.BigDecimal 类型数据，第一个参数是对应的位置，第二个参数是小数点后面的位数
getBigDecimal(String,int)	取得指定列的 java.lang.BigDecimal 类型数据，第一个参数是字段的名称，第二个参数是小数点后面的位数
getBinaryStream(int)	获取字节流数据，参数是指定字段的位置
getBinaryStream(String)	获取字节流数据，参数是指定字段的名称
getBoolean(int)	获取一个 boolean 类型的数据，参数是指定字段的位置
getBoolean(String)	获取一个 boolean 类型的数据，参数是指定字段的名称
getByte(int)	获取一个 byte 类型的数据，参数是指定字段的位置
getByte(String)	获取一个 byte 类型的数据，参数是指定字段的名称
getBytes(int)	获取一个 byte 数组类型的数据，参数是指定字段的位置
getBytes(String)	获取一个 byte 数组类型的数据，参数是指定字段的名称

续表

方 法 名 称	功 能 描 述
getCursorName()	获取 ResultSet 的 SQL 游标名
getDate(int)	获取一个 java.sql.Date 类型的数据,参数是指定字段的位置
getDate(String)	获取一个 java.sql.Date 类型的数据,参数是指定字段的名称
getDouble(int)	获取一个 double 类型的数据,参数是指定字段的位置
getDouble(String)	获取一个 double 类型的数据,参数是指定字段的名称
getFloat(int)	获取一个 float 类型的数据,参数是指定字段的位置
getFloat(String)	获取一个 float 类型的数据,参数是指定字段的名称
getInt(int)	获取一个 int 类型的数据,参数是指定字段的位置
getInt(String)	获取一个 int 类型的数据,参数是指定字段的名称
getLong(int)	获取一个 long 类型的数据,参数是指定字段的位置
getLong(String)	获取一个 long 类型的数据,参数是指定字段的名称
getMetaDate()	获取 ResultSet 的列编号、类型和特性
getObject(int)	将指定的列值作为对象获取,参数是指定字段的位置
getObject(String)	将指定的列值作为对象获取,参数是指定字段的名称
getShort(int)	获取一个 short 类型的数据,参数是指定字段的位置
getShort(String)	获取一个 short 类型的数据,参数是指定字段的名称
getString(int)	获取一个 String 类型的数据,参数是指定字段的位置
getString(String)	获取一个 String 类型的数据,参数是指定字段的名称
getTime(int)	获取一个 java.sql.Time 类型的数据,参数是指定字段的位置
getTime(String)	获取一个 java.sql.Time 类型的数据,参数是指定字段的名称
getTimeStamp(int)	获取一个 java.sql.StampTime 类型的数据,参数是指定字段的位置
getTimeStamp(String)	获取一个 java.sql.StampTime 类型的数据,参数是指定字段的名称
getUnicodeStream(int)	以一个 Unicode 字符流形式获取指定字段数据,参数是指定字段的位置
getUnicodeStream(String)	以一个 Unicode 字符流形式获取指定字段数据,参数是指定字段的名称
findColumn(String)	映射一个 ResultSet 列名到 ResultSet 列索引号,参数是指定字段的名称
getAsciiStream(int)	以一个 ASCII 字符流的形式获取指定字段数据,参数是指定字段的位置
getAsciiStream(String)	以一个 ASCII 字符流的形式获取指定字段数据,参数是指定字段的名称

3.4 任务 4 进阶式案例——添加用户功能的具体实现

任务描述及任务目标:对已经完成的引入性案例进行修改,使用 Java 实现添加一个用户的功能。

3.4.1 功能概述

用户在网上购物系统中进行注册,填写好具体的信息,系统可以通过已经编写好的具体程序代码将数据添加到数据库中。

目前要添加的信息已经在引入性案例中给出。

3.4.2 运行效果

添加到数据库以后,数据表中显示的信息与控制台输出的信息相同,数据表中显示的数据如图 3-5(3.2.2 节)所示,控制台中输出的信息如图 3-7 所示。

图 3-7 进阶式案例运行效果

3.4.3 具体实现

1. 使用 MyEclipse 管理工具创建数据库连接

启动 MyEclipse,创建工程文件结构如图 3-8 所示的名为 AddUser 的 Java 工程。

在 Window 菜单中,选择 Open Perspective 命令,在弹出的菜单中选择 MyEclipse DataBase Explorer 选项,如图 3-9 所示。

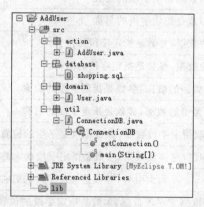

图 3-8 AddUser 的工程文件结构

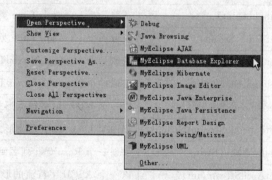

图 3-9 选择 MyEclipse DataBase Explorer 选项

在随后弹出的 DB Browser 对话框中,单击任意空白处,选择 New... 选项,在弹出的 New Database Connection Driver 对话框中进行配置。在 Driver template 标签后的下拉选框中选择 MySQL Connector/J;Driver Name 为 mysql;Connection URL 为 jdbc:mysql://hostname:3306/shopping;User name 是 root,密码是 123456。数据库所需 JAR 包,根据路径选择。所有配置如图 3-10 所示。配置好后,单击 Next 按钮,在 Database Driver 对话框中进行接下来的配置。在接下来的窗口中选择需要的显示模式,

默认选择第一个，如图 3-11 所示。选好后，单击 Finish 按钮。如果没有错误信息出现，证明配置成功。

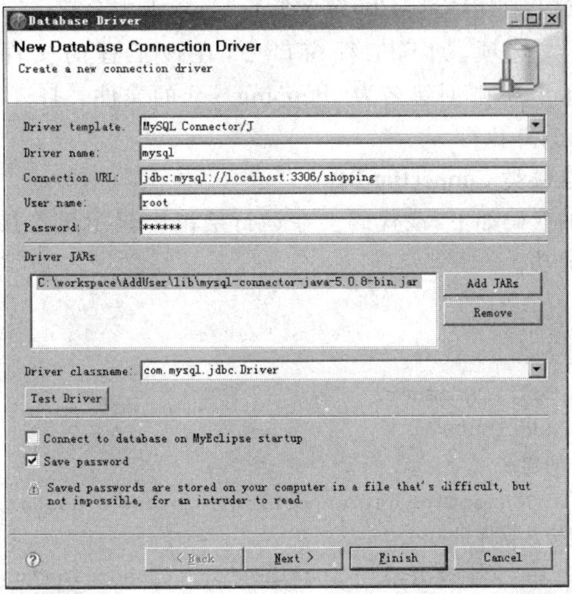

图 3-10 New Database Connection Driver 窗口

图 3-11 Database Driver 窗口

接下来在 DB Browser 对话框中，选中刚刚创建的链接，右击，选择 Open another connection... 选项，如果没有错误提示信息显示，说明数据库已经连接成功。

展开新建立的连接找到 shopping 数据库，选中 Table 节点，右击，选择 New Table

命令，可以建立表。由于此前在 MySQL 中已经建立了 shopping 数据库，而且 user 表已经存在，所以此时展开 shopping 节点下的 TABLE 节点可以看到 user 表。单击 user，可以看到该表的表结构，在 Table/Object Info 选项卡中会有详细描述。

单击 MyEclipse... 选项，回到工程窗口中，在该工程的文件目录中，建立名为 database 的包，在 database 中创建名为 shopping.sql 的文件。打开该文件，就可以在该文件中输入 SQL 语句，并执行。

2. 创建数据库连接类 ConnectionDB

ConnectionDB 的代码如下，该代码会在运行结果中显示出连接到的数据库的名字 shopping，表示连接成功。

```java
package util;
import java.sql.Connection;
import java.sql.DriverManager;
public class ConnectionDB {
    //获取数据库的连接
    public static Connection getConnection() throws ClassNotFoundException {
        //定义连接数据库的 URL
        String url="jdbc:mysql://localhost:3306/shopping?user=root&password=123456&useUnicode=true&characterEncoding=GBK";
        Connection conn=null;
        try {
            //获取数据库驱动
            Class.forName("com.mysql.jdbc.Driver").newInstance();
            //获得数据库连接
            conn=DriverManager.getConnection(url);
            //关闭事务的自动提交
            conn.setAutoCommit(false);
            return conn;
        } catch (Exception e) {
            System.out.println("连接数据库失败");
            e.printStackTrace();
        }
        return null;
    }
    public static void main(String args[]) throws Exception {
        Connection connection=ConnectionDB.getConnection();
        System.out.println(connection.getCatalog());
    }
}
```

注意：运行该代码之前需要加载 MySQL 连接数据库的 JDBC 驱动程序 JAR 包，该文件为 mysql-connector-java-5.0.8-bin.jar。在 Java 工程中建立 lib 文件夹，将驱动程序 JAR 包放到该文件中。选中当前工程，右击，在弹出的快捷菜单中单击 Properties 命令。

在随后弹出的窗口中,单击左边树状图中的 Java Build Path,在左边单击 Libraries 选项卡后,单击 Add JARs 按钮。在随后弹出的 JAR Selection 对话框中,将复制到 lib 目录下的 JAR 文件选中,单击 OK 按钮,完成加载。

3. 在 domain 中创建用户信息持久类 User

User 类为 user 表中每个属性创建 get()和 set()方法,代码如下:

```java
package domain;
public class User {
    private int userID;
    private String userName;
    private String passWord;
    private String sex;
    private int age;
    private String telNum;
    private String e_Mail;
    public int getUserID() {
        return userID;
    }
    public void setUserID(int userID) {
        this.userID=userID;
    }
    public String getUserName() {
        return userName;
    }
    public void setUserName(String userName) {
        this.userName=userName;
    }
    public String getPassWord() {
        return passWord;
    }
    public void setPassWord(String passWord) {
        this.passWord=passWord;
    }
    public String getSex() {
        return sex;
    }
    public void setSex(String sex) {
        this.sex=sex;
    }
    public int getAge() {
        return age;
    }
    public void setAge(int age) {
        this.age=age;
```

```java
    }
    public String getTelNum() {
        return telNum;
    }
    public void setTelNum(String telNum) {
        this.telNum=telNum;
    }
    public String getE_Mail() {
        return e_Mail;
    }
    public void setE_Mail(String mail) {
        e_Mail=mail;
    }
}
```

4. 在 action 中创建测试类 User

User 类用于添加一条用户信息并查看用户信息。代码如下，运行效果如图 3-5 所示。

```java
package action;
import java.sql.Connection;
import java.sql.Statement;
import java.sql.ResultSet;
import java.sql.SQLException;
import java.util.ArrayList;
import java.util.List;
import domain.User;
import util.ConnectionDB;
public class AddUser {
    //定义连接数据库的对象
    private Connection conn;
    //实例化连接数据库对象
    public AddUser() {                              //构造函数
    }
    //添加用户信息信息
    public boolean add() throws Exception {
        conn=ConnectionDB.getConnection();          //获得数据库连接
        //插入语句
        String sql="insert into user(userName,passWord,age,telNum,e_Mail)
         values(\"王新民\",\"123456\",33,\"13895251191\",\"wxm@163.com\");";
        Statement stmt=conn.createStatement();
        try {                                       //添加用户信息
            stmt.executeUpdate(sql);
            conn.commit();                          //所有数据往数据库中提交
            return true;
```

```java
        } catch (SQLException e) {
            conn.rollback();
            e.printStackTrace();
        } finally {
            stmt.close();                               //关闭 Statement 对象
            conn.close();                               //关闭数据库连接
        }
        return false;
    }
    //查询所有用户信息的列表
    public void selectAll() throws Exception {
        conn=ConnectionDB.getConnection();              //获得数据库连接
        List<User> list=new ArrayList<User>();
        String sql="select * from user";                //查询用户表所有信息的语句
        try {                                           //执行查询并将数据封装
            Statement stmt=conn.createStatement();
            ResultSet rs=stmt.executeQuery(sql);
            while (rs.next()) {
                User user=new User();
                user.setUserID(rs.getInt(1));
                user.setUserName(rs.getString(2));
                user.setPassWord(rs.getString(3));
                user.setSex(rs.getString(4));
                user.setAge(rs.getInt(5));
                user.setTelNum(rs.getString(6));
                user.setE_Mail(rs.getString(7));
                list.add(user);
            }
            rs.close();
            stmt.close();
            //显示数据
            System.out.println("用户编号         用户名称            密码          性别          年龄         电话号码            电子邮箱");
            System.out.println("--------------------------------");
            for (int i=0; i<list.size(); i++) {
                User user=list.get(i);
                System.out.print("   "+user.getUserID()+"            ");
                System.out.print(user.getUserName()+"            ");
                System.out.print(user.getPassWord()+"         ");
                System.out.print(user.getSex()+"               ");
                System.out.print(user.getAge()+"         ");
                System.out.print(user.getTelNum()+"        ");
                System.out.print(user.getE_Mail());
```

```java
        }
    } catch (SQLException e) {
        e.printStackTrace();
    } finally {
        if (conn !=null) {
            conn.close();                        //关闭连接
        }
    }
}
public boolean del() throws Exception {
    conn=ConnectionDB.getConnection();           //获得数据库连接
    String sql="delete from user";               //删除语句
    Statement stmt=conn.createStatement();
    try {
        stmt.executeUpdate(sql);                 //删除用户信息
        conn.commit();                           //所有信息向数据库中提交
        return true;
    } catch (SQLException e) {
        conn.rollback();
        e.printStackTrace();
    } finally {
        stmt.close();
        conn.close();                            //关闭数据库连接
    }
    return false;
}
public static void main(String args[]) throws Exception {
    AddUser uc=new AddUser();                    //实例化控制器类对象
    try {
        uc.del();               //删除 user 表中的的数据,保证每次都成功执行
        uc.selectAll();                          //查询 user 表中的数据
        uc.add();                                //添加数据到 user 表中
        uc.selectAll();                          //查询 user 表中的数据
    } catch (Exception e) {
        e.printStackTrace();
    }
}
}
```

单 元 总 结

本单元首先通过引入性案例给出在当前的知识体系结构下完成数据存取的方法,提出数据库是有效地存储数据的工具。接着讲述了 MySQL 的安装和配置方法,以及

MySQL 的使用。在任务 3 中,重点讲述了 Java 存取数据库数据的方法 JDBC,分别介绍了 JDBC 的相关概念和 JDBC 连接数据库,发送 SQL 语句以及获取 SQL 语句的执行结果的方法,并给出了详细的解释和介绍。

有了 MySQL 和 JDBC 的知识作为铺垫,在进阶式案例中,有效解决了引入性案例提出的所有需求,实现了知识的进阶。

习　题

（1）简述 SQL 语言各组成部分实现的功能。
（2）JDBC 具有哪 4 种驱动程序？
（3）简述 JDBC 连接数据库的步骤。
（4）简述 JDBC 发送 SQL 语句的步骤。
（5）上机调试本单元的进阶式案例,分析程序代码和实现功能。

实训 3　实现图书管理系统中添加图书信息的功能

1. 实训目的

（1）掌握 SQL 的基本概念。
（2）掌握 MySQL 的基本操作。
（3）通过实例掌握 JSBC 的设计方案和典型用法。
（4）了解 JDBC 编程的基本步骤。

2. 实训内容

根据本单元已学知识完成图书管理系统中添加图书信息功能,要求如下。
（1）安装 MySQL 数据库。
（2）构建 book 数据库。
（3）构建 bookinfo 表,完成表中各个字段的定义。bookinfo 表的结构如表 3-7 所示。

表 3-7　bookinfo 表的结构

列　名	数据类型	长度	是否允许为空	说　明
id	int	4	否	主键,保持自动增长,步长为 1
bookISBN	varchar	17	否	图书的 ISBN 号码
bookName	varchar	100	否	书名
author	varchar	100	否	作者姓名
price	float	8	是	价格
typeId	int	4	是	图书类型编号
publisher	varchar	100	否	出版社

（4）仿照本单元进阶式案例完成添加图书信息的功能，能够实现对 bookinfo 表的增删改查。

3. 操作步骤

参考本单元任务 2 至任务 4 中讲述的内容完成添加图书信息功能模块的数据库创建和设计工作，实现其功能。

4. 实训小结

对相关内容写出实训总结。

第二篇

框架篇

第二篇

植栽篇

第 4 单元

Struts 2 框架技术入门

单元描述：

Struts 2 是目前最流行的 MVC 框架之一，虽然从名称和版本号来看 Struts 框架已经发展到 Struts 2 了，但事实上 Struts 2 与 Struts 1 并没有本质的联系。即使能够将 Struts 1 应用到极致，仍然需要下一番功夫学习 Struts 2。Struts 2 是 WebWork 的升级版，在很多功能上都依赖于 WebWork 框架，由于 WebWork 比 Struts 1 更容易上手，而且 Struts 2 又比 WebWork 更胜一筹，所以该框架一经推出就颇受欢迎。本单元主要介绍 Struts 2 框架技术。

单元目标：

- 了解 Struts 2 的发展历史；
- 了解 Struts 2 的体系结构；
- 熟悉 Struts 2 框架技术的工作原理；
- 理解 Struts 2 的配置；
- 能够使用 Struts 2 框架技术实现简单应用程序。

4.1　任务 1　引入性案例

任务描述及任务目标： 使用现有技术完成用户登录系统的开发。本案例要求在登录页面上输入用户名和密码，单击"提交"按钮后，如果用户输入的用户名和密码与系统指定的用户名和密码相同，则进入欢迎页面，表明登录成功，并在欢迎页面上显示用户名，否则显示登录失败。用户登录页面运行效果如图 4-1 所示，当在文本框中输入 ZhaoYan 和密码后，单击"提交"按钮，页面显示效果如图 4-2 所示。

图 4-1　输入后的页面运行效果

图 4-2　提交信息后的页面运行效果

4.1.1 解决方案

根据目前学过的知识,使用 Struts 1 技术来完成本案例,本案例使用 Struts 1 的动态表单技术。具体实现步骤如下,工程文件结构图如图 4-3 所示。

(1) 创建视图页面:login.jsp、success.jsp 和 error.jsp。

(2) 创建资源信息文件:Application.properties。

(3) 创建数据模型:User.java。

(4) 创建 Action:LoginAction.java。

(5) 创建常量文件:Constant.java。

(6) 为解决中文乱码问题,创建过滤器 Servlet:CharacterEncodingFilter.java。

(7) 配置 validation.xml。

(8) 配置 struts-config.xml。

(9) 配置 web.xml。

(10) 发布工程。

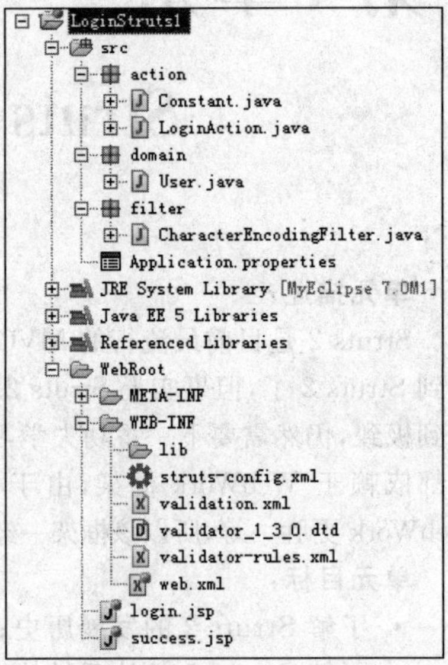

图 4-3 工程文件结构图

4.1.2 具体实现

1. 创建视图页面

视图页面 login.jsp 的代码如下:

```
<%@page language="java" pageEncoding="UTF-8"%>
<%@taglib uri="http://struts.apache.org/tags-bean" prefix="bean"%>
<%@taglib uri="http://struts.apache.org/tags-html" prefix="html"%>
<html:html lang="true">
<head>
    <title><bean:message key="login.jsp.title"/></title>
    <html:base/>
</head>
<body>
    <center><bean:message key="login.jsp.page.heading"/></center><br>
    <html:errors/>
    <p>
        <html:form action="/login.do">
            <table align="center">
                <tr><td><bean:message key="login.jsp.label.username"/></td>
                    <td><html:text property="username" size="25"></html:text>
                    </td></tr>
                <tr><td><bean:message key="login.jsp.label.password"/></td>
                    <td><html:password property="userpsw" size="25"/></td></tr>
```

```
                <tr><td align="right">
                        <html:submit><bean:message key="login.jsp.button.submit"/>
                        </html:submit>
                    </td>
                    <td align="center">
                        <html:reset><bean:message key="login.jsp.button.reset"/>
                        </html:reset>
                    </td>
                </tr>
            </table>
        </html:form>
</body>
</html:html>
```

视图页面 success.jsp 的代码如下：

```
<%@page contentType="text/html;charset=UTF-8" language="java"%>
<%@taglib uri="http://struts.apache.org/tags-bean" prefix="bean"%>
<%@taglib uri="http://struts.apache.org/tags-html" prefix="html"%>
<%@taglib uri="http://struts.apache.org/tags-logic" prefix="logic"%>
<html:html lang="true">
<head>
    <title><bean:message key="success.jsp.title"/></title>
    <html:base/>
</head>
<body>
    <center><bean:message key="success.jsp.page.heading"/></center>
    <br>
    <logic:present name="user" scope="session">
        <bean:message key="success.jsp.label.loginuser"/>
        <bean:write name="user" property="userName"/>
    </logic:present>
    <html:errors/>
</body>
</html:html>
```

2. 创建资源信息文件

```
login.jsp.title=登录页面
login.jsp.page.heading=<h2>登录页面</h2>
login.jsp.label.username=用户名：
login.jsp.label.password=密码：
login.jsp.button.submit=提交
login.jsp.button.reset=重写
success.jsp.title=登录成功页面
success.jsp.page.heading=<h2>欢迎登录</h2>
```

```
success.jsp.label.loginuser=当前登录用户:
login.no.username.error=<li>用户名不能为空</li>
login.no.userpsw.error=<li>密码不能为空</li><hr>
login.error=<li>用户名或密码错误</li><hr>
```

3. 创建数据模型

创建数据模型 User.java 的代码如下:

```java
package domain;
public class User{
    private String userName;
    private String userPsw;
    public String getUserName(){
        return userName;
    }
    public void setUserName(String userName){
        this.userName=userName;
    }
    public String getUserPsw(){
        return userPsw;
    }
    public void setUserPsw(String userPsw){
        this.userPsw=userPsw;
    }
}
```

4. 创建 Action

LoginAction.java 的代码如下:

```java
package action;
import javax.servlet.http.HttpServletRequest;
import javax.servlet.http.HttpServletResponse;
import javax.servlet.http.HttpSession;
import org.apache.struts.action.Action;
import org.apache.struts.action.ActionErrors;
import org.apache.struts.action.ActionForm;
import org.apache.struts.action.ActionForward;
import org.apache.struts.action.ActionMapping;
import org.apache.struts.action.ActionMessage;
import org.apache.struts.action.ActionMessages;
import org.apache.struts.action.DynaActionForm;
import domain.User;
public class LoginAction extends Action{
    public ActionForward execute(ActionMapping mapping,
        ActionForm form,HttpServletRequest request,
        HttpServletResponse response)throws Exception{
```

```
DynaActionForm dyForm= (DynaActionForm)form;
String userName= (String)dyForm.get("username");   //取得表单中输入的数据
String userPsw= (String)dyForm.get("userpsw");
User user=new User();
user.setUserName(userName);
user.setUserPsw(userPsw);
ActionMessages errors=dyForm.validate(mapping,request);
if(errors!=null&&errors.isEmpty()){
    if(userName.equals("ZhaoYan")&&userPsw.equals("123456")){
        HttpSession session=request.getSession();
        session.setAttribute(Constant.USER_KEY,user);
        return mapping.findForward(Constant.SUCCESS);
    }else{
        errors.add(ActionErrors.GLOBAL_MESSAGE,new ActionMessage
        ("login.error"));
        saveErrors(request,errors);
        return(new ActionForward(mapping.getInput()));
    }
}else{
    this.saveErrors(request,errors);
    return(new ActionForward(mapping.getInput()));
}
}
```

5. 创建常量文件

```
package action;
public class Constant{
    public static final String USER_KEY="user";
    public static final String SUCCESS="success";
}
```

6. 创建过滤器 Servlet

为了解决中文乱码问题，创建名为 CharacterEncodingFilter.java 的过滤器 Servlet。该代码如下：

```
package filter;
import java.io.IOException;
import javax.servlet.Filter;
import javax.servlet.FilterChain;
import javax.servlet.FilterConfig;
import javax.servlet.ServletException;
import javax.servlet.ServletRequest;
import javax.servlet.ServletResponse;
public class CharacterEncodingFilter implements Filter {
```

```java
    private String characterEncoding;              //编码方式在配置文件 web.xml 中
    private boolean enabled;           //是否启动 filter,该项的初始值也在 web.xml 中配置
    public void init(FilterConfig config) throws ServletException {
                                                   //初始化时加载参数
        characterEncoding=config.getInitParameter("characterEncoding");
        //从配置文件中取出设置的编码方式
        enabled="true".equalsIgnoreCase(characterEncoding.trim())
         ||"1".equalsIgnoreCase(characterEncoding.trim());
                                        //启动该过滤器完成编码方式的修改
    }

    public void doFilter(ServletRequest request, ServletResponse response,
            FilterChain chain) throws IOException, ServletException {
        if (enabled||characterEncoding !=null) {
            request.setCharacterEncoding(characterEncoding);  //设置 request 的编码
            response.setCharacterEncoding(characterEncoding);//设置 response 的编码
        }
        chain.doFilter(request, response);
                           //doFilter 将修改好的 request 和 response 参数向下传递
    }
    public void destroy() {
        characterEncoding=null;                               //销毁时清空资源
    }
```

7. 配置 validation.xml

validation.xml 的代码如下:

```xml
<?xml version="1.0" encoding="iso-8859-1"?>
<!DOCTYPE form-validation PUBLIC
        "-//Apache Software Foundation//DTD Commons Validator Rules Configuration
        1.3.0//EN"
        "validator_1_3_0.dtd">
<form-validation>
    <formset>
        <form name="loginActionForm">
            <field property="username" depends="required">
                <msg name="required" key="login.no.username.error"/>
            </field>
            <field property="userpsw" depends="required">
                <msg name="required" key="login.no.userpsw.error"/>
            </field>
        </form>
    </formset>
</form-validation>
```

8. 配置 struts-config.xml

struts-config.xml 的代码如下：

```xml
<?xml version="1.0" encoding="ISO-8859-1"?>
<!DOCTYPE struts-config PUBLIC
        "-//Apache Software Foundation//DTD Struts Configuration 1.3//EN"
        "http://struts.apache.org/dtds/struts-config_1_3.dtd">
<struts-config>
    <form-beans>
        <form-bean name="loginActionForm" type="org.apache.struts.validator.DynaValidatorForm">
            <form-property name="username" type="java.lang.String"></form-property>
            <form-property name="userpsw" type="java.lang.String"></form-property>
        </form-bean>
    </form-beans>
    <action-mappings>
        <action path="/login" name="loginActionForm" type="action.LoginAction"
            scope="request" validate="true" input="/login.jsp" >
            <forward name="success" path="/success.jsp"/>
        </action>
    </action-mappings>
    <message-resources parameter="Application"/>
    <plug-in className="org.apache.struts.validator.ValidatorPlugIn">
        <set-property property="pathnames"
            value="/WEB-INF/validation.xml,/WEB-INF/validator-rules.xml" />
        <set-property property="stopOnFirstError" value="false" />
    </plug-in>
</struts-config>
```

9. 配置 web.xml

web.xml 的代码如下：

```xml
<?xml version="1.0" encoding="UTF-8"?>
<web-app version="2.5" xmlns="http://java.sun.com/xml/ns/javaee"
    xmlns:xsi="http://www.w3.org/2001/XMLSchema-instance"
    xsi:schemaLocation="http://java.sun.com/xml/ns/javaee
    http://java.sun.com/xml/ns/javaee/web-app_2_5.xsd">
    <servlet>
        <servlet-name>ActionServlet</servlet-name>
        <servlet-class>org.apache.struts.action.ActionServlet</servlet-class>
        <init-param>
            <param-name>config</param-name>
            <param-value>/WEB-INF/struts-config.xml</param-value>
        </init-param>
```

```xml
        <load-on-startup>2</load-on-startup>
    </servlet>
    <servlet-mapping>
        <servlet-name>ActionServlet</servlet-name>
        <url-pattern>*.do</url-pattern>
    </servlet-mapping>
    <filter>
        <filter-name>characterEncodingFilter</filter-name>
        <filter-class>filter.CharacterEncodingFilter</filter-class>
        <init-param>
            <param-name>characterEncoding</param-name>
            <param-value>UTF-8</param-value>
        </init-param>
        <init-param>
            <param-name>enable</param-name>
            <param-value>true</param-value>
        </init-param>
    </filter>
    <filter-mapping>
        <filter-name>characterEncodingFilter</filter-name>
        <url-pattern>/*</url-pattern>
    </filter-mapping>
    <welcome-file-list>
        <welcome-file>login.jsp</welcome-file>
    </welcome-file-list>
</web-app>
```

10. 发布工程

在 Tomcat 中发布 LoginStruts1 工程，在浏览器地址栏中输入 http://localhost:8080/LoginStruts1/login.jsp，运行效果如图 4-1 和图 4-2 所示。

4.1.3 分析不足之处

本案例使用 Struts 1 技术实现了用户登录的功能。尽管 Struts 1 采用了 MVC 模式，有利于人员职责分配，提高了开发效率，但是 Struts 1 也有自身的一些不足之处。在 Action 类中，Struts 1 要求 Action 类要扩展自一个抽象基类，Struts 1 的一个共有的问题是面向抽象类编程而不是面向接口编程。除此之外，Struts 1 过分依赖于 Servlet，Struts 1 的 Action 类依赖于 Servlet API，当 Action 被调用时，execute() 方法需要使用 HttpServletRequest 和 HttpServletResponse 作为参数。同时，Struts 1 使用 ActionForm 对象捕获输入数据，像 Action 一样，所有的 ActionForm 必须扩展基类。因为其他的 JavaBean 不能作 ActionForm 使用，开发者经常创建多余的类捕获输入信息。尽管使用 DynaActionForm 替代 ActionForm，但是开发者依然需要在配置文件中重新描述已经存在的 JavaBean。有没有一种好的方法来解决这些问题呢？

采用基于 MVC 体系结构的成熟性框架——Struts 2，就能有效地解决上述问题，提高开发效率。

4.2 任务2 Struts 2 简介

任务描述及任务目标：和 Struts 1 一样，Struts 2 仍然是一个 MVC 框架，作用也类似。但是使用 Struts 1 架构开发的系统不能升级为 Struts 2 架构，需要重新实现，因为 Struts 1 与 Struts 2 有着本质的区别。

4.2.1 Struts 2 的发展历史

Apache Struts 是一个用来开发 Java Web 应用的开源框架。最初的创始人是 Craig R. McClanahan，之后 Apache 软件基金会于 2002 年接管了该项目。Struts 提供了一个非常优秀的架构，使得基于 HTML 格式与 Java 代码的 JSP 与 Servlet 的应用开发变得非常简单。拥有所有 Java 标准技术与 Jakarta 辅助包的 Struts 1 建立了一个可扩展的开发环境。然而，随着 Web 应用需求的增长，Struts 1 的表现不再坚挺，需要随着需求而改变。这导致了 Struts 2 的产生，该技术拥有像 AJAX 这样实现快速开发、扩展性强的特性，使得 Struts 2 更受到开发人员的欢迎。

Struts 2 是一个基于 MVC 结构的组织良好的框架。在 MVC 结构中，模型表示业务或者数据库代码，视图描述了页面的设计代码，控制器指的是调度代码。所有这些使得 Struts 成了开发 Java 应用程序不可或缺的框架。但随着像 Spring、Stripes 和 Tapestry 这类新的基于 MVC 的轻量级框架的出现，Struts 框架的修改已属必然。于是，Apache Struts 与另一个 Java EE 的框架、OpenSymphony 的 WebWork 合并开发成了一个集各种适合开发的特性于一身的先进框架，该框架一经发布就受到了开发人员和用户的欢迎。

Struts 2 涵盖了 Struts 1 与 WebWork 的特征，它要求高水平地应用 WebWork 框架中的插件结构以及新的 API、AJAX 标签等。由于 Struts 2 社区同 WebWork 小组一起在 WebWork 2 中融入了一些新的特性，使得 WebWork 2 在开源世界中更加超前。后来 WebWork 2 更名为 Struts 2。从此 Struts 2 成了一个动态的可扩展的框架，应用于从创建、配置到维护的整个应用程序开发过程之中。

WebWork 是一个 Web 应用开发框架，已经包含在 Struts 2 中。它有一些独到的观点和构想，像是与其满足现有的 Java 中 Web API 的兼容性，倒不如将其彻底替换掉。WebWork 创建时重点关注开发者的生产效率和代码的简洁性，此外完全依赖上下文对 WebWork 进行封装。当致力于 Web 的程序工作时，框架提供的上下文将会在具体的实现上给予开发人员帮助。

4.2.2 Struts 2 与 WebWork 2、Struts 1 的关系

根据 Struts 2 官方网站的介绍，Struts 2 就是 WebWork 2，WebWork 2 就是 Struts 2。Struts 2 可以看作是借 Struts 的名气推广的 WebWork 框架。

可以这样说，学会了 Struts 2 就学会了 WebWork 2。它们的实质、用法、API 都是一样的，但是学会 Struts 1，再学 Struts 2 就需要下一番功夫。表 4-1 给出了 Struts 1 与 Struts 2 的主要区别。

表 4-1　Struts 1 与 Struts 2 的主要区别

方　面	框架名称	区　别　描　述
Action 类	Struts 1	Struts 1 要求 Action 类要扩展自一个抽象基类。Struts 1 的一个共有的问题是面向抽象类的编程而不是面向接口编程
	Struts 2	Struts 2 的 Action 类实现了一个接口，连同其他接口一起实现，可选择自定义服务。Struts 2 提供一个名叫 ActionSupport 的基类来实现一般使用的接口。Action 接口不是必需的。任何使用 execute() 方法的 POJO 对象都可以被当作 Struts 2 的 Action 对象使用
线程模型	Struts 1	Struts 1 的 Action 类是单例类，因只有一个实例来控制所有的请求。单例类策略造成了一定的限制，并且给开发带来了额外的烦恼。Action 资源必须是线程安全或者是同步安全的
	Struts 2	Struts 2 的 Action 为每一个请求生成一个实例化对象，所以没有线程安全问题（在实践中，Servlet 容器允许对每一个请求生成许多丢弃对象，并且不会导致性能和垃圾回收问题）
对 Servlet 的依赖程度	Struts 1	Struts 1 的 Action 类依赖于 Servlet API，当 Action 被调用时，execute() 方法需要使用 HttpServletRequest 和 HttpServletResponse 作为参数
	Struts 2	Struts 2 的 Action 和容器无关。Servlet 上下文被表现成简单的 Maps，允许 Action 进行独立测试。如果需要，Struts 2 的 Action 可以访问最初的请求和数据。但是，尽可能避免或排除其他元素直接访问 HttpServletRequest 或 HttpServletResponse
易测性	Struts 1	测试 Struts 1 的主要障碍是 execute() 方法，该方法暴露了 Servlet API，使得测试要依赖于容器。在第三方的扩展方面，Struts 测试用例提供了一套 Struts 1 的模拟对象进行测试
	Struts 2	Struts 2 的 Action 可以通过初始化、设置属性、调用方法来测试。对依赖注入的支持也使测试变得更简单
对输入数据的捕获	Struts 1	Struts 1 使用 ActionForm 对象捕获输入。像 Action 一样，所有的 ActionForm 必须扩展基类。因为其他的 JavaBean 不能作为 ActionForm 使用，开发者经常需要创建多余的类来捕获输入数据。尽管 DynaActionForm 可以被用来替代 ActionForm，但是开发者仍需要在配置文件中重新描述已经存在的 JavaBean
	Struts 2	Struts 2 直接使用 Action 属性作为输入属性，排除对第二个输入对象的需要。输入属性可能具有丰富的子属性对象类型。Action 属性能够通过 Web 页面上的 taglibs 访问。Struts 2 也支持 ActionForm 形式。丰富的对象类型，包含业务对象，可以当作输入、输出对象使用。这种模型驱动特性简化了标签对 POJO 输入对象的引用
表达式语言	Struts 1	Struts 1 整合 JSTL，所以它使用 JSTL 的表达式语言。表达式语言有基本的图形对象移动，但是对集合和索引属性的支持很弱
	Struts 2	Struts 2 使用 JSTL，但是框架也支持更大和灵活的表达式语言，叫做对象图形符号语言（OGNL）
值与视图的绑定	Struts 1	Struts 1 使用标准 JSP 机制来绑定对象到页面上下文
	Struts 2	Struts 2 使用 ValueStack 技术，不需要将视图和对象绑定就可以使用标签库访问值。ValueStack 策略允许通过一系列名称相同但类型不同的属性重用视图

续表

方 面	框架名称	区 别 描 述
类型转换	Struts 1	Struts 1 的 ActionForm 属性经常都是 String。Struts 1 使用 Commons-Beanutils 来进行类型转换，转换每一个类，而不是每一个实例配置
	Struts 2	Struts 2 使用 OGNL 进行类型转换。提供基本和常用的对象转换器
校验	Struts 1	Struts 1 支持在 ActionForm 的 validate() 方法中进行手动校验，或者通过扩展的公用验证器校验。同一个类可以有不同的验证内容，但不能校验子对象
	Struts 2	Struts 2 支持 validate() 方法和 XWork 校验框架来进行校验。Xwork 校验框架是用于属性类型定义的校验和内容校验，来支持一连串校验子属性
Action 执行的控制	Struts 1	Struts 1 的每一个模型都具有独立的请求处理器，但是模块中的所有 Action 必须共享同一个生命周期
	Struts 2	Struts 2 支持通过拦截器堆栈为每一个 Action 创建不同的生命周期。堆栈能够根据需要和不同的 Action 一起使用

4.3 任务3 Struts 2 的体系结构

任务描述及任务目标：Struts 2 的体系结构与 Struts 1 的体系结构有非常大的差别，这是因为 Struts 2 使用了 WebWork 框架技术，不是沿用 Struts 1 的核心技术，因此 Struts 2 更像 WebWork。Struts 2 与 Struts 1 最大的不同是 Struts 2 使用了大量的拦截器来处理用户请求，从而将业务逻辑控制器与 Servlet、API 分离。本任务将重点讲述 Struts 2 的体系结构及工作机制。

4.3.1 Struts 2 的体系结构

一个请求在 Struts 2 框架中被处理的过程如图 4-4 所示，该图充分体现了 Struts 2 的体系结构。

Struts 2 与 WebWork 的工作方式类似，它同样使用了拦截器作为其处理用户请求的控制器。在 Struts 2 中有一个核心控制器 FilterDispatcher，这个核心控制器相当于 Struts 1 的 ActionServlet 类。FilterDispatcher 负责处理用户的所有请求，如果遇到以".action"结尾请求的 URL，就会交给 Struts 2 框架来处理。下面详细讲述 Struts 2 框架的工作机制。

4.3.2 Struts 2 的工作机制

当遇到以".action"结尾请求的 URL，就会交给 Struts 2 框架来处理，具体步骤如下。

（1）客户端浏览器发送请求，如 zhaoyan/mypage.jsp 等，此时客户端会初始化一个指向 Servlet 容器（比如 Tomcat）的请求。

（2）这个请求要经过一系列的过滤器（Filter）（这些过滤器中有一个叫做 ActionContextUp 的可选过滤器，这个过滤器对于 Struts 2 和其他框架的集成很有帮助，如 SiteMesh Plugin）。

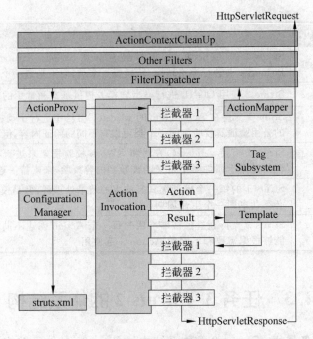

图 4-4 一个请求在 Struts 2 框架中的处理过程

（3）接着核心控制器 FilterDispatcher 被调用，FilterDispatcher 询问 ActionMapper 来决定是否调用 Action，以及调用哪个 Action。

（4）如果 ActionMapper 决定需要调用某个 Action，FilterDispatcher 把请求的处理交给 ActionProxy。

（5）ActionProxy 通过 Configuration Manager 询问框架的配置文件，找到需要调用的 Action。

（6）ActionProxy 创建一个 ActionInvocation 的实例。

（7）ActionInvocation 实例使用命名模式来调用，在调用 Action 的 execute()方法之前，Struts 2 会调用一系列的拦截器以提供一些通用的功能，如 workflow、校验或文件上传等功能。这些拦截器的组合被称为拦截器链。

（8）在调用完拦截器链之后，Struts 2 会调用 Action 的 execute 方法。在 execute 方法中就会执行用户的相关操作，如执行某种数据库操作、处理业务逻辑等。

（9）一旦 Action 执行完毕，ActionInvocation 负责根据 struts.xml 中的配置找到相应的返回结果，将处理结果信息返回到浏览器。这些结果可以是 HTML 页面、JSP 页面、图像，也可以是其他任何 Web 资源。

4.4 任务4 Struts 2 的配置

任务描述：与 Struts 2 相关的配置文件有好几个，常用的有 web.xml、struts.properties、struts.xml 等。web.xml 中配置了 Struts 2 的分发器 Filter。struts.xml 配

置了 Struts 2 的 Action。struts.properties 配置了 Struts 2 的一些属性,例如 Struts 2 的后缀、上传文件大小、上传文件夹等信息。

任务目标:了解 Struts 2 的配置文件,并掌握 Struts 2 的基本配置。

4.4.1　web.xml 的配置

web.xml 并不是 Struts 2 框架特有的文件。作为部署描述文件,web.xml 是所有 Java Web 应用程序都需要的核心配置文件。

Struts 2 框架需要在 web.xml 文件中配置一个前端控制器 FilterDispatcher,用于对 Struts 2 框架进行初始化,以及处理所有的请求。

FilterDispatcher 是一个 Servlet 过滤器,它是整个 Web 应用的配置项,以下是一个 FilterDispatcher 的例子。

```xml
<?xml version="1.0" encoding="UTF-8"?>
<web-app version="2.5" xmlns="http://java.sun.com/xml/ns/javaee"
    xmlns:xsi="http://www.w3.org/2001/XMLSchema-instance"
    xsi:schemaLocation="http://java.sun.com/xml/ns/javaee
    http://java.sun.com/xml/ns/javaee/web-app_2_5.xsd">
    <filter>
        <filter-name>struts</filter-name>
        <filter-class>org.apache.struts2.dispatcher.FilterDispatcher</filter-class>
    </filter>
    <filter-mapping>
        <filter-name>struts</filter-name>
        <url-pattern>/*</url-pattern>
    </filter-mapping>
</web-app>
```

4.4.2　struts.properties 的配置

Struts 2 提供了很多可配置的属性,通过这些属性的设置,可以改变框架的行为,从而满足不同 Web 应用的需求。这些属性可以在 struts.properties 文件中进行设置。

struts.properties 文件位于 classpath 下,通常放在 Web 应用程序的/WEB-INF/classes 目录下。

在 Struts 2 的 JAR 包文件 struts2-core-2.0.11.jar 中的 default.properties 给出了所有属性的列表,并对其中一些属性设置了默认值。如果开发人员创建了 struts.properties 文件,那么在该文件中的属性设置会覆盖 default.properties 文件中的设置。

在开发环境中,往往要修改以下几个属性。

(1) struts.i18n.reload=true,激活重新载入国际化文件的功能。

(2) struts.devMode=true,激活开发模式,提供全面的调试功能。

(3) struts.configuration.xml.reload=true,激活重新载入 XML 配置文件的功能,当文件被修改后,就不需要将整个 Web 应用载入到 Servlet 容器里了。

(4) struts2.url.http.port=8080，配置服务器运行的端口。

(5) struts.multipart.saveDir、struts.multipart.maxSize 配置上传文件的工作目录和最大尺寸。

(6) struts.action.extension=action，配置 Struts 2 的默认后缀。

(7) struts.configuration.files=struts-default.xml,struts-plugin.xml,struts.xml，配置 Struts 2 的默认配置文件。

4.4.3 struts.xml 的配置

struts.xml 是 Struts 2 的核心配置文件，主要用于配置开发人员编写的 Action、JSP、拦截器等，另外 struts.properties 也可以在 struts.xml 中配置。struts.xml 文件通常放在 Web 应用程序的 WEB-INF/classes 目录下，将被 Struts 2 框架自动加载。除此之外，该文件也可以放在 MyEclipse 项目的 src 文件夹下，如果放在其他目录下，程序会报错，所有的 action 都将找不到。

```
<?xml version="1.0" encoding="UTF-8"?>
<!DOCTYPE struts PUBLIC
    "-//Apache Software Foundation//DTD Struts Configuration 2.0//EN"
    "http://struts.apache.org/dtds/struts-2.0.dtd">
<struts>
    <package name="main" extends="struts-default" namespace="/struts2">
    ...
    </package>
</struts>
```

4.4.4 package 的配置

Struts 2 的 Action、JSP、拦截器都配置在<package>中，<package>类似于 Java 的包，但也有不同之处。Struts 2 中的包可以扩展另外的包，从而继承了原有包的所有定义，并可以添加自己的包的特有配置，以及修改原有包的部分配置，从这一点上看，Struts 2 中的包更像 Java 中的类。<package>的 name 属性指定<package>的名称，用于继承时的引用。如果一个<package>被另一个<package>继承，那么子<package>可以引用父<package>里配置的所有资源，包括拦截器、Action、Forword 等，也可以重新定义一些资源。

4.4.5 命名空间的配置

<package>元素的 namespace 属性可以将包中的 action 配置为不同的名称空间。当 Struts 2 接收到一个请求的时候，它会将请求的 URL 分为 namespace 和 action 两部分。Struts 2 会从 struts.xml 中找到 namespace/action 这个命名对，如果没有找到，Struts 2 会在默认的名称空间中查找相应的 action 名。默认命名空间用空字符串来表示""""，当在定义包中没有使用 namespace 属性，那么就指定了默认的名称空间。

4.5 任务5 进阶式案例——第一个 Struts 2 程序

任务描述：根据 Struts 2 框架的工作原理和基本思想，对引入性案例进行修改，完成基于 Struts 2 框架的登录系统的开发。运行效果和引入性案例相同，如图 4-1 和图 4-2 所示。

任务目标：通过本任务，读者可以充分理解 Struts 2 相对于 Struts 1 的优势所在。

4.5.1 解决方案

基于 Struts 2 框架，解决引入性案例提出的问题的具体实现步骤如下，工程文件结构图如图 4-5 所示。Struts 2 框架的 JAR 包放在 WebRoot\WEB-INF\lib 路径下，所有 JAR 文件会自动导入工程中。

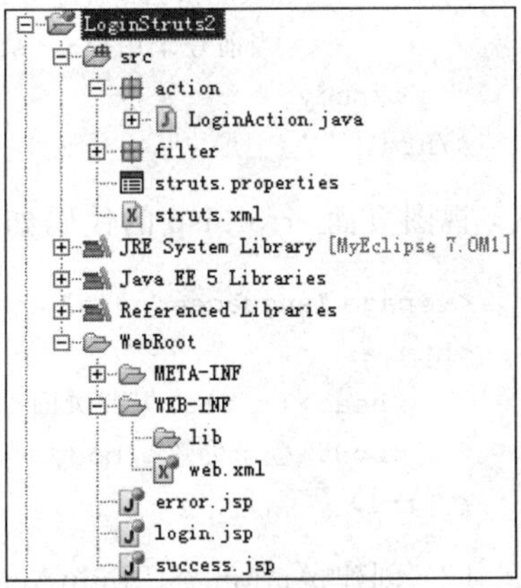

(1) 创建视图页面：login.jsp、success.jsp、error.jsp。

(2) 创建 Action：LoginAction.java。

(3) 为解决中文乱码问题，创建过滤器 Servlet：CharacterEncodingFilter.java。

(4) 配置 web.xml。

(5) 创建资源信息文件：struts.properties。

(6) 配置 struts.xml。

(7) 发布工程。

图 4-5 工程文件结构图

4.5.2 具体实现

(1) 创建视图页面 login.jsp、success.jsp 和 error.jsp。

视图页面 login.jsp 的代码如下：

```
<%@ page language="java" contentType="text/html; charset=UTF-8"%>
<%@ taglib uri="/struts-tags" prefix="struts"%>
<html>
    <head><title>登录页面</title></head>
    <body>
        <center>
            <h2>用户登录</h2><p>
            <struts:form action="login" method="post">
                <struts:textfield name="userName" label="账号" />
                <struts:password name="userPsw" label="密码" />
                <struts:submit value="登录"></struts:submit>
            </struts:form>
        </center>
    </body>
```

```
</html>
```

视图页面 success.jsp 的代码如下：

```
<%@page language="java" contentType="text/html; charset=UTF-8"%>
<%@taglib uri="/struts-tags" prefix="struts"%>
<!DOCTYPE HTML PUBLIC "-//W3C//DTD HTML 4.01 Transitional//EN">
<html>
    <head><title>成功登录页面</title></head>
    <body>
        <center><h2>欢迎登录</h2></center><br>
            当前登录用户：<struts:property value="userName"/>
    </body>
</html>
```

视图页面 error.jsp 的代码如下：

```
<%@page language="java" contentType="text/html; charset=UTF-8"%>
<html>
    <head><title>失败页面</title></head>
    <body>登录失败</body>
</html>
```

(2) 创建 Action 类 LoginAction.java。代码如下：

```
package action;
import com.opensymphony.xwork2.ActionSupport;
public class LoginAction extends ActionSupport{
    private static final long serialVersionUID=1L;
    private String userName;
    private String userPsw;
    public String getUserName(){
        return userName;
    }
    public void setUserName(String userName){
        this.userName=userName;
    }
    public String getUserPsw(){
        return userPsw;
    }
    public void setUserPsw(String userPsw){
        this.userPsw=userPsw;
    }
    public String execute()throws Exception{
        if(getUserName().equals("ZhaoYan")&&getUserPsw().equals("123456")){
            return SUCCESS;
        }
```

```
        else return ERROR;
    }
}
```

(3) 为解决中文乱码问题,创建过滤器 Servlet:CharacterEncodingFilter.java。该文件和引入性案例中 CharacterEncodingFilter.java 的代码相同。

(4) 配置 web.xml。代码如下:

```xml
<?xml version="1.0" encoding="UTF-8"?>
<web-app version="2.5"
    xmlns="http://java.sun.com/xml/ns/javaee"
    xmlns:xsi="http://www.w3.org/2001/XMLSchema-instance"
    xsi:schemaLocation="http://java.sun.com/xml/ns/javaee
    http://java.sun.com/xml/ns/javaee/web-app_2_5.xsd">
  <welcome-file-list>
    <welcome-file>login.jsp</welcome-file>
  </welcome-file-list>
    <filter>
        <filter-name>struts</filter-name>
        <filter-class>org.apache.struts2.dispatcher.FilterDispatcher</filter-class>
        <init-param>
            <param-name>struts.action.extension</param-name>
            <param-value>action</param-value>
        </init-param>
    </filter>
    <filter-mapping>
        <filter-name>struts</filter-name>
        <url-pattern>/*</url-pattern>
    </filter-mapping>
    <filter>
        <filter-name>characterEncodingFilter</filter-name>
        <filter-class>filter.CharacterEncodingFilter</filter-class>
        <init-param>
            <param-name>characterEncoding</param-name>
            <param-value>UTF-8</param-value>
        </init-param>
        <init-param>
            <param-name>enable</param-name>
            <param-value>true</param-value>
        </init-param>
    </filter>
    <filter-mapping>
        <filter-name>characterEncodingFilter</filter-name>
        <url-pattern>/*</url-pattern>
    </filter-mapping>
```

```
</web-app>
```

(5) 创建资源信息文件 struts.properties。

```
struts.action.extension=action
struts.locale=en_GB
```

(6) 配置 struts.xml 文件。代码如下：

```xml
<?xml version="1.0" encoding="UTF-8"?>
<!DOCTYPE struts PUBLIC
    "-//Apache Software Foundation//DTD Struts Configuration 2.0//EN"
    "http://struts.apache.org/dtds/struts-2.0.dtd">
<struts>
    <package name="main" extends="struts-default">
        <action name="login" class="action.LoginAction">
            <result name="error">/error.jsp</result>
            <result name="success">/success.jsp</result>
        </action>
    </package>
</struts>
```

(7) 发布与执行系统登录程序。

当所有代码书写完成后，启动 Tomcat，发布工程，然后在浏览器窗口查看运行效果。

单 元 总 结

本单元首先通过引入性案例给出利用 Struts 1 解决问题的方法和思路，待问题解决后，对现有方法进行分析，指出该案例解决方案的不足之处，提出了采用 MVC 模式的 Struts 2 框架解决问题的思路。随后详细讲述了 Struts 2 的发展历史，介绍了 Struts 2 与 WebWork 2、Struts 1 的关系，介绍了 Struts 2 与 Struts 1 的区别，重点分析了 Struts 2 的体系结构和工作机制，初步介绍了 Struts 2 的相关配置。最后，根据引入性案例的要求，在进阶式案例中，向读者展现了使用 Struts 2 框架解决实际问题的例子，了解 Struts 2 的主要执行流程。

习　　题

(1) 简述 Struts 2 的发展历史。
(2) 简述 Struts 2 与 Struts 1 的区别。
(3) 简述 Struts 2 的体系结构。
(4) 简述 Struts 2 的工作机制。
(5) 上机调试本单元中任务 1 的引入性案例和任务 4 的进阶式案例。
(6) 叙述在进阶式案例的 struts.xml 文件中各个元素代表的含义，以及 struts.xml

在工程中的位置。

实训 4 使用 Struts 2 框架实现图书管理系统的用户登录模块

1. 实训目的

（1）了解 Struts 2 的发展历史。
（2）了解 Struts 2 的体系结构。
（3）熟悉 Struts 2 框架技术的工作原理。
（4）理解 Struts 2 的配置。
（5）能够使用 Struts 2 框架技术实现简单应用程序。

2. 实训内容

根据本单元已学的 Struts 2 的相关知识，完成图书管理系统的用户登录模块的设计，要求如下：

（1）当首次登录页面时，程序提示用户"您尚未登录，请登录"。
（2）单击"登录"超链接，系统会自动跳转到登录页面。
（3）在登录页面中，若用户在文本框和密码框中什么都不输入，就单击"确定"按钮，则该页面上会出现用"户名不能为空"和"密码不能为空"的提示性信息。
（4）当用户输入用户名和密码错误时，即用户名和密码不是指定的用户名和密码，系统会在当前页面上显示"用户名和密码出错"，要求用户重新输入。
（5）如果用户输入的用户名和密码无误，就会跳转到成功登录页面，在成功登录页面上显示当前登录用户的用户名和密码信息。
（6）用户输入的用户名和密码可以是数字和中英文字符等。

3. 操作步骤

参考本单元任务 5 的进阶式案例中讲述的内容，完成图书管理系统的用户登录模块的设计。

4. 实训小结

对相关内容写出实训总结。

第 5 单元

Struts 2 进阶与提高

单元描述：

Struts 2 完全颠覆了 Web 编程的传统，在 Struts 2 的 Action 类中，完全去掉了 request、response 等 Servlet API。该框架提供了一整套用于简化 JSP 编程的标签，开发者只需要稍作配置就可以实现各种常用效果；该框架可以自动完成数据转换、赋值，这些对 Web 编程是革命性的转变；Struts 2 同样提供配置式的数据校验功能。本单元将重点介绍该框架在国际化、标签库、数据校验等方面的技术。

单元目标：
- 了解 Struts 2 标签库的配置和使用；
- 了解 Struts 2 在国际化方面的实现；
- 熟悉 Struts 2 数据转换和赋值的相关技术；
- 掌握 Struts 2 数据校验的功能。

5.1 任务 1 引入性案例

任务描述： 使用已经学过的有关 Struts 2 框架的知识，完成用户注册系统的开发。

任务目标： 本案例的主要任务就是在当前知识体系结构的基础上完成用户注册模块的设计和实现，并分析不足之处。

5.1.1 案例分析

一个好的注册模块应该提供完备的数据验证功能。数据验证包括数据格式验证和逻辑验证，其中数据格式验证体现为数据格式的合法性，例如，在填写表单时要求密码不能为空、电话号码必须为 8～15 位整数、电子邮件地址的合法性等。逻辑验证一般体现为逻辑上的有效性，例如，判断用户注册的用户名是否重复等。

现在根据已学过的 Struts 2 的相关技术知识，完成用户登录模块。

工程名为 RegisterStruts2，工程文件结构图如图 5-1 所示。

用户注册页面如图 5-2 所示；用户名、密码、邮箱为空时的提示性信息如图 5-3 所示；年龄、电话号码和邮箱不合法的提示性信息如图 5-4 所示；用户已存在的提示性信息如图 5-5 所示；成功提交相关信息后进入欢迎页面，如图 5-6 所示。

第 5 单元　Struts 2 进阶与提高　63

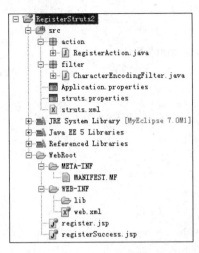

图 5-1　工程文件结构图

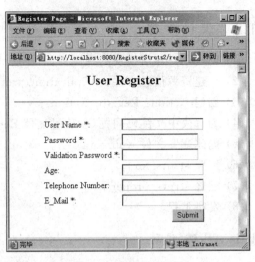

图 5-2　用户注册页面

图 5-3　用户名、密码、邮箱不能为空

图 5-4　年龄、电话号码、邮箱不合法

图 5-5　用户名已存在

图 5-6　欢迎页面

5.1.2 设计步骤

(1) 创建用户注册模块的视图界面：register.jsp、registerSuccess.jsp。
(2) 创建资源信息文件：Application.properties。
(3) 创建 Action：RegisterAction.java。
(4) 为解决中文乱码问题，创建过滤器 Servlet：CharacterEncodingFilter.java。
(5) 创建配置文件 web.xml。
(6) 配置 struts.xml。
(7) 配置 struts.properties。
(8) 发布工程。

5.1.3 具体实现

(1) 创建用户注册模块的视图页面：register.jsp、registerSuccess.jsp。
register.jsp 的代码如下：

```
<%@page contentType="text/html;charset=UTF-8" language="java"%>
<%@taglib uri="/struts-tags" prefix="struts"%>
<html>
    <head><title><struts:text name="register.jsp.title"/></title></head>
    <body>
        <struts:text name="register.jsp.heading"/>
        <struts:fielderror/>
        <hr>
        <center>
            <struts:form action="register.action" method="post">
                <struts:textfield name="userName" key="register.jsp.label.username"/>
                <struts:password name="psw1" key="register.jsp.label.psw1"/>
                <struts:password name="psw2" key="register.jsp.label.psw2"/>
                <struts:textfield name="age" key="register.jsp.label.age"/>
                <struts:textfield name="telNum" key="register.jsp.label.telnum"/>
                <struts:textfield name="email" key="register.jsp.label.email"/>
                <struts:submit key="register.jsp.button.submit"/>
            </struts:form>
        </center>
    </body>
</html>
```

registerSuccess.jsp 的代码如下：

```
<%@page language="java" pageEncoding="UTF-8"%>
<%@taglib uri="/struts-tags" prefix="struts"%>
<html lang="true">
```

```
        <head><title><struts:text name="registerSuccess.jsp.title"/></title></head>
        <body>
            <center><struts:text name="registerSuccess.jsp.heading"/></center>
            <hr>
            <struts:text name="registerSuccess.jsp.label.welcome"/>
            <struts:property value="userName"/>
            <struts:fielderror/>
        </body>
</html>
```

（2）创建资源信息文件：Application.properties。

该文件的内容与第 4 单元的进阶式案例（LoginStruts 2 工程）的 Application. properties 文件类似，在这里不再重复给出。

（3）创建 Action：RegisterAction.java。代码如下：

```
package action;
import java.util.regex.Matcher;
import java.util.regex.Pattern;
import com.opensymphony.xwork2.ActionSupport;
public class RegisterAction extends ActionSupport{
    private static final long serialVersionUID=1L;
    private String userName;
    private String psw1;
    private String psw2;
    private int age;
    private String telNum;
    private String email;
//省略所有属性的 get、set 方法
    public String execute()throws Exception{
        if(getUserName().equals("ZhaoYan")){
            addFieldError("error0",getText("username.exist"));
                return SUCCESS;
            }
        else if(validator()){return SUCCESS;}
        else return ERROR;
    }
    private boolean validator(){
        boolean flag=true;
        if(getUserName()==null||getUserName().length()<1){   //判断用户名是否为空
            addFieldError("error1",getText("username.required"));
            flag=false;
        }
        if(getUserName().length()>20){              //用户名不能超过 20 个字符
```

```
            addFieldError("error2",getText("psw.maxlength"));
            flag=false;
        }
        if(getPsw1()==null||getPsw1().length()<1){    //判断密码是否为空
            addFieldError("error3",getText("psw.required"));
            flag=false;
        }
        if(!getPsw1().equals(getPsw2())){            //判断两次输入的密码是否一致
            addFieldError("error4",getText("errors.validwhen"));
            flag=false;
        }
        if(getAge()>200||getAge()<0){                //年龄应该是 0~200 之间的数字
            addFieldError("error5",getText("age.error"));
            flag=false;
        }
        String regTelNum="[0-9]{7,15}$";
        Pattern e=Pattern.compile(regTelNum);
        Matcher em=e.matcher(telNum);
        if(!(getTelNum().equals(""))&&!em.matches()){  //电话号码应该是 8~15 位的数字
            addFieldError("error6",getText("tel.error"));
            flag=false;
        }
        String regEmail="^([a-z0-9A-Z]+[-|\\.]?)+[a-z0-9A-Z]@([a-z0-9A-Z]+
                        (-[a-z0-9A-Z]+)?\\.)+[a-zA-Z]{2,}$";   //正则表达式
        Pattern p=Pattern.compile(regEmail);                   //Email 地址校验
        Matcher m=p.matcher(email);
        if(email==""){
            addFieldError("error7",getText("email.required"));
            flag=false;
        }
        if(email!=""&&!m.matches()){
            addFieldError("error7",getText("email.error"));
            flag=false;
        }
        return flag;
    }
}
```

（4）为解决中文乱码问题，创建过滤器 Servlet：CharacterEncodingFilter.java。

该文件和之前提到的 CharacterEncodingFilter.java 的代码相同，文件的配置也相同。

(5) 创建配置文件 web.xml。

该文件的配置与第 4 单元的进阶式案例中有关 web.xml 的配置相同,只是将默认欢迎页面改为 register.jsp。

(6) 配置 struts.xml。代码如下:

```xml
<?xml version="1.0" encoding="UTF-8"?>
<!DOCTYPE struts PUBLIC
        "-//Apache Software Foundation//DTD Struts Configuration 2.0//EN"
        "http://struts.apache.org/dtds/struts-2.0.dtd">
<struts>
    <package name="main" extends="struts-default">
        <action name="register" class="action.RegisterAction">
            <result name="error">/register.jsp</result>
            <result name="success">/registerSuccess.jsp</result>
        </action>
    </package>
</struts>
```

(7) 配置 struts.properties。

在该文件中,要配置相关的资源信息文件。在本工程中所有的文字信息都来源于资源信息文件,主要是为后面实现国际化做准备,让 Struts 2 框架识别资源配置文件的代码为"struts.custom.i18n.resources=Application"。该文件的代码如下:

```
struts.action.extension=action
struts.locale=en_GB
struts.custom.i18n.resources=Application
```

(8) 发布工程。

当所有代码输入完成后,启动 Tomcat,发布工程,然后在浏览器窗口查看运行效果。

5.1.4　Struts 2 工作流程

在使用 Struts 2 框架技术完成了两个案例之后,根据本案例,详细介绍一下 Struts 2 的工作流程。

Struts 2 放弃了 request、response 等 Servlet API,看上去更像普通的 Java 类。实际上,Struts 2 的 Action 属于被调用的方法。在调用 Action 的执行方法 execute()之前,Struts 2 会从 request 中获取参数,并通过 set()方法设置到 Action 属性中。整个 Struts 2 框架的工作流程如图 5-7 所示。

register.jsp 是一个表单页面,提交表单后,将数据提交到 register.action 中,这是一个 Struts 的 URI,将会被 Struts 2 配置在 web.xml 中的分发器 Filter 截获。分发器 Filter 转去查找 struts.xml,得知 register.action 对应的 Action 为 RegisterAction。

然后,Struts 2 将生成一个 RegisterAction 实例,并将提交上来的数据设置到该实

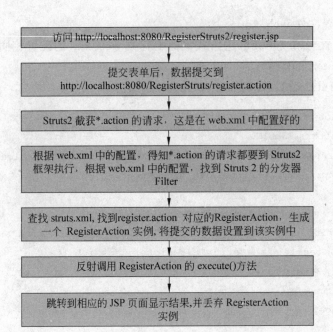

图 5-7　Struts 2 工作流程图

例中。

RegisterAction 中的 execute()方法是 Struts 2 的主要方法，主要的业务逻辑代码就在其中。本案例中如果输入的用户名为 ZhaoYan，则显示该用户已存在的提示性信息；如果用户输入无误，则跳转到成功页面。而具体的页面跳转也已经在 struts.xml 中配置好了。

5.1.5　分析不足之处

通过两个 Struts 2 案例，读者已经体会到了该框架的优势。尽管 Struts 2 避开了 Servlet API，并且省去了严格的 ActionForm，以及 JavaBean 的定义，但是依据现有的知识来解决复杂的问题还是有一定难度的。在引入性案例设计之初，尽管经过严格的需求分析，还有很多功能难以实现。下面将一一点评。

（1）一个优秀的注册程序不仅仅是输入用户名和密码，在较为严格的系统中需要录入极为丰富的数据。为了方便用户录入，就需要各种控件帮助用户完成录入工作，如单选按钮、复选框、文件上传按钮、下拉框、日期选择器等。Struts 2 丰富的标签库是否可以完成该项工作呢？

（2）国际化是一个产品应有的支持，在 Struts 2 中是否也可以解决国际化问题呢？

（3）Struts 2 完全放弃了 ActionForm，但是由于 Java 本身的缺陷，比如时间的表示等，前台表单传来的数据转去给后台 Java 处理时，数据类型的转换往往会加大程序员的工作量，那么 Struts 2 有没有更好的解决方案呢？

（4）验证框架可以有效解决数据校验的问题，那么 Struts 2 如何解决此类问题呢？

下面就带着这些问题来依次找到解决的答案,并改在进阶式案例中完成对用户注册模块的优化。

5.2 任务2 Struts 2 标签库

任务描述:Struts 2 提供了大量的标签,Struts 2 的标签库用于简化 JSP 编程,开发者只需要在标签中做少量配置,就可以实现各种常见效果。Struts 2 标签与 Action 联系比较紧密,使用标签后,Struts 2 会自动完成 JSP 层的显示数据、在 Action 层的采集数据等工作。

任务目标:Struts 2 提供了大量的标签,如日期选择器、树形结构、主题、模板等,同时 Struts 2 还提供了对 DWR 技术、AJAX 技术的支持,使 Struts 2 可以完成各种 AJAX 的效果。本任务的主要目标就是认识和了解 Struts 2 标签。

5.2.1 Struts 2 标签分类

早期的 Java Web 程序主要依靠 Java 代码控制输出,在这种情况下,JSP 页面中将嵌入大量的 Java 代码,使用大量的 if、else、for 等分割页面中静态和动态的部分,整个页面显得非常凌乱。自 JSP 1.1 版本以后,增加了标签的功能,从此 Java Web 框架技术中也提供了丰富的标签。

Struts 1 提供的标签已经可以在很大程度上简化 JSP 页面的编写,Struts 2 则提供了更为强大的标签库,使用 Struts 2 的标签库可以大大简化数据的输出,同时也可以实现更为绚丽的效果。

与 Struts 1 的标签库不同,Struts 2 的标签库提供的标签不依赖于任何表现层技术,也就是说,Struts 2 中的大部分标签可以在各种表现层技术中使用,这些表现层技术主要包括 JSP、Velocity、FreeMarker 等。当然,并不是所有的 Struts 2 标签都可以在所有的表现层技术中使用,存在极少数的标签,在某些表现层技术中使用时会受到一定的限制。

Struts 1 的标签库被分成了 5 类,分别是 html、bean、logic、nested 和 tiles。Struts 2 的标签库没有进行分类,所有的标签都被放到一个标签库中,用户指定前缀名,如 s、struts 等。

此外,Struts 1 的标签在默认情况下不支持表达式语言(EL),如果需要支持的话,要增加 struts-el.jar 和相应的 JSTL 库。Struts 2 在默认情况下支持 OGNL、JSTL、Groovy 和 Velcity 表达式。

Struts 2 的标签按照使用方式分为两类,一类是 UI 标签,另一类是非 UI 标签。所谓 UI 标签是指用于生成 HTML 元素的标签;所谓非 UI 标签主要是用于数据访问、逻辑控制等操作的标签。

对于 UI 标签而言,还可以分为表单标签、非表单标签、AJAX 标签。其中表单标签是用于生成 HTML 页面的 form 标签，以及普通表单元素；非表单标签主要是用于生成 HTML 页面的其他 HTML 元素或显示某些信息的标签；AJAX 标签就是支持 AJAX 技术的 UI 标签。

对于非 UI 标签可以分为控制标签和数据标签。其中控制标签主要用于实现条件判断、循环控制；而数据标签主要用于输出 ValueStack 中的值，并完成国际化功能。Struts 2 标签库的分类如图 5-8 所示。

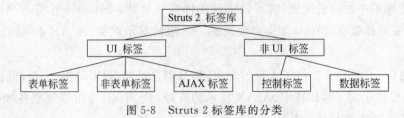

图 5-8 Struts 2 标签库的分类

5.2.2 表单标签

Struts 2 中所有的表单处理类都继承于 org.apache.Struts 2.components.UIBean 类，在该类中定义了一些通用属性，这些属性在所有的表单标签中都存在，感兴趣的读者可以阅读 UIBean 类的源代码。在 UIBean 类中定义的通用属性可分为模板相关属性、JavaScript 相关属性、tooltip 相关属性、通用属性 4 大类。表 5-1～表 5-4 分别对这四大类通用属性进行了详细描述。

表 5-1 模板相关属性

属　　性	功　能　描　述
templDir	指定当前表单所用的模板文件目录
theme	指定当前表单所用的主题，如 simple、xhtml、ajax 等
template	指定当前表单所用的模板

表 5-2 JavaScript 相关属性

属　　性	功　能　描　述
onclick	指定鼠标单击表单元素时触发的 JavaScript 函数或代码
ondbclick	指定鼠标双击表单元素时触发的 JavaScript 函数或代码
onmousedown	指定鼠标在表单元素上按下时触发的 JavaScript 函数或代码
onmouseup	指定鼠标在表单元素上抬起时触发的 JavaScript 函数或代码
onmouseover	指定鼠标在表单元素上悬停时触发的 JavaScript 函数或代码
onmouseout	指定鼠标移出表单元素时触发的 JavaScript 函数或代码

续表

属　性	功能描述
onfocus	指定表单元素得到焦点时触发的 JavaScript 函数或代码
onblur	指定表单元素失去焦点时触发的 JavaScript 函数或代码
onkeypress	指定按下键盘某个键时触发的 JavaScript 函数或代码
onkeyup	指定松开键盘某个键时触发的 JavaScript 函数或代码
onkeydown	指定按下键盘某个键时触发的 JavaScript 函数或代码
onselect	该属性用于下拉列表框等表单元素,指定选中该元素时触发的 JavaScript 函数或代码
onchange	指定当前表单所用的模板

表 5-3　tooltip 相关属性

属　性	默　认　值	功能描述
tooltip	无	设置组件的 tooltip 值
jsTooltipEnabled	false	设置是否支持 JavaScript
tooltipIcon	/struts/static/tooltip/tooltip.gif	设置 tooltip 图像的 URL
tooltipDelay	500	设置显示 tooltip 之间需要等待的时间(单位是毫秒)

表 5-4　通用属性

属　性	功能描述
cssClass	设置 HTML 标签的 class 属性
cssStyle	设置 HTML 标签的 style 属性
title	设置 HTML 标签的 title 属性
disabled	设置 HTML 标签的 disabled 属性
label	设置表单元素的 label 属性,该属性值将根据当前表单元素不同的设置显示在页面的适当位置,系统会在该属性后自动加上冒号":"
labelPosition	设置 label 属性值显示的位置,该属性有上面(top)和左边(left)两个值,默认值为左边
requiredposition	设置必填字段显示的必填标记(默认是星号"*")的位置,该属性可设置的值为左边和右边(right)2 个值,默认值为右边
name	定义表单元素的 name 属性,该属性值需要和 Action 类的相应属性对应
required	指定当前表单元素是否为必填字段,如果是必填字段,会在该表单元素的相应位置显示必填标记(默认是星号"*")
tabIndex	设置 HTML 标签的 tabIndex 属性
value	设置 HTML 标签的 value 属性

Struts 2 的表单标签用于向服务器提交用户输入的信息,大多数表单标签都有与之对应的 HTML 标签,这些标签中的大多数属性也和相应的 HTML 标签对应。

表 5-5 给出了 Struts 2 的表单标签的名称和使用说明。表中的所有标签前缀使用 struts,该标签前缀定义的相关代码如下:

```
<%@ taglib uri="/struts-tags" prefix="struts"%>
```

表 5-5　Struts 2 的表单标签的名称和使用说明

标 签 名 称	使 用 说 明
\<struts:form\>	该标签是其他表单标签的上一层标签,可以通过 form 标签的 action 属性指定 Action 名字。由于 Struts 2 具有主题功能,该标签在生成表单之外,还会生成\<table\>标签等相关布局代码。因此在带有 Struts 2 标签的 JSP 中不需要书写任何布局代码
\<struts:submit\>	对应于 HTML 中的\<input type="submit"\>标签,可生成一个提交按钮
\<struts:reset\>	对应于 HTML 中的\<input type="reset"\>标签,可生成一个重置按钮
\<struts:textfield\>	对应于 HTML 中的\<input type="text"\>标签,可生成一个文本框
\<struts:textarea\>	对应于 HTML 中的\<textarea\>\</textarea\>标签,可生成一个多行文本域
\<struts:file\>	对应于 HTML 中的\<input type="file"\>标签,可生成一个文件域
\<struts:checkbox\>	对应于 HTML 中的\<input type="checkbox"\>标签,可生成一个复选框
\<struts:password\>	对应于 HTML 中的\<input type="password"\>标签,可生成一个密码框
\<struts:radio\>	对应于 HTML 中的\<input type="radio"\>标签,可生成一个单选按钮
\<struts:select\>	对应于 HTML 中的\<select\>标签,可生成一个选择列表
\<struts:autocomplete\>	该标签有自动完成功能的下拉框,能够根据所填内容筛选下拉框的内容。使用 autocomplete 标签必须使用 AJAX 主体,该标签还可以通过 AJAX 方式获取动态数据,根据填写的内容动态显示输入提示。如果下拉框的数据庞大,自动使用动态数据
\<struts:checkboxlist\>	该标签为可以多选的复选框。如果 Action 中对应的属性为 List 类型或者数组类型,JSP 中的 checkboxlist 标签会自动选中多个值
\<struts:combobox\>	该标签用于生成一个组合框。ComboBox 的特点就是可以选择也可以编辑,即可以选择下拉框中已有的值,也可以填写下拉框中没有的值
\<struts:datetimepicker\>	该标签是专门输入日期时间的输入框,它自带一个日历,可以指定日历格式
\<struts:doubleselect\>	该标签为联动下拉框,选择第一个下拉框时,第二个下拉框的值会随着第一个下拉框的值的改变而改变
\<struts:optiontransferselect\>	该标签左右各有一个列表,右边的选项可以转到左边,左边的选项也可以转到右边。该标签是利用两个\<select\>实现的
\<struts:optgroup\>	该标签是一个标准的 HTML 标签,用于给\<select\>选项分组

5.2.3 非表单标签

非表单标签主要用于生成一些非可视化的元素,或根据服务端的处理结果显示一些信息,如 div、actionerror 等。表 5-6 给出了 Struts 2 的非表单标签的名称和使用说明。

表 5-6 Struts 2 的非表单标签的名称和使用说明

标签名称	使用说明
<struts:actionerror>	如果 Action 对象的 getActionError()方法返回非 null 值,那么该标签负责输出 getActionError()方法返回的错误信息
<struts:actionmessage>	如果 Action 对象的 getActionMessage()方法返回非 null 值,那么该标签负责输出 getActionMessage()方法返回的错误信息
<struts:fielderror>	如果 Action 对象的发生类型转换错误、校验错误,那么该标签负责输出这些错误信息
<struts:div>	该标签生成一个 HTML div 元素
<struts:component>	该标签生成一个自定义组件

5.2.4 控制标签

Struts 2 的非 UI 标签包括控制标签和数据标签。其中控制标签主要完成条件逻辑、循环逻辑的控制,以及对集合的合并、排序等操作。控制标签有 9 个,其名称和功能描述如表 5-7 所示。

表 5-7 Struts 2 的控制标签的名称和使用说明

标签名称	使用说明
<struts:if>	用于控制条件逻辑的标签,可以和 elseif、else 配合使用,也可以单独使用
<struts:elseif>	与 if 结合使用、用于控制条件逻辑的标签
<struts:else>	与 if 结合使用、用于控制条件逻辑的标签。在新版本中 if、elseif、else 标签的使用被关闭,因为 EL 表达式存在风险性,所以在 Struts 2.0.11.2 以后的版本中使用这些标签会报错
<struts:iterator>	用于处理循环逻辑,一般用于处理集合对象
<struts:append>	用于将多个集合拼接成一个新的集合
<struts:generator>	用于将一个字符串解析成一个集合
<struts:merge>	用于将多个集合拼接成一个新的集合,但与 append 标签的拼接方式不同
<struts:sort>	该标签用于对集合进行排序
<struts:subset>	该标签用于截取集合的部分元素,形成新的子集合

5.2.5 数据标签

数据标签主要用于提供各种和数据访问相关的功能,如创建一个类的对象实例、输出国际化信息、包括其他 Web 资源等。数据标签的名称和使用说明如表 5-8 所示。

表 5-8 Struts 2 的数据标签的名称和使用说明

标 签 名 称	使 用 说 明
\<struts:action\>	该标签用于访问某个 Action,并将结果包含进来,相当于 JSP 中的 include。参数 ignoreContextParams 表示是否将本页面的参数传递给被调用的 Action
\<struts:bean\>	该标签用于引用某个 JavaBean,比如访问其 get、set 方法
\<struts:date\>	该标签用于格式化时间输出,属性 format 设置时间格式字符串,例如 yyyy-mm-dd、hh:mm:ss 等。format 支持 JDK 中的日期格式
\<struts:debug\>	该标签用于在页面上生成一个调试链接,当单击该链接时,可以看到当前 ValueStack 和 Stack Context 中的内容
\<struts:i18n\>	该标签用于 Struts 2 的资源国际化,指定资源文件。如果不使用该标签,可以在 Struts 2 的资源文件 struts.properties 中设置
\<struts:include\>	该标签用于包含一个 JSP 页面,将 JSP 的执行结果包含到本页面中,相当于 JSP 中的\<jsp:include\>标签
\<struts:param\>	该标签用于给其他标签传递参数
\<struts:push\>	该标签用于将指定值放入 ValueStack 的栈顶
\<struts:set\>	该标签用于定义一个变量,并设置该变量的值
\<struts:text\>	该标签用于输出国际化信息
\<struts:url\>	该标签用于生成一个 URL 地址
\<struts:property\>	该标签用于输出一个变量或者变量的属性,也可以直接输出当前的 Action 的属性

5.3 任务 3 Struts 2 国际化

任务描述:Struts 2 的国际化功能做得相当出色。在 Struts 2 中可以读取资源文件中的国际化信息,并可以将这些国际化信息应用到不同的地方,如数据校验、数据类型转换等出错信息,JSP 页面的国际化信息等。

任务目标:使用 Struts 2 框架解决程序的国际化问题就是本任务的主要目标。

5.3.1 Struts 2 中的全局资源文件

Struts 2 的国际化实际上也是建立在 Java 基础上的。从技术层面上讲,Struts 2 在底层也是使用 ResourceBundle 类的 getBundle()方法,通过 baseName 和 Local 对象来查找资源文件,并通过 getString()方法读取资源文件中的国际化信息。虽然 Struts 2 也使用了 Java 技术来处理资源文件,但用户在使用它时完全感觉不到这一点。因为在 Struts 2

中提供了很多机制(如标签、getText()方法等)来隐藏读取国际化信息的复杂性,从而使编写国际化程序更加容易。

要使程序实现国际化,首先要加载国际化资源文件。资源文件必须以".properties"结尾。文件名前缀可以任意命名,Struts 2 的资源文件的命名规则和第 7 单元中讲述的资源文件的命名规则相同。资源文件定义好后,需要加载到 Struts 2 中才能使用。Struts 2 提供了很多种加载资源文件的方式,但最简单的方式就是加载全局范围的资源文件。如果要使用全局范围的资源文件,需要在 struts.properties 或 struts.xml 文件中配置 struts.custom.i18n.resources 常量,该常量指定了全局资源文件的 baseName。

假设全局资源文件的 baseName 为 Application,则在 struts.properties 文件中可以通过如下代码设置:

```
struts.custom.i18n.resources=Application
```

在 struts.xml 文件中配置 struts.custom.i18n.resources 常量可以通过如下代码完成:

```
<constant name="struts.custom.i18n.resources" value="Application">
```

通过上述两种方式指定资源文件的 baseName 后,程序就可以使用全局资源文件了。

5.3.2　在 Struts 2 中访问国际化信息

Struts 2 既可以在 JSP 页面中输出国际化信息,也可以在 Action 类中输出国际化信息。按照输出方式分类,在 Struts 2 中可以有如下 3 种输出国际化信息的方式。

(1) 使用<struts:text>标签在 JSP 页面中直接输出国际化信息。<struts:text>标签中有一个 name 属性,该属性值就是资源文件中键值对的 key。

(2) 使用表单标签输出国际化信息,如<struts:textfield>、<struts:submit>、<struts:checkbox>等,这些标签中都有一个 key 属性,该属性就是资源文件中的 key。使用表单标签会将国际化标签输出到表单标签的 label 里,也就是说,相当于将资源文件中的国际化信息直接赋值给 label 属性。

(3) 如果 Action 类从 ActionSupport 类继承,可以通过 ActionSupport 类的 getText()方法来返回资源文件中的国际化信息。getText()方法有一个 name 参数,该参数就是资源文件中的 key。

5.3.3　对引入性案例实现国际化

实例 1:在引入性案例的基础上进行修改,将其实现国际化。

(1) 将 Application_en_US.properties 文件和 Application_zh_CN.properties 文件,复制到引入性案例的 src 路径下,并删除这两个文件中的<li>和</li>标记。

(2) 保存后重新发布工程。

(3) 打开浏览器,在地址栏中输入 URL 地址 http://localhost:8080/RegisterStruts2/register.jsp。如果浏览器当前的语言和国家是 zh_cn,则在浏览器中显示如图 5-9 所示的中文效果。

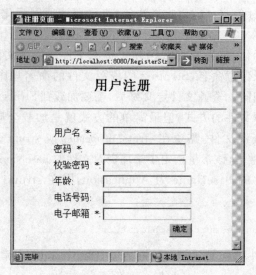

图 5-9　中文环境下的输出效果

（4）为了测试在英文环境下的国际化结果，需要手动修改浏览器的语言和国家。

5.4　任务4　数据类型转换器

任务描述：用户录入的信息通过网页进行收集，不管是什么类型，都是以字符串的形式提交给服务端。Java 是强类型语言，想要接收客户端提交的信息，就必须将这些信息转换成相应的 Java 数据类型。在传统的 Web 系统中，这些工作必须由开发人员自己完成，如果使用了 MVC 框架，那么数据类型转换的工作可以由 MVC 框架代替。

任务目标：Struts 2 提供了强大的类型转换机制。Struts 2 的类型转换是基于 OGNL 表达式的。只要 HTML 表单元素（文本框、选择框等）的 name 属性按照 OGNL 的规则命名，系统就会将提交的数据转换成相应的 Java 数据类型。本任务的目标就是学习 Struts 2 框架在数据类型转换方面的技术。

5.4.1　传统的类型转换

在传统的 Web 程序中，非字符串类型的信息需要手工将其转换成相应的 Java 数据类型。例如，年龄需要转换成整数类型数据，生日需要转换成日期类型数据。

实例 2：如果在注册信息中存在年龄和生日相关信息，请给出相应的数据类型转换的解决方案。

（1）假设在服务器端将注册信息封装在 UserBean 类中，存储年龄 age 的信息定义在 int 类型中，存放生日 birthday 的信息定义在 Date 类型中。

（2）将 age、birthday 请求参数值进行类型转换后，才能赋值给这两个属性。数据类型转换需要由相应的 Servlet 程序完成。

（3）在相应的 Servlet 程序中，通过 request 获取 age 的请求信息，并将其转换成 int

类型,相关代码如下:

```
String strAge=request.getParameter("age");
int age=Integer.parseInt(strAge);
```

(4) 在相应的 Servlet 程序中,通过 request 获取 birthday 的请求信息,并将其转换成 Data 类型,相关代码如下:

```
String strBirthday=request.getParameter("birthday");
java.text.SimpleDateFormat format=new java.text.SimpleDateFormat("yyyy-mm-dd");
Date birthday=format.parse(strBirthday);
```

以上解决问题的方案虽然可以完成数据类型转换的任务,但是需要手工编写大量代码。那么基于 MVC 架构的 Struts 2 框架是如何实现数据类型转换的呢?

5.4.2 Struts 2 内建的类型转换器

在 Struts 2 框架中提供了强大的类型转换机制,开发人员可以使用 Struts 2 的这个机制来进行任意复杂的数据类型转换。

对于 Java 的常用类型而言,开发人员无须对它们建立自己的类型转换器。在 Struts 2 中可以自动完成这些数据类型的转换工作。这些常用的类型转换是通过 Struts 2 内建的类型转换器来完成的。Struts 2 框架本身也是通过 request.getParameter(name) 获取 String 类型数据,并通过拦截器将 String 转换成各种常用的数据类型,如 Date、int 等,然后通过 get、set 方法设置到 Action 对应的属性上。Struts 2 的内建类型转换器如表 5-9 所示。

表 5-9 Struts 2 内建类型转换器支持的数据类型

标 签 名 称	使 用 说 明
boolean 和 Boolean	完成字符串类型和布尔类型之间的转换
char 和 Character	完成字符串类型与字符类型之间的转换
int 和 Integer	完成字符串类型与整数类型之间的转换
float 和 Float	完成字符串类型与单精度浮点类型之间的转换
long 和 Long	完成字符串类型与长整数类型之间的转换
double 和 Double	完成字符串类型与双精度浮点类型之间的转换
Date	完成字符串类型与日期类型之间的转换。日期格式使用当前请求的 Local 的 SHORT 格式
数组	完成一组字符串对数组类型的转换,数组元素类型可以是上面任何一种简单类型。在默认情况下,数组元素是字符串类型
集合	完成一组字符串对集合类型的转换,集合元素类型可以是上面任何一种简单类型。在默认情况下,集合元素是字符串类型

在引入性案例中，注册页面传递进来的年龄 age 数据已经通过 Struts 2 的内建类型转换器转换成 int 类型的数据了，请读者仔细体会。

5.4.3 其他转换方式

虽然 Struts 2 可以自动完成简单类型、数组和集合类型的转换工作，但是在实际应用中还是不够的。例如有一个 Product 类，该类中包含 name、price、count 几个属性，分别为 String、float、int 类型，如果需要将页面上传递过来的相关信息放在一起输入，中间用逗号","分隔，形式如"手套,12.5,100"，服务器端将用逗号分隔的请求参数转换成 Product 对象。尽管使用传统的方式也可以实现，但是要编写大量的 Servlet 代码解决该类问题，在 Struts 2 中，可以通过编写基于 OGNL 的类型转换器来完成该类任务。

同时，Struts 2 框架还提供了配置全局类型转换器的功能，有兴趣的读者可以通过阅读相关实例代码继续深入学习。

Struts 2 默认的转换器并不总能满足需要。例如，输入时间，Struts 2 只能转换形如 12:00:00 的格式，如果输入"12:00"系统就会报错。也有一些数据类型 Struts 2 转换不了。因此需要自定义数据转换器。

下面通过实例讲述用户自定义时间转换器。

实例 3：自定义一个日期时间转换器，用于接收各种常用的时间格式。

(1) 所用知识点的简介。

数据类型转换器需要实现 ognl.TypeConverter 接口。一般情况下，直接继承 DefaultTypeConverter 类，并实现 convertValue() 方法即可。convertValue() 方法有 3 个参数，参数 value 为待转换的数据，参数 toType 为要转换成的数据类型。注意 JSP 提交数据时，参数 value 为 request.getParameterValues(String name) 返回的 String[] 类型对象，而不是 String。该实例要实现的功能是利用 convertValue() 方法既能将 Date 类型转换成 String 类型，也能将 String 类型转换成 Date 类型。

(2) 创建名为 DateConvertor 的工程。该工程中最重要的类就是实现日期时间数据转换的 DateTimeConvertor.java，其代码如下：

```java
package convertor;
import java.text.DateFormat;
import java.text.ParseException;
import java.text.SimpleDateFormat;
import java.util.Map;
import ognl.DefaultTypeConverter;
public class DateTimeConvertor extends DefaultTypeConverter{
//日期格式化器，完成格式如 2007-08-06、2007/08/06、07-08-06 的定义
    private DateFormat[] dateFormat={new SimpleDateFormat("yyyy-MM-dd"),new
    SimpleDateFormat("yyyy/MM/dd"),new SimpleDateFormat("yy-MM-dd"),};
//时间格式化器，完成格式如 12:30:1100、12:30 的定义
    private DateFormat[] timeFormat={new SimpleDateFormat("HH:mm:ssss"),new
    SimpleDateFormat("HH:mm"),};
```

```java
    @Override
    @SuppressWarnings("all")
//转换方法
    public Object convertValue(Map context,Object value,Class toType){
        if(toType.equals(java.sql.Date.class)){        //如果是 java.sql.Date.class 类型
            String[] parameterValues=(String[])value;  //获取原始字符串数据
            for(DateFormat format : dateFormat)
                try{                                    //使用3种格式化器转换日期
                    return new java.sql.Date(format.parse(parameterValues[0]).
                    getTime());
                }catch(ParseException e){}
        }else if(toType.equals(java.sql.Time.class)){
                                                        //如果是 java.sql.Time.class 类型
            String[] parameterValues=(String[])value; //获取原始字符串数据
            for(DateFormat format : timeFormat)
                try{                                    //使用两种格式化器转换时间
                    return new java.sql.Time(format.parse(parameterValues[0]).
                    getTime());
                }catch(ParseException e){}
        }else if(toType.equals(java.util.Date.class)){
                                                        //如果是 java.util.Date.class 类型
            String[] parameterValues=(String[])value; //获取原始字符串数据
            for(DateFormat format : dateFormat)
                try{                                    //使用3种格式化器转换日期
                    return format.parse(parameterValues[0]);
                }catch(ParseException e){}
        }else if(toType.equals(String.class)){          //如果是字符串
            if(value instanceof java.sql.Date){
            }else if(value instanceof java.sql.Time){
            }else if(value instanceof java.util.Date){
                return dateFormat[0].format((java.util.Date)value);
                                                        //将 Date 类型转换为 String 类型
            }
        }
        return super.convertValue(context,value,toType);  //否则调用父类方法
    }
}
```

（3）转换器的配置在 xwork-conversion.properties 中进行，xwork-conversion.properties是一个 Struts 2 的配置文件，只是名字上保留了 WebWork 的特征，同其他配置文件一样，放在/WEB-INF/classes 路径下，或者放在 src 路径下。该文件的属性键值对的 key 为需要转化的类型，value 为转换器的类名。该文件的代码如下：

```
java.sql.Date=convertor.DateTimeConvertor
java.sql.Time=convertor.DateTimeConvertor
java.util.Date=convertor.DateTimeConvertor
```

(4) 该实例的目标是实现 3 种日期类型在 DateTimeConvertorAction 类中进行转换，转换器的调用对 Action 而言是透明的，Action 中不需要做任何处理，只需要声明 Date 类型的变量就可以了，主要用于数据类型的接收。Struts 2 会自动调用转换器，将从 request 中取得的 String 数据转换成 Date 类型的数据。Action 类的代码如下，该 Action 类的名称为 ConvertorAction.java。

```
package action;
import java.sql.Date;
import java.sql.Time;
import com.opensymphony.xwork2.ActionSupport;
public class ConvertorAction extends ActionSupport{
    private Date sqlDate;                    //java.sql.Date.class 类型
    private Time sqlTime;                    //java.sql.Time.class 类型
    private java.util.Date utilDate;         //java.util.Date.class 类型
    public String execute(){
        return INPUT;
    }
    public String convert(){
        return SUCCESS;
    }
    //省去所有属性的 get、set 方法
}
```

(5) struts.xml 的配置。在该配置文件中除了要指明输入页面和成功跳转页面之外，还要指出转换器要使用哪个类来实现，由于此时使用了用户自定义的转换器，所以需要配置 converter 属性，说明用户自定义转换器的位置。该文件的代码如下：

```
<struts>
    <package name="main" extends="struts-default">
        <action name="convertor"
            class="action.ConvertorAction" converter="convertor.DateTimeConvertor">
            <result name="input">/convertor.jsp</result>
            <result name="success">/convertorSuccess.jsp</result>
        </action>
    </package>
</struts>
```

(6) web.xml 文件的配置和引入性案例相同，主要配置代码如下：

```
<filter>
    <filter-name>struts</filter-name>
    <filter-class>org.apache.struts2.dispatcher.FilterDispatcher</filter-class>
```

```xml
        <init-param>
            <param-name>struts.action.extension</param-name>
            <param-value>action</param-value>
        </init-param>
</filter>
        <filter-mapping>
            <filter-name>struts</filter-name>
            <url-pattern>/*</url-pattern>
        </filter-mapping>
```

(7) 用户界面包括 convert.jsp 和 convertSuccess.jsp，文件代码如下。
convert.jsp 的代码：

```jsp
<%@page language="java" contentType="text/html;charset=UTF-8"%>
<%@taglib uri="/struts-tags" prefix="struts"%>
<html>
    <head><title>日期时间转换器</title></head>
    <body>
        <struts:form action="convertor">
            <struts:label label="转换器"/>
            <struts:textfield name="sqlDate" label="SQL Date: "/>
            <struts:textfield name="sqlTime" label="SQL Time: "/>
            <struts:textfield name="utilDate" label="Util Date: "/>
            <struts:submit value=" 提交 " method="convert"/>
        </struts:form>
    </body>
</html>
```

convertSuccess.jsp 的代码：

```jsp
<%@page language="java" contentType="text/html;charset=UTF-8"%>
<%@taglib uri="/struts-tags" prefix="struts"%>
<html>
    <head><title>日期时间成功转换后的结果</title></head>
    <body>
        java.sql.Date:<struts:property value="sqlDate"/><br/>
        java.sql.Time:<struts:property value="sqlTime"/><br/>
        java.util.Date:<struts:property value="utilDate"/><br/><br/>
        <a href="convertor.action">&lt;&lt;重新转换</a>
    </body>
</html>
```

(8) 运行结果如图 5-10 和图 5-11 所示。

图 5-10 实例 2 输入页面

图 5-11 日期时间转换后的结果

5.5 任务 5 数据校验

任务描述：输入数据校验是所有 Web 应用必须拥有的功能，因为用户输入的信息不符合 Web 系统要求的可能性非常大，所以对用户输入数据进行校验是非常必要的。Struts 2 提供数据校验功能。Struts 2 同时提供了客户端和服务器端校验机制。Struts 2 的客户端校验也采用了 JavaScript，但是这些 JavaScript 代码是由 Struts 2 自动添加的。而 Struts 2 的服务端校验为开发人员提供了多种选择，如 validate() 方法、Validation 框架等。除此之外，开放性的 Struts 2 框架还允许开发人员编写自定义的校验器。

任务目标：本任务目标是了解并学会使用 Struts 2 框架的数据校验方法。

5.5.1 使用 validate 方法进行数据校验

在引入性案例中，execute() 方法调用了用户自定义的 validator() 方法完成数据校验。这种方法相当于用户自己编写了一个函数，实现了数据校验的功能，而不是由框架来完成自动数据校验。其实，Struts 2 框架提供了两个和校验有关的接口，分别是 Validateable 和 ValidationAware，其中 Validateable 接口只有一个 validate() 方法。

在 Struts 2 调用 Action 的 execute() 之前会自动调用 Validateable 接口的 validate() 方法，因此可以将校验代码写到该方法中。但是 validate() 方法没有返回值，这就意味着无法通过 validate() 方法的返回值来验证输入数据是否通过 Struts 2 的校验。

为了使 Struts 2 能够成功获取校验结果，就需要使用另外一个校验感知接口 ValidationAware。该接口中存放了一些列的 addXXX() 方法，这些方法可以将校验过程中发生的错误信息添加到系统中，实际上是将错误信息添加到一个 Map 对象中。这些 addXXX() 方法中，最常用的就是 addFieldError() 方法。该方法向系统添加每一个字段的校验信息，如果该字段校验成功，则该字段没有错误信息。

因此，Struts 2 的校验过程就是对这两个接口的实现，也就是说只要 Action 类实现了这两个接口的方法，即可完成数据校验。但是这样做是非常麻烦的，为此 Struts 2 在提供了 ActionSupport 类的同时也实现了这两个接口。

Struts 2 在执行完 validate()方法后,会判断该 Map 对象中是否存在错误消息,即是否存在键值对,如果有键值对存在,就不会执行 execute()方法,而直接返回 input 界面;如果不存在键值对,就会继续执行 execute()方法。

实例 4:在本单元实例 1 的基础上对 RegisterStruts2 工程进行修改,使其通过 validate()方法完成数据校验。

对 RegisterAction 类进行修改,修改后的代码如下,运行结果和实例 1 相同。

```java
package action;
import java.util.regex.Matcher;
import java.util.regex.Pattern;
import com.opensymphony.xwork2.ActionSupport;
public class RegisterAction extends ActionSupport{
    private static final long serialVersionUID=1L;
    private String userName;
    private String psw1;
    private String psw2;
    private int age;
    private String telNum;
    private String email;
//省去所有属性的 get、set 方法
//如果输入的用户名为 ZhaoYan,则添加错误信息,该错误信息在成功页面上显示
    public String execute()throws Exception{
        if(getUserName().equals("ZhaoYan")){
            addFieldError("error0",getText("username.exist"));
        }
        return SUCCESS;
    }
//修改原方法的名称、返回值,删除了 flag 变量。该方法会在 execute()方法之前被自动调用
    public void validate(){
        if(getUserName()==null||getUserName().length()<1){    //判断用户名是否为空
            addFieldError("error1",getText("username.required"));
        }
        if(getUserName().length()>20){              //用户名不能超过 20 个字符
            addFieldError("error2",getText("psw.maxlength"));
        }
        if(getPsw1()==null||getPsw1().length()<1){    //判断密码是否为空
            addFieldError("error3",getText("psw.required"));
        }
        if(!getPsw1().equals(getPsw2())){            //两次输入的密码是否一致
            addFieldError("error4",getText("errors.validwhen"));
        }
        if(getAge()>200||getAge()<0){              //年龄应该是 0~200 的数字
```

```
            addFieldError("error5",getText("age.error"));
        }
        String regTelNum="[0-9]{7,15}$";
        Pattern e=Pattern.compile(regTelNum);
        Matcher em=e.matcher(telNum);
        if(!(getTelNum().equals(""))&&!em.matches()){  //电话号码应该是 8~15 位的数字
            addFieldError("error6",getText("tel.error"));
        }
        String regEmail="^([a-z0-9A-Z]+[-|\\.]?)+[a-z0-9A-Z]@([a-z0-9A-Z]+
                    (-[a-z0-9A-Z]+)?\\.)+[a-zA-Z]{2,}$";           //正则表达式
        Pattern p=Pattern.compile(regEmail);          //Email 地址校验
        Matcher m=p.matcher(email);
        if(email==""){
            addFieldError("error7",getText("email.required"));
        }
        if(email!=""&&!m.matches()){
            addFieldError("error7",getText("email.error"));
        }
    }
}
```

5.5.2 使用 Validation 框架进行数据校验

上面介绍了如何通过 validate()方法完成输入校验，尽管这种方法可以完成数据校验的任务，但是仍然需要编写大量代码，而且代码复用率不高。Struts 2 提供了 Validation 校验框架，通过该框架，只需要在配置文件中配置要校验的字段和校验规则，就可以对相应的字段进行校验。下面通过实例讲述 Validation 框架的使用方法。

实例 5：在本单元实例 4 的基础上继续对 RegisterStruts2 工程进行修改，使其通过 Validation 框架完成数据校验。

（1）对 Action 类进行修改，删除其中的数据校验方法。修改后的 RegisterAction 类的代码如下：

```
package action;
import com.opensymphony.xwork2.ActionSupport;
public class RegisterAction extends ActionSupport{
    private static final long serialVersionUID=1L;
    private String userName;
    private String psw1;
    private String psw2;
    private int age;
    private String telNum;
    private String email;
    //省去所有的 get、set 方法
```

```java
    public String execute()throws Exception{
        if(getUserName().equals("ZhaoYan")){
            addFieldError("error0",getText("username.exist"));
        }
        return SUCCESS;
    }
}
```

(2) 在 RegisterAction 类所在路径下创建名为 RegisterAction-validation.xml 的配置文件。该配置文件的命名规则如下：

`<ActionClassName>-validation.xml`

该文件的存放路径要和 Action 类的路径一致。该文件的代码如下：

```xml
<!DOCTYPE validators PUBLIC
        "-//OpenSymphony Group//XWork Validator 1.0.2//EN"
        "xwork-validator-1.0.2.dtd">
<validators>
    <!--检查用户名是否为空,长度是否越界-->
    <field name="userName">
        <field-validator type="requiredstring">
            <param name="trim">true</param>
            <message>${getText("username.required")}</message>
        </field-validator>
        <field-validator type="stringlength">
            <param name="minLength">0</param>
            <param name="maxLength">20</param>
            <message>${getText("username.maxlength")}</message>
        </field-validator>
    </field>
    <!--检查密码是否为空,输入的两个密码是否一致 -->
    <field name="psw1">
        <field-validator type="requiredstring">
            <message>${getText("psw.required")}</message>
        </field-validator>
        <field-validator type="fieldexpression">
            <param name="expression"><![CDATA[(psw2==psw1)and(psw1!=null)]]></param>
            <message>${getText("errors.validwhen")}</message>
        </field-validator>
    </field>
    <!--检查年龄是否在 0~200 -->
    <field name="age">
        <field-validator type="int">
            <param name="min">0</param>
            <param name="max">200</param>
```

```xml
            <message>${getText("age.error")}</message>
        </field-validator>
    </field>
    <!--检查电话号码,判断是否为 0~9 的 7~15 位的数字 -->
    <field name="telNum">
        <field-validator type="regex">
            <param name="expression"><![CDATA[[0-9]{7,15}$]]></param>
            <message>${getText("tel.error")}</message>
        </field-validator>
    </field>
    <!--检查电子邮箱是否合法 -->
    <field name="email">
        <field-validator type="requiredstring">
            <message>${getText("email.required")}</message>
        </field-validator>
        <field-validator type="email">
            <message>${getText("email
                .error")}</message>
        </field-validator>
    </field>
</validators>
```

(3) 将 Struts 2 的 JAR 包中的 xwork-validator-1.0.2.dtd 文件放到和数据校验配置文件同路径下。即 xwork-validator-1.0.2.dtd、RegisterAction-validation.xml 和 RegisterAction.java 在同一路径下。xwork-validator-1.0.2.dtd 是校验配置文件的约束文件。XML 文件中 DTD 需要使用 validator_1_3_0.dtd 文件进行验证,否则会出现异常情况,因此需要将 xwork-validator-1.0.2.dtd 和 XML 文件放同一目录下。

(4) 当所有代码输入完毕,启动 Tomcat,发布工程,然后在浏览器窗口查看运行效果,如图 5-12 所示。

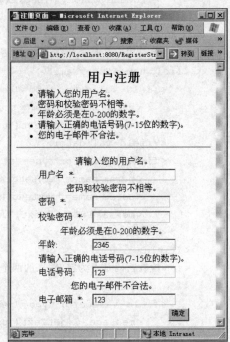

图 5-12　实例 5 的运行效果

5.6　任务 6　进阶式案例——用户注册模块

任务描述:依据引入性案例的需求,对实例 5 进行修改,采用 Struts 2 框架的标签技术、国际化技术、数据类型转换技术、Validation 框架技术对用户注册模块进行优化。

任务目标:通过对用户注册模块的优化,深入理解 Struts 2 框架技术,完成知识的进阶。

5.6.1 设计步骤

在本单元上述知识点的讲述过程中,截至实例 5 已经完成了 Struts 2 框架的标签技术、国际化技术、数据类型转换技术、Validation 框架技术的综合应用,在此只需要对前台页面进行修改,使其达到商业化效果即可。

修改后的 register.jsp 页面的代码如下:

```
<%@page contentType="text/html;charset=UTF-8" language="java"%>
<%@taglib uri="/struts-tags" prefix="struts"%>
<html>
    <head>
        <title><struts:text name="register.jsp.title"/></title>
        <struts:head theme="ajax"/>
    </head>
    <body background="background.jpg">
        <struts:text name="register.jsp.heading"/>
        <hr>
        <center>
            <struts:form action="register.action" method="post">
                <struts:textfield name="userName" key="register.jsp.label.username"/>
                <struts:password name="psw1" key="register.jsp.label.psw1"/>
                <struts:password name="psw2" key="register.jsp.label.psw2"/>
                <struts:textfield name="age" key="register.jsp.label.age"/>
                <struts:textfield name="telNum" key="register.jsp.label.telnum"/>
                <struts:textfield name="email" key="register.jsp.label.email"/>
                <struts:submit key="register.jsp.button.submit"/>
            </struts:form>
        </center>
    </body>
</html>
```

在该代码中加入了对 AJAX 技术的支持,通过"<struts:head theme="ajax"/>"代码实现。运行时,不但所有字体的样式有所改变,而且当数据校验产生错误信息时,错误提示信息用红色字体显示。页面中加入的背景和第 3 单元的进阶式案例一致。

修改后的 registerSuccess.jsp 页面的代码如下:

```
<%@page language="java" pageEncoding="UTF-8"%>
<%@taglib uri="/struts-tags" prefix="struts"%>
<html lang="true">
    <head>
        <title><struts:text name="registerSuccess.jsp.title"/></title>
        <struts:head theme="ajax"/>
    </head>
```

```
<body background="background.jpg">
    <center><struts:text name="registerSuccess.jsp.heading"/></center><hr>
    <struts:text name="registerSuccess.jsp.label.welcome"/>
    <struts:property value="userName"/>
    <struts:fielderror/>
</body>
</html>
```

当所有代码书写完后,启动 Tomcat,发布工程,然后在浏览器窗口查看运行效果。

5.6.2 运行效果

出错状态下的效果如图 5-13 所示,用户名已存在时的效果如图 5-14 所示。

图 5-13 出错状态下的效果

图 5-14 用户名已存在的效果

单元总结

本单元是 Struts 2 的进阶与提高篇,内容很多。引入性案例主要讲述了使用第 8 单元的知识完成用户注册模块的解决方案以及具体实现,重点剖析了 Struts 2 的工作流程,并分析了当前案例中存在的问题,提出了一些建议和计划。通过引入性案例,可以清楚地认识 Struts 2 的工作机制和执行步骤,这是非常重要的,也是学好 Struts 2 框架的前提和保障。最后,剖析了引入性案例的不足,将问题抛出,引出任务 2 至任务 5 有待分析和解决的问题。

任务 2 总结了 Struts 2 的标签,在详细讲解的基础上,能够对以前的案例和实例有更清楚的认识。任务 3 解决了引入性案例中提出的国际化问题,并通过实例 1 实施。任务 4 介绍了数据类型转换器,通过实例 2 讲述了传统的类型转换方式,实例 3 剖析了如何通过 Struts 2 框架建立用户自定义数据类型转换器来处理日期、时间的问题,在任务 4 中还解释了之前使用的内建数据类型转换器的工作原理。任务 5 给出了数据校验的各种方法,并加以应用。

任务 6 的进阶式案例是本单元的总结,将所讲述的 Struts 2 的技术综合应用到用户注册模块中,对引入性案例进行优化,展示了运行效果,实现了知识的进阶。

Struts 2 框架所包含的技术还有很多,有了这些知识和技术作为铺垫,学习其他技巧也将易如反掌。

习 题

(1) 以引入性案例为例,简述 Struts 2 的工作流程。
(2) 简述 Struts 2 与 Struts 1 在标签方面的区别。
(3) 简述 Struts 2 标签的分类。
(4) Struts 2 有几种输出国际化信息的方式?各是什么?
(5) 上机调试本单元中任务 1 的引入性案例和任务 6 的进阶式案例。
(6) 上机调试本单元中的实例 1 至实例 5。

实训 5 图书管理系统的用户登录模块的优化

1. 实训目的

(1) 了解 Struts 2 标签库的配置和使用。
(2) 了解 Struts 2 在国际化方面的实现。
(3) 熟悉 Struts 2 数据转换和赋值的相关技术。
(4) 掌握 Struts 2 数据校验的功能。

2. 实训内容

根据本单元已学知识对实训 4 已经完成的图书管理系统的用户登录模块进行优化,

要求如下:
(1) 对其实现国际化。
(2) 引入数据类型校验器和 Validation 框架,对其实现自动校验。
(3) 综合运用各种 Struts 2 标签,并实现 AJAX 技术和 Struts 2 技术的绑定。

3. 操作步骤

参考本单元实例 1 至实例 5 以及进阶式案例中讲述的内容,实现对图书管理系统的用户登录模块的优化。

4. 实训小结

对相关内容写出实训总结。

第 6 单元

Hibernate 框架技术入门

单元描述：

Hibernate 框架是由 Enterra CRM 团队创建的，该框架不同于 Struts、WebWork 等 MVC 框架，它是建立在 ORM（Object-Relation Map，对象关系映射）平台上的开放性对象模型架构。Hibernate 可以实现与各种数据库的连接，是数据持久化的一种解决方案。本单元简单介绍 Hibernate 的相关知识，为深入学习 Hibernate 做准备。

单元目标：

- 了解 ORM 的思想；
- 了解 Hibernate 框架技术的发展历史和工作原理；
- 了解 Hibernate 框架的配置和使用；
- 能够使用 Hibernate 框架实现简单应用程序。

6.1 任务 1 引入性案例

任务描述：在讲解 Hibernate 框架之前，访问数据库要通过 JDBC 实现，本案例使用 SQL+JDBC 连接数据库。在网上购物系统中，当新商品到来时，管理员需要填写商品信息，可以通过编写具体程序代码将数据添加到数据库中。

任务目标：利用当前已掌握的技术，实现商品添加的功能，并找出这种解决方案的不足。

6.1.1 案例分析

在网上购物系统中，商品信息是一个不可或缺的元素，管理员具有对商品进行添加、修改、删除、查询的权利。截至目前，Java 对数据库的操作要用到在第 3 单元中讲述的 JDBC 技术。管理员对商品的添加、修改、删除和查询等操作，最终将转换为对商品信息表的添加、修改、删除和查询。

对于一件商品，应该包含商品编号、商品名称、价格、折扣信息、库存量以及相关描述信息。由于网上购物系统中的商品可以包含很多种类，例如图书、数码产品、日用品、食品杂货等，所以应存在商品类别表，该表存放了商品的种类。在商品信息表中添加一个商品时，应指出该商品的类别，并且该商品的类别应该在商品类别表中存在。

当成功添加一条商品记录后,应该将商品信息表中的数据全部显示出来,查看添加的结果。

6.1.2 设计步骤

该案例的设计步骤详述如下。
(1) 构建商品类别表和商品信息表。
(2) 建立连接数据库的工具类:ConnectionDB.java。
(3) 建立商品信息持久化类:ProductInfo.java。
(4) 建立商品信息管理的测试类,实现商品的添加和查找:AddProduct.java。
(5) 执行 Java 程序,显示运行结果。

6.1.3 具体实现

创建名为 ShoppingJDBC 的 Java 工程,具体实施步骤如下。

1. 构建商品类别表和商品信息表

"网上购物系统"涉及的表,每张表的字段都非常多,在此只是为了介绍如何使用 Hibernate 框架,因此只涉及几张表。商品类别表的各字段的描述如表 6-1 所示。

表 6-1 商品类别表(productSort)的各字段

字段名称	数据类型	长度	是否允许为空	字段名描述
id	int	4	是(主键)	商品类别编号
sortName	varchar	50	否	商品类别名称

创建 productSort 表的 SQL 语句如下:

```
create table if not exists productSort
(id int primary key auto_increment,
sortName varchar(50) not null
);
```

插入 productSort 表的数据如表 6-2 所示。

表 6-2 插入 productSort 表的数据

id	sortName	id	sortName	id	sortName	id	sortName
1	精品图书	2	数码产品	3	日常用品	4	食品杂货

要执行的 insert 语句如下:

```
insert into productSort (sortName) values("精品图书");
insert into productSort (sortName) values("数码产品");
insert into productSort (sortName) values("日常用品");
insert into productSort (sortName) values("食品杂货");
```

商品信息表中各个字段的描述如表 6-3 所示。

表 6-3 商品信息表（productInfo）的各字段

字段名称	数据类型	长度	是否允许为空	字段名描述
id	int	4	是（主键）	商品编号
sortId	int	4	否（外键）	商品类别编号
productName	varchar	50	否	商品名称
price	float	8	否	商品价格
discount	float	8	否	商品折扣比率
inventory	int	4	否	库存量
discription	varchar	500	是	描述信息

创建 productInfo 表的 SQL 语句如下：

```
create table if not exists productInfo
(id int primary key auto_increment,
sortId int not null,
productName varchar(50)not null,
price float not null,
discount float not null,
inventory int not null,
discription varchar(500)
);
#为productInfo 表添加带有级联删除和级联更新功能的外键 FK_productInfo_productSort
alter table productInfo add constraint FK_productInfo_productSort foreign key
(sortId)references productSort(id)on delete restrict on update restrict;
```

插入 productInfo 表的数据如表 6-4 所示。

表 6-4 插入 productInfo 表的数据

id	sortId	productName	price	discount	inventory	discription
1	1	Java EE 教程	39	0.8	40	NULL

要执行的 insert 语句如下：

```
insert into productInfo(sortId,productName,price,discount,inventory)values
(1,"Java EE 教程",39,8.0,40);
```

2. 建立连接数据库的工具类

连接数据库的工具类 ConnectionDB.java 的代码与第 3 单元进阶式案例中同名文件的代码相同，这里不再重复给出相关代码。

注意：本案例需要 MySQL 的 JDBC 驱动程序 JAR 包。将该驱动程序 JAR 包放在

lib 文件夹中,并将该 JAR 包加载到工程中。

3. 建立商品信息持久化类

ProductInfo.java 的代码如下,其中省略了所有的 getter()和 setter()方法。生成 getter()和 setter()方法可以通过在 MyEclipse 编辑器的 ProductInfo.java 文件的空白处右击,选中 Source 命令,在弹出的子菜单中,选择 `Generate Getters and Setters...` 命令得到。

```java
package domain;
public class ProductInfo {
    private int id;
    private int sortId;
    private String productName;
    private float price;
    private float discount;
    private int inventory;
    private String discription;
//省略所有的 getter()和 setter()方法
}
```

4. 建立商品信息管理的测试类

AddProduct.java 的代码如下:

```java
package action;
import java.sql.Connection;
import java.sql.Statement;
import java.sql.ResultSet;
import java.sql.SQLException;
import java.util.ArrayList;
import java.util.List;
import domain.ProductInfo;
import util.ConnectionDB;
public class AddProduct {
    //定义连接数据库的对象
    private Connection conn;
    //实例化连接数据库对象
    public AddProduct(){                                    //构造函数
    }
    //添加用户信息信息
    public boolean add() throws Exception {
        conn=ConnectionDB.getConnection();                  //获得数据库连接
        //插入语句
        String sql="insert into productInfo(sortId,productName,price,discount,
            inventory)values(1,'Java EE 教程',39,8.0,40);";
```

```java
        Statement stmt=conn.createStatement();
        try {                                       //添加商品信息
            stmt.executeUpdate(sql);
            conn.commit();                          //所有东西向数据库中提交
            return true;
        } catch(SQLException e){
            conn.rollback();
            e.printStackTrace();
        } finally {

            stmt.close();                           //关闭 Statement 对象
            conn.close();                           //关闭数据库连接
        }
        return false;
    }
    //查询所有商品的信息
    public void selectAll()throws Exception {
        conn=ConnectionDB.getConnection();          //获得数据库连接
        List<ProductInfo>list=new ArrayList<ProductInfo>();
        String sql="select * from productInfo";     //查询商品信息表的所有信息
        try {                                       //执行查询并将数据封装
            Statement stmt=conn.createStatement();
            ResultSet rs=stmt.executeQuery(sql);
            while(rs.next()){
                ProductInfo product=new ProductInfo();
                product.setId(rs.getInt(1));
                product.setSortId(rs.getInt(2));
                product.setProductName(rs.getString(3));
                product.setPrice(rs.getFloat(4));
                product.setDiscount(rs.getFloat(5));
                product.setInventory(rs.getInt(6));
                product.setDiscription(rs.getString(7));
                list.add(product);
            }
            rs.close();
            stmt.close();
            //显示数据
            System.out.println("商品编号   类别名称   商品名称   价格   折扣   库存量
                    描述信息");
            System.out.println("-----------------------------------");
            for(int i=0;i<list.size();i++){
                ProductInfo product=list.get(i);
                System.out.print(" "+product.getId()+"    ");
```

```java
                System.out.print(product.getSortId()+"     ");
                System.out.print(product.getProductName()+"     ");
                System.out.print(product.getPrice()+"   ");
                System.out.print(product.getDiscount()+"     ");
                System.out.print(product.getInventory()+"     ");
                System.out.print(product.getDiscription());
            }
        } catch(SQLException e){
            e.printStackTrace();
        } finally {
            if(conn !=null){
                conn.close();                          //关闭连接
            }
        }
    }
    public boolean del() throws Exception {
        conn=ConnectionDB.getConnection();             //获得数据库连接
        String sql="delete from productInfo";          //删除语句
        Statement stmt=conn.createStatement();
        try {
            stmt.executeUpdate(sql);                   //删除商品信息表中的所有数据
            conn.commit();                             //所有东西向数据库中提交
            return true;
        } catch(SQLException e){
            conn.rollback();
            e.printStackTrace();
        } finally {
            stmt.close();
            conn.close();                              //关闭数据库连接
        }
        return false;
    }
    public static void main(String args[]) throws Exception {
        AddProduct pc=new AddProduct();                //实例化控制器类对象
        try {
            pc.del();                    //删除商品信息表中的的数据,保证每次都成功执行
            //pc.selectAll();                          //查询商品信息表中的数据
            pc.add();                                  //添加数据到商品信息表中
            pc.selectAll();                            //查询商品信息表中的数据
        } catch(Exception e){
            e.printStackTrace();
        }
    }
}
```

5. 执行 Java 程序显示运行结果

运行 AddProduct.java 的结果如图 6-1 所示。

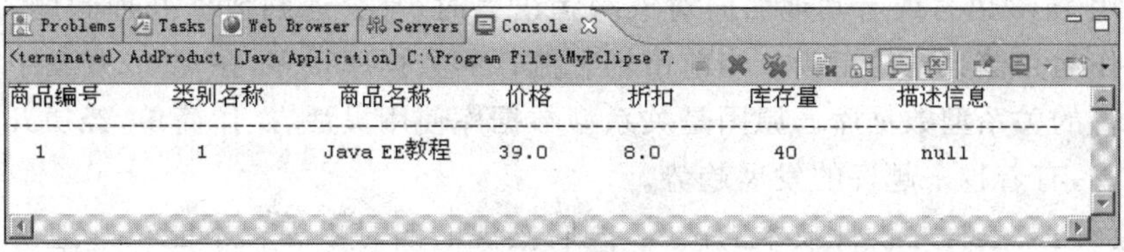

图 6-1 JDBC 访问数据库添加商品信息的运行结果

6.1.4 分析不足之处

在商业系统的开发过程中,数据持久化是比较核心的技术之一。狭义地理解,"持久化"就是指把域对象永久保存到数据库中;广义地理解,"持久化"包括和数据库相关的各种操作,如数据的添加、删除、修改和查询等。传统的数据持久化编程,需要使用 JDBC 以及大量的 SQL 语句。Connection、Statement、ResultSet 等 JDBC API 与大量 SQL 语句混合在一起,使得开发效率降低。

为了解决这类问题,出现了 DAO 模式(Database Access Object,数据库操作对象),它是 JDBC 下的常用模式,保存数据时它将 JavaBean 的属性拆分成正确的 SQL 语句,并保存到数据库中;读取数据时,将数据从数据库中读取出来,并通过 setter()方法设置到 JavaBean 中。本案例就是采用 DAO 模式解决数据持久化问题的一个典型例子。

尽管 DAO 模式将所有的 JDBC API 与 SQL 语句均移到 DAO 层,但是仍然需要大量的 SQL 语句。开发业务复杂、数据表繁多的系统,无疑像噩梦一样,此时程序员不仅要对数据库中的各个表耳熟能详,还要熟练掌握 SQL 语句。这些都将降低开发效率和运行效率,不利于任务分工与团队合作。

在 DAO 这种模式中,JavaBean 对象和数据表、JavaBean 对象的各个属性与数据表的列,可能存在着某种固定的映射关系。那么能否让程序自动生成 SQL 语句,将程序员从烦琐的 SQL 语句中解脱出来呢? ORM 框架思想给出了很好的解决方案,它通过配置文件或者使用 Java 注解将 Java 对象映射到数据库中,自动生成 SQL 语句并执行。ORM 技术已经十分成熟,并广泛应用于各种大规模的系统中。Hibernate 是最成功的 ORM 框架,它使用简单、功能强大、对市面上所有的数据库都有较好的支持。下面就来认识 ORM 和 Hibernate 技术。

6.2 任务2 ORM 简介

任务描述:ORM 的全称是关系对象映射。在面向对象程序设计过程中,为了很好地解决程序与关系数据库交互数据的问题,提出了 ORM。它通过程序描述对象和关系数据库之间的映射,将 Java 中的对象存储到数据库中。

任务目标:本单元主要介绍为什么要使用 ORM 以及当前比较流行的 ORM 框架。

6.2.1 为什么要使用 ORM

在使用 Java 语言或者其他面向对象编程语言时,都会遇到数据处理问题,此时会选用数据库作为存储数据的工具。当前市场上流行的数据库很多,在 Web 开发中往往会选用比较流行的关系型数据库。原因是关系型数据库使用灵活、操作简单,经历几十年的发展不断完善,有着越来越好的发展趋势。

随着面向对象程序设计技术的深入,人们发现面向对象编程不能很好地解决与关系型数据库进行数据交互的问题。ORM 就是为了解决这一问题而产生的。ORM 中的 O 代表 Object,R 代表 Relation,M 代表映射 Mapping。其原理就是将程序中的对象以及对象的相关属性和数据库中的表及表中的字段,建立映射关系。举个简单的例子,Java 程序中有一个 user 对象,它包含了 username 和 password 两个属性;数据库中有个 user 表,该表包含了 username 和 password 两个字段。那么对于 user 的"O-R 映射"过程如图 6-2 所示。

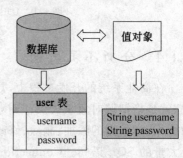

图 6-2 "O-R 映射"示意图

有了这种"O-R 映射",可以通过操作程序中的对象来操作数据库表中的数据,而不需要考虑数据在数据库中的存取问题。这一概念很好地将程序员从数据库的复杂的表关系中解放出来,做到了真正面向对象的编程。ORM 提出后,受到各种编程语言使用者的推崇,同时也获得了更多应用程序开发团队的认可。因此各种"O-R 映射"的框架应运而生。

6.2.2 具有代表性的 ORM 框架

ORM 技术已经十分成熟,广泛应用于各种大规模的系统,基于 ORM 的应用框架有很多。其中,具有代表性的有:Hibernate、iBATIS、JPOX、Apache Torque 等,下面简单介绍这几个框架。

(1) Hibernate:开放源码的轻量级框架,不依赖任何容器,无论是 Tomcat,还是 JBoss、Resin、WebLogic、WebSphere 都可以使用。该框架对 JDBC 进行了轻量级的封装,Java 程序员可以按照个人的编程风格及面向对象的编程方式操作数据库。Hibernate 使用简单、功能强大、对市面上所有的数据库都有良好的支持。在众多"O-R 映射"框架中,Hibernate 框架是最成功、最优秀、应用最广泛的一个。

(2) iBATIS:开放源码的半自动 ORM 框架。该框架同 Hibernate 一样面对的都是纯粹的 Java 代码。在对数据库的操作过程中,Hibernate 使用的是 HQL 自动生成的 SQL 语句,而 iBATIS 使用的是半自动的,即开发人员可以手写 SQL 语句,在系统的数据库优化方面提供了较多的空间。

(3) JPOX:一个由 Java Data Objects(JDO)实现的框架。JPOX 支持多维数据库(OLAP)和关系型数据库(RDB),是一个多元的框架。

(4) Apache Torque:用于操作多种关系型数据库的框架。它是 Apache 的一个开源项目,来源于 Web 应用程序框架 Jakarta Apache Turbine,目前已经完全与 Turbine 脱离。该框架主要实现的功能包括 Generator 和 Runtime。前者可以产生应用程序所需要的所有数据库资源,包括 SQL 和 Java 文件;后者可以提供使用 Generator 生成代码访问数据库的运行环境。

6.3 任务3 Hibernate 简介

任务描述及任务目标:在介绍 Hibernate 的配置和使用之前,首先简单介绍一下 Hibernate 框架的历史、与 EJB 的关系、框架结构及其工作原理。

6.3.1 Hibernate 的发展历史

Hibernate 框架由 Enterra CRM 团队创建。在实施 Enterra CRM 项目时,客户提出了在应用中实现自定义字段的目标,即"系统管理员不需要重启系统就可以创建或删除自定义字段"。为了有效解决这一问题,Enterra CRM 团队在系统后端开发了 Hibernate 框架,以解决数据存储问题。最终由 Enterra CRM 团队创建、验证并在实践中应用了基于 ORM 平台 Hibernate 的开放对象模型架构,满足了客户在运行时不需要对应用源代码做任何改动,就可以按照最终用户的实际需求设置应用的需求。

Hibernate 是一个功能强大的 ORM 框架。Hibernate 官方网站(http://www.hibernate.org)将 Hibernate 的目标定位为:使开发人员从 95%的数据持久化工作中解脱出来。与其他的持久化框架相比,Hibernate 不禁止开发人员使用 SQL,使得开发人员在 SQL 方面的知识仍可以得到发挥。目前 Hibernate 除了提供 Java 版本,还支持.NET 版本 NHibernate。

作为优秀的 ORM 框架,Hibernate 曾连续获得 2003 年度、2004 年度的 Jolt 大奖。2005 年 Hibernate 被 JBoss 收购,2006 年 JBoss 被 Red Hat 收购。

6.3.2 Hibernate 与 EJB 的关系

EJB 是 Java 官方提出的基于 ROM 的框架,但该框架是重量级的框架。从技术角度上说,虽然 EJB 已经很好地完成了对象关系映射的工作,但是它存在一些弊端,如配置烦琐、开发成本高、需要便携大量的 Java 类才可以成功映射、实体 Bean 必须运行在 Java EE 容器中、运行速度慢等。尽管 EJB 3.0 已经有所改观,但仍然摆脱不了 Java EE 容器。

Hibernate 为轻量级框架,使用简单。而且 Hibernate 可以独立运行,用户可以在控制台程序中使用 Hibernate 来实现对象关系映射,本书在讲解 Hibernate 框架时,就使用控制台程序,省去烦琐的页面处理,注重技术讲解。同时,Hibernate 可以将关系数据映射成为一个 POJO(Plain Old Java Object,简单的 Java 对象),通常也称为 VO(Value Object,值对象),使用 POJO 名称是为了避免和 EJB 混淆。在 Hibernate 3.0 中,还可以使用注释来替代 XML 进行映射关系的配置。因此,Hibernate 已经在很大程度上取代了 EJB。

当 Sun 公司推出在使用和设计上都接近于 Hibernate 的 JPA 规范时,人们看到了

Hibernate 的光芒正折射出成功的光辉。

6.3.3 Hibernate 框架结构

正确配置 Hibernate 之后才可以访问数据库、进行数据持久化操作。Hibernate 框架本身封装了 JDBC 连接控制器,而且拥有多种事务处理方式,完整的 Hibernate 框架结构如图 6-3 所示。

下面对图 6-3 中的模块分别进行介绍。

(1) Session Factory:该类位于 org.hibernate. SessionFactory 中,用来创建 Session 类实例。该类是线程安全的,可以被多线程调用,因此在实际应用中只需要创建该类的一个实例即可。

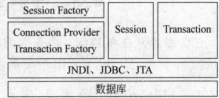

图 6-3 完整的 Hibernate 框架结构

(2) Session:该类位于 org.hibernate. Session 中,封装了 JDBC,实现与数据库交互的功能,提供了维护数据的方法(CRUD,增删改查)。

(3) Transcation:该类位于 org.hibernate.Transaction 中,用来管理与数据库交互过程中的事务。

(4) ConnectionProvider:该类位于 org.hibernate.ConnectionProvider 中,用来连接 JDBC。

(5) TransactionFactory:该类位于 org.hibernate.TransactionFactory 中,用来创建 Transaction 实例的工厂。它可以用来选择事务类型,其中包括 Hibernate 可以处理的 3 种事务类型:JDBC、JTA、JNDI。

6.3.4 Hibernate 的工作原理

Hibernate 的工作原理如图 6-4 所示。

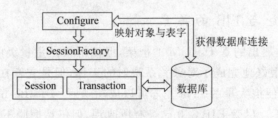

图 6-4 Hibernate 工作原理图

在 Hibernate 的工作过程中按照如下步骤依次进行。

(1) 读取并解析配置文件:这是使用 Hibernate 框架的入口,由 Configure 类来创建。

(2) 读取并解析映射信息:调用 Configure 中的 BuildSessionFactory()方法来实现,同时创建 SessionFactory。

(3) 开启 Session:调用 SessionFactory 的 openSession()方法来实现。

(4) 创建事务管理对象 Transaction:调用 Session 对象的 beingTransaction()来实现。

(5) 数据交互操作：调用 Session 对象的各种操作数据库的方法来处理数据，例如增、删、改、查操作。

(6) 提交事务：完成了对数据库的操作后应该提交事务，完成一次事务处理。

(7) 关闭 Session：结束了对数据库的访问后应该立即关闭 Session，释放其占用的内存。

(8) 关闭 SessionFactory：完成了全部的数据库操作后关闭 SessionFactory 对象。

6.4 任务 4 Hibernate 的安装与配置

任务描述及任务目标：了解并掌握 Hibernate 的安装和配置。

6.4.1 Hibernate 的安装

可以到 Hibernate 官方网站下载 Hibernate 的最新版本。

本书使用的是最新版本。下载完毕解压文件，就得到了发布包中的所有内容。整个资源包中不仅包括 Hibernate 的应用开发包 Hibernate3.jar，还包括它的源码及示例工程文件夹等。它们对于学习和使用 Hibernate 都是很有帮助的，需要时可以参考。

6.4.2 Hibernate 配置文件

在 Hibernate 中存在两种配置文件，一种用于配置数据库的连接信息；另一种用于配置 Java 中的对象及对象中的属性和数据库中的表及表中的数据的映射关系。下面分别介绍。

1. 配置数据库连接信息

配置和数据库的连接既可以使用 XML 文件，也可以使用 properties 属性文件。如果使用 XML 文件，该文件的文件名为 hibernate.cfg.xml；如果使用 properties 属性文件，该文件的文件名为 hibernate.properties。在开发应用程序时，该配置文件放在 src 文件夹下；在开发 Web 应用程序中，该文件应该放在 WEB-INF/classes 下。Hibernate 配置文件要配置的主要内容如下。

(1) hibernate.show_sql：是否输出 SQL 语句，true 表示输出 SQL 语句，false 表示不输出 SQL 语句。

(2) connection.username：用于连接数据库的用户名，MySQL 默认为 root。

(3) connection.password：用于连接数据库的密码。

(4) connection.url：用于连接数据库的 URL，MySQL 中用于连接数据库的 URL 是 jdbc:mysql://localhost:3306/shopping，其中 shopping 是数据库名。

(5) dialect：使用的数据库方言，MySQL 默认为 org.hibernate.dialect.MySQLDialect。

(6) connection.driver_class：用于驱动数据库的工具类。Java 中驱动 MySQL 数据库的工具类是 com.mysql.jdbc.Driver。

hibernate.cfg.xml 配置文件的详细代码如下：

```xml
<?xml version='1.0' encoding='UTF-8'?>
<!DOCTYPE hibernate-configuration PUBLIC
        "-//Hibernate/Hibernate Configuration DTD 3.0//EN"
        "http://hibernate.sourceforge.net/hibernate-configuration-3.0.dtd">
<hibernate-configuration>
    <session-factory>
        <property name="show_sql">true</property>
        <!--数据库使用者-->
        <property name="connection.username">root</property>
        <!--数据库 URL-->
        <property name="connection.url">jdbc:mysql://localhost:3306/shopping
                </property>
        <!--SQL 方言,这边设定的是 MySQL-->
        <property name="dialect">org.hibernate.dialect.MySQLDialect</property>
        <!--数据库密码-->
        <property name="connection.password">123456</property>
        <!--数据库 JDBC 驱动程序-->
        <property name="connection.driver_class">com.mysql.jdbc.Driver</property>
    </session-factory>
</hibernate-configuration>
```

hibernate.properties 的代码如下：

```
hibernate.dialect=org.hibernate.dialect.MySQLDialect
hibernate.connection.driver_class=com.mysql.jdbc.Driver
hibernate.connection.url=jdbc:mysql://localhost:3306/shopping
hibernate.connection.username=root
hibernate.connection.password=123456
hibernate.show_sql=true
```

2. 配置映射文件

下面给出的代码是配置 Java 中的对象及对象中的属性和数据库中的表及表中的数据的映射关系的代码，该配置文件中的标签的含义将在任务 7 中讲述。

```xml
<?xml version="1.0"?>
<!DOCTYPE hibernate-mapping PUBLIC "-//Hibernate/Hibernate Mapping DTD 3.3//EN"
"http://hibernate.sourceforge.net/hibernate-mapping-3.0.dtd">

<hibernate-mapping>
    <class name="domain.ProductInfoVo" table="productInfo">
        <id name="id" type="java.lang.Integer"><column name="id"/></id>
        <property name="sortId" type="java.lang.Integer"><column name="sortId"/>
                </property>
        <property name="productName" type="java.lang.String"><column name=
                "productName" length="50"/></property>
```

```xml
            <property name="price" type="java.lang.Float"><column name="price"/>
                </property>
            <property name="discount" type="java.lang.Float"><column name="discount"/>
                </property>
            <property name="inventory" type="java.lang.Integer"><column name=
                "inventory"/></property>
            <property name="discription" type="java.lang.String"><column name=
                "discription" length="500"/>
                </property>
        </class>
</hibernate-mapping>
```

6.5 任务5 Hibernate 的核心类

任务描述及任务目标：重点掌握 Hibernate 的核心类。

6.5.1 Configuration 与 SessionFactory

Configuration 与 SessionFactory 都是 Hibernate 中最重要的初始化类，本节主要介绍这两个类。

1. Configuration 类

Configuration 类用来初始化 Hibernate，Hibernate 与数据库交互的类（如 Session 等）都由此类的实例化对象构建。在使用过程中，通过如下代码创建 Configuration 类对象：

```
Configuration config=new Configuration();
```

在实例化过程中，如果配置的是 hibernate.properties 文件，config 对象会读取文件中的信息；如果配置的是 hibernate.cfg.xml，那么可以通过 configur() 函数来读取该配置文件中的信息。

在 Configuration 类中，还提供了以下几种方法来添加 Hibernate 配置信息。它们分别是 addProperties（Element）、addProperties（Properties）、AddResource（String）、SetProperty(Properties) 和 SetProperty(String, String)。

在使用属性文件配置 Hibernate 应用时，还需要使用 Configuration 类的以下几种方法来引入持久化类并加载映射文件。它们分别是 addClass（Class）、addFile（File）、addFile(String) 和 addURL(URL)。

2. SessionFactory 类

SessionFactory 类通过 Configuration 类中的方法创建，用来初始化 Session 类（Hibernate 交互数据库的工具类）。当初始化 Configuration 类后，就可以通过该类的对象调用相关方法来创建 SessionFactory 类。应用 Hibernate 必须创建 SessionFactory 类。需要注意的是 SessionFactory 类非常占用系统资源，而且它是多线程的，因此一个应用程序中创建一个这样的对象就足够了。创建 SessionFactory 对象的代码如下：

```
SessionFactory sessions=cfg.buildSessionFactory();
```

6.5.2 Session 类

Hibernate 的运作核心是 Session 类,该类负责管理对象的生命周期、事务处理、数据交互等。创建 Session 类代码如下:

```
Session session=sessionFactory.openSession();
```

Session 类常用来与数据库交互的方法如下。

(1) save():保存数据。该方法可以将数据存储到指定数据表中。

(2) createQuery():通过传递查询语句的字符串来完成数据的查询操作,可以全部查询也可以有条件地查询。

(3) load():根据 OID(对象标识)来加载数据库中指定的数据。

(4) update():将 load()方法加载的数据与当前的数据比较,用来更新数据表中的数据。

(5) delete():根据 OID 删除数据表中一条数据。

(6) beginTransaction():获得事务管理对象。

6.6 任务6 对象关联关系

任务描述及任务目标:数据库中的表存在各种关联关系,为了能够很好地表现这些关系,Hibernate 对此提供了专业的配置方式。下面分别对这几种关系进行介绍。

(1) 一对一关联:这种关联方式又可以分为主键关联和外键关联。其中以主键相关联的方式称为主键关联,以一个表中主键关联另一个表中外键的方式称为外键关联。一对一关联关系很常见。例如,一个班级有一个班长,一个班长管理一个班级。Hibernate 用于配置一对一关联的标签是<one-to-one>。

(2) 一对多关联:这种关联方式比较常见。例如,商品和商品种类之间的关系,一个商品只可能属于一个种类,但是一个种类的商品可以包含多个不同的商品。Hibernate 用于配置一对多关联的标签是<one-to-many>和<many-to-one>。

(3) 多对多关联:这种关联方式最常见。例如,学生和课程之间的关系,一个学生可以选择多门课程,而一门课程又可以被多个学生选择。Hibernate 用于配置多对多关联的标签是<many-to-many>。

对于这些关联关系的具体使用方法请参看第 7 单元中的介绍。

6.7 任务7 Hibernate 映射

任务描述:Hibernate 中使用 XML 形式的映射文件将对象的属性与数据表中的字段相关联,这种方式称为数据映射。Hibernate 中映射文件以".hbm.xml"结尾。下面介绍对象与字段间的映射关系。配置映射关系又分为基本数据类型映射与持久化类和数据表映射。

任务目标：学习并掌握 Hibernate 的映射。

6.7.1 基本数据类型映射

Hibernate 要求数据库中的数据类型与 Java 基本类型映射时必须遵循一定的规则，否则无法正常运行。在使用表 6-5 实现映射时，要在映射文件<property>标签中的 type 值填写正确的类型名称。

表 6-5 基本数据类型映射

数据表字段类型	Hibernate 类型映射	Java 对象属性
INT	integer	int、java.lang.Integer
TINYINT	byte	byte、java.lang.byte
SMALLINT	short	short、java.lang.Short
BIGINT	long	short、java.lang.Long
FLOAT	float	float、java.lang.Float
DOUBLE	double	double、java.lang.Double
NUMERIC	big_decimal	java.math.BigDecimal
CHAR	character	char、java.lang.Character
CLOB	text	java.lang.String
VARCHAR	string	java.lang.String
	class	java.lang.Class
	locale	java.util.locale
	timezone	java.util.TimeZone
	currency	java.util.Currency
BIT	boolean	boolean、java.lang.Boolean
DATE	date	java.util.Date、java.sql.Date
	calendar_date	java.util.Calendar
TIME	time	java.util.Date、java.sql.Date
TIMESTAMP	timestamp	java.util.Date、java.sql.Timestamop
	calender	java.util.Calender
VARBINARY、BLOG	binary	byte[]
	serializable	java.io.serializable
CLOB	clob	java.sql.Clob
	blob	java.sql.Blob

6.7.2 持久化类和数据表映射

在 Hibernate 映射文件中,所有的映射关系都配置在<hibernate-mapping>中。类的配置通过<class>标签来完成,此标签还可以配置属性的关联关系。表 6-6 中,列举了<class>标签中可以配置的信息,实际应用中可以根据需求进行配置。

表 6-6 选项信息列表

配置选项名称	配置选项描述	使用级别
name	持久化类(或者持久化接口)的 Java 文件的全限定名称。如果这个属性不存在,则 Hibernate 将假定这是一个非 POJO 的实例映射	可选
table	持久化类对应的数据库表名	可选
discriminator-value	在多态行为中使用的一个用于区分不同子类的值。可以设置为 null 或 not null	可选
mutable	表明该类的实例是可变的	可选
schema	覆盖在根<hibernate-mapping>元素中指定的 schema 名字	可选
catalog	覆盖在根<hibernate-mapping>元素中指定的 catalog 名字	可选
proxy	指定在一个延迟装载时作为代理使用的接口,可以使用该类自己的名字	可选
dynamic-update	指定用于 UPDATE 的 SQL 语句将会在运行时动态生成,并且只更新那些值改变了的字段	可选,默认为 false
dynamic-insert	指定进行新增操作的 SQL 语句会在运行时动态生成,并且只包含非空值字段	可选,默认为 false
select-before-update	指定 Hibernate 只可以使用 SQL UPDATE 语句操作数据库中不一致的数据	可选,默认为 false
polymorphism	指定是隐式还是显式地使用多态查询	可选,默认为 implicit
where	在抓取这个类的对象时,会增加指定的 SQL WHERE 条件	可选
persister	指定一个定制的 ClassPersister	可选
batch-size	指定一个用于根据标识符(identifier)抓取实例时使用的 batch size(批次抓取数量)	可选,默认为 1
optimistic-lock	决定乐观锁定策略	可选,默认为 version
lazy(optional)	通过设置 lazy="false" 来完成所有的延迟加载(Lazy fetching)	可选,默认为 disabled
entity-name	Hibernate 3 允许一个类进行多次映射(默认情况映射到不同的表),并且允许使用 Maps 或 XML 代替实体映射	可选
check	用于为自动生成的 schema 添加多行(multi-row)约束检查,实际上它是一个 SQL 表达式	可选

续表

配置选项名称	配置选项描述	使用级别
abstract	用于在<union-subclass>的继承结构（hierachies）中标识抽象超类	可选
entity-name	显示指定的实体名	可选，默认为类名

6.8 任务8 进阶式案例——使用Hibernate框架技术添加商品信息

任务描述：使用Hibernate框架技术对引入性案例进行修改，实现商品信息的添加。本案例中向商品信息表中添加的数据如表6-7所示。

表6-7 要添加的商品信息

id	sortId	productName	price	discount	inventory	discription
2	2	Nokia5310	890	9.0	50	价格最优性能最好

任务目标：了解Hibernate框架的简单应用。

6.8.1 解决方案

由于主要任务是完成数据持久化操作，因此建立普通的Java工程ShoppingHibernate，工程文件结构图如图6-5所示。该案例的设计步骤详述如下。

（1）将Hibernate的JAR包和MySQL数据库的驱动程序JAR包导入工程。

（2）建立连接数据库的配置文件：hibernate.cfg.xml或hibernate.properties。

（3）建立商品信息持久化类：ProductInfoVo.java。

（4）建立持久化类对应的映射文件：productinfovo.hbm.xml。

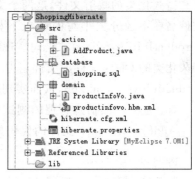

图6-5 工程文件结构图

（5）建立商品信息管理的测试类，实现商品的添加和查找：AddProduct.java。

（6）执行Java程序，显示运行结果。

6.8.2 具体实现

（1）将Hibernate的JAR包和MySQL数据库的驱动程序JAR包导入工程。

在工程目录中，建立lib文件夹，将Hibernate的JAR包和MySQL数据库的驱动程序JAR包复制到该文件夹中。

(2) 建立连接数据库的配置文件。

hibernate.cfg.xml 和 hibernate.properties 文件配置一个即可,两个文件都放到工程中也不会出错。该配置文件的代码与 6.4.2 节中的代码相同。

(3) 建立商品信息持久化类。

ProductInfoVo.java 实现商品信息的持久化,该类中的所有属性与数据表中的字段对应。代码如下,其中省去了所有属性的 getter() 和 setter() 方法,这些方法可以通过 Source 命令中的 Generate Getters and Setters 命令生成。

```
package domain;
public class ProductInfoVo {
    private int id;                      //商品编号
    private int sortId;                  //商品类别编号
    private String productName;          //商品名称
    private float price;                 //商品价格
    private float discount;              //商品折扣比率
    private int inventory;               //商品库存量
    private String discription;          //商品描述性信息
//省去所有属性的 getter() 和 setter() 方法
}
```

(4) 建立持久化类对应的映射文件。

productinfovo.hbm.xml 的代码与 6.4.2 节中同名文件的代码相同,这里不再罗列。

注意:ProductInfoVo.java 和 productinfovo.hbm.xml 两个文件分别是持久化类文件和持久化类的映射文件,这两个文件的文件名必须相同,字母大小写可以不同,也就是文件名在不区分大小写的情况下相同。在 AddProduct.java 中,通过"config.addClass(ProductInfoVo.class);"语句实现持久化类的添加,此时,Hibernate 会自动根据添加的持久化类的 Class 文件的文件名 ProductInfoVo,找到该文件对应的持久化类的映射文件 productinfovo.hbm.xml,从而实现数据的持久化操作。

(5) 建立商品信息管理的测试类。

AddProduct.java 文件的代码如下,请注意参看注释内容。

```
package action;
import java.util.ArrayList;
import java.util.List;
import org.hibernate.HibernateException;
import org.hibernate.MappingException;
import org.hibernate.Query;
import org.hibernate.Session;
import org.hibernate.SessionFactory;
import org.hibernate.Transaction;
import org.hibernate.cfg.Configuration;
import domain.ProductInfoVo;
public class AddProduct {
```

```java
//创建静态的会话工厂
public static SessionFactory sessionFactory;
static{
    try {
        Configuration config=new Configuration();            //实例化 Configure 类
        //增加持久化类,Hibernate会自动识别持久化类对应的映射文件
        config.addClass(ProductInfoVo.class);
        sessionFactory=config.buildSessionFactory();         //建立 Session 工厂
    } catch(MappingException e){
        //TODO Auto-generated catch block
        e.printStackTrace();
    } catch(HibernateException e){
        e.printStackTrace();
    }
}
public void save(){
    Session session=sessionFactory.openSession();            //开启会话
    Transaction tx=null;                                      //定义事务处理对象
    try{
        tx=session.beginTransaction();                        //开始事务
        tx.begin();
        //增加一条数据表中的记录,将数据封装在持久化类中
        ProductInfoVo product=new ProductInfoVo();
        product.setSortId(2);
        product.setProductName("Nokia5310");
        product.setPrice(890);
        product.setDiscount(9);
        product.setInventory(50);
        product.setDiscription("价格最优性能最好");
        /*调用Session对象的save()方法将封装在持久化类中的数据存储到数据库中,
          通过对持久化类的操作实现对数据库的操作*/
        session.save(product);
        //提交事务
        tx.commit();
    }catch(Exception e){
        tx.rollback();
        e.printStackTrace();
    }finally{
        session.close();                                      //关闭 Session
    }
}
@SuppressWarnings("unchecked")
public void findAll(){
    List list=new ArrayList();                                //定义用来封装数据的数组对象
```

```java
            Session session=sessionFactory.openSession();     //开启会话
            Transaction tx=null;                              //定义事务处理对象
            try{
                tx=session.beginTransaction();                //开始事务
                tx.begin();
                String sql="from ProductInfoVo";              //定义查询数据的方法
                /*通过session对象中的createquery()方法将从数据库中查找出数据直接封
                    装到query对象中。该对象的基本组成元素也是持久化类ProductInfoVo*/
                Query query=session.createQuery(sql);
                list=query.list();                            //将数据封装到list对象中
                tx.commit();                                  //提交事务
            }catch(HibernateException e){
                e.printStackTrace();
            }
            //显示数据
            System.out.println("商品编号   类别名称   商品名称   价格   折扣   库存量   描
                    述信息");
            System.out.println("--------------------------------------");
            for(int i=0;i<list.size();i++){
                ProductInfoVo product=(ProductInfoVo)list.get(i);
                System.out.print(" "+product.getId()+"       ");
                System.out.print(product.getSortId()+"     ");
                System.out.print(product.getProductName()+"     ");
                System.out.print(product.getPrice()+"     ");
                System.out.print(product.getDiscount()+"     ");
                System.out.print(product.getInventory()+"     ");
                System.out.println(product.getDiscription());
            }
        }
        public static void main(String args[]){
            AddProduct ap=new AddProduct();                   //实例化控制器类对象
            ap.save();                                        //调用保存数据的方法
            ap.findAll();                                     //查询数据库中的数据
        }
    }
```

(6) 执行Java程序。

运行AddProduct.java程序,查看运行结果。

6.8.3 运行效果

该案例的运行结果如图6-6所示。

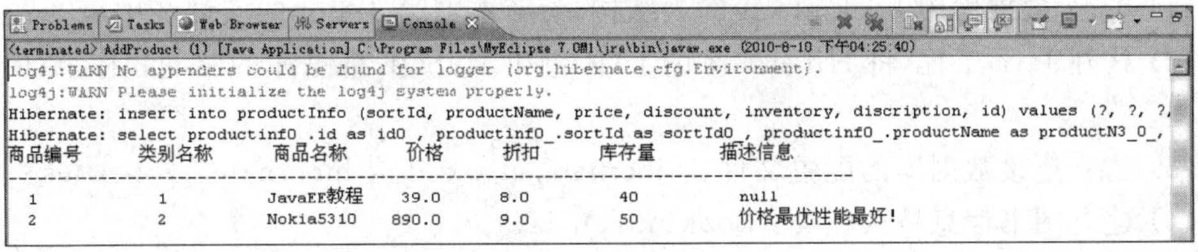

图 6-6　进阶式案例运行结果

单元总结

本单元首先通过引入性案例给出 SQL＋JDBC 实现数据库访问存储数据的方案,并分析了该方案的不足之处,提出了采用 ORM 模式的 Hibernate 框架解决问题的思路。在讲解 Hibernate 框架之前,首先讲述了什么是 ORM、为什么要使用 ORM、当前市场上流行的 ORM 有哪些。在讲解 Hibernate 时,本着治学先治史的原则,先讲述了 Hibernate 的发展历史,然后讲述了 Hibernate 与 EJB 的关系以及 Hibernate 的框架结构和工作原理。在任务 4 中讲述了 Hibernate 的配置和安装。任务 5 介绍了 Hibernate 的核心类。任务 6 讲解了对象的 3 种关联关系,任务 7 讲解了 Hibernate 的映射。在进阶式案例中,使用 Hibernate 框架技术对引入性案例进行修改,实现商品信息的添加,对本单元学过的知识点进行总结,实现知识的进阶。

习　题

(1) 简述 DAO 模式的工作原理。
(2) 最具代表性的 ORM 框架有哪些？各有什么特点？
(3) 简述 Hibernate 的工作原理。
(4) Hibernate 的核心类有哪些？
(5) 上机调试本单元中任务 1 的引入性案例和任务 8 的进阶式案例。
(6) 叙述在进阶式案例的 productinfovo.hbm.xml 文件中各个元素代表的含义。

实训 6　使用 Hibernate 框架实现图书管理系统中添加图书信息的功能

1. 实训目的

(1) 了解 ORM 的思想。
(2) 了解 Hibernate 框架技术的发展历史和工作原理。
(3) 了解 Hibernate 框架的配置和使用方法。
(4) 能够使用 Hibernate 框架实现简单应用程序。

2. 实训内容

根据本单元已学知识完成图书管理系统中添加图书信息功能,要求如下。

(1) book 数据库中 bookinfo 表的表结构,参考本书第 3 单元的实训 3 中表 3-7。

(2) 构建 Java 工程,将 Hibernate 的 JAR 包和 MySQL 数据库的驱动程序 JAR 包导入工程。

(3) 建立连接数据库的配置文件:hibernate.cfg.xml 或 hibernate.properties。

(4) 建立图书信息持久化类:BookInfoVo.java。

(5) 建立持久化类对应的映射文件:bookinfovo.hbm.xml。

(6) 建立图书信息管理的测试类,实现图书的添加和查找:AddBook.java。

(7) 执行 Java 程序,显示运行结果。

3. 操作步骤

参考本单元任务 2 至任务 8 中讲述的内容完成添加图书信息的设计工作,实现其功能。

4. 实训小结

对相关内容写出实训总结。

第 7 单元

Hibernate 查询

单元描述：

Hibernate 框架的目标是帮助用户从 95％的数据持久化工作中解脱出来，使用户专注于更为困难的业务逻辑的实现。那么 Hibernate 框架如何实现数据持久化操作呢？对于一个复杂的系统而言，后台数据库中的表通过外键关联，如果把表抽象为实体类，表之间复杂的关系又如何处理？如何解决复杂的数据查询问题？本单元就从 Hibernate 的检索策略、查询方式、关联查询等角度来讲解 Hibernate。

单元目标：
- 了解 Hibernate 检索策略；
- 掌握 Hibernate 数据查询方式；
- 熟悉 Hibernate 关联查询操作；
- 掌握 Hibernate 过滤器的使用。

7.1 任务 1 引入性案例

任务描述： 在讲解使用 Hibernate 框架实现多表查询之前，通过现有知识解决这一问题的方案就是使用 SQL＋JDBC 连接数据库实现数据查询。在网上购物系统中，想要查询一个商品的详细信息，如商品名称、商品类别名、价格、库存量等，此时就涉及两张表，一张是商品信息表，另一张是商品类别表。引入性案例解决的问题就是使用现有知识处理基于这两张表的关联查询。

任务目标： 利用当前已掌握的技术，实现商品详细信息的查询，并找出这种解决方案的不足。

7.1.1 案例分析

在网上购物系统中，用户订购商品之前，往往要查看商品的详细信息。对于一件商品不仅要知道该商品的名称，还要知道该商品所属类别，此时就涉及两张表，分别是商品信息表和商品类别表。这两张表的表结构如第 6 单元的表 6-1 和表 6-3 所示。两张表间通过外键关联，关系图如图 7-1 所示。

通过对两张表的连接查询，得到所有商品的商品名称、商品类别名称、商品价格、库存量等相关信息。

7.1.2 设计步骤

在第6单元引入性案例所属工程ShoppingJDBC的基础上进行修改,实现基于这两张表的多表连接查询,得到相关信息。主要实现步骤如下。

(1) 建立商品类别信息的持久化类:ProductSort.java。
(2) 建立商品信息管理的测试类,实现商品详细信息的检索:SelectProduct.java。
(3) 执行Java程序,显示运行结果。

修改后的ShoppingJDBC的工程文件结构图如图7-2所示。

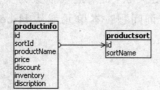

图7-1 商品信息表与商品类别表之间的关系图　　图7-2 ShoppingJDBC工程结构图

7.1.3 具体实现

1. 建立商品类别信息的持久化类

商品类别持久化类对应的Java文件为ProductSort.java,该文件的代码如下:

```java
package domain;
public class ProductSort{
    private int id;
    private String sortName;
    public int getId(){
        return id;
    }
    public void setId(int id){
        this.id=id;
    }
    public String getSortName(){
        return sortName;
    }
    public void setSortName(String sortName){
        this.sortName=sortName;
    }
}
```

2. 建立商品信息管理的测试类

在 ShoppingJDBC 工程的基础上建立 SelectProduct.java 文件,实现商品详细信息的检索,代码如下:

```java
package action;
import java.sql.Connection;
import java.sql.Statement;
import java.sql.ResultSet;
import java.sql.SQLException;
import java.util.ArrayList;
import java.util.HashMap;
import java.util.List;
import java.util.Map;
import domain.ProductInfo;
import domain.ProductSort;
import util.ConnectionDB;
public class SelectProduct{
    //定义连接数据库的对象
    private Connection conn;
    //实例化连接数据库对象
    public SelectProduct(){                              //构造函数
    }
    //查询所有商品的信息
    public Map<?,?>selectAll()throws Exception{
        conn=ConnectionDB.getConnection();               //获得数据库连接
        String sql =" select  productName, sortName, price, discount, inventory,
                    discription from productInfo,productSort where productInfo.
                    sortId=productSort.id";              //查询商品信息表所有信息
        /*实例化集合对象,一个 Map 对象,两个 List 对象,其中 Map 对象用来封装 List 对
          象,List 对象用来封装 JavaBean 对象 */
        Map<String,List<?>>map=new HashMap<String,List<?>>();
        List<ProductInfo>product=new ArrayList<ProductInfo>();
        List<ProductSort>sort=new ArrayList<ProductSort>();
        try{                                             //执行查询并将数据封装
            Statement stmt=conn.createStatement();
            ResultSet rs=stmt.executeQuery(sql);
            //执行查询并将数据封装
            while(rs.next()){
                ProductInfo pi=new ProductInfo();
                                                         //构建 ProductInfo 的 JavaBean 实例
                ProductSort ps=new ProductSort();
                                                         //构建 ProductSort 的 JavaBean 实例
                //封装数据到 JavaBean 中
```

```java
                pi.setProductName(rs.getString(1));
                ps.setSortName(rs.getString(2));
                pi.setPrice(rs.getFloat(3));
                pi.setDiscount(rs.getFloat(4));
                pi.setInventory(rs.getInt(5));
                pi.setDiscription(rs.getString(6));
                //将封装好的JavaBean实例继续封装到List中
                product.add(pi);
                sort.add(ps);
            }
            //将List封装到Map中
            map.put("productInfo",product);
            map.put("productSort",sort);
            conn.commit();
        } catch(SQLException e){
            e.printStackTrace();
        } finally{
            if(conn !=null){
                //关闭连接
                conn.close();
            }
        }
        return map;                       //将封装好的Map作为唯一返回值返回到主调方法
}
@SuppressWarnings("unchecked")
public void display(Map<?,?>map){              //显示数据
    System.out.println("商品名称 \t\t\t 类别名称\t\t 价格\t\t 折扣\t\t 库存量\t\t 描述信息");
System.out.println("-----------------------------------");
    /*将数据逐步拆封,首先将Map中的数据拆封到List中,之后再将List中的数据拆封
        到JavaBean实例中,最后通过getter()方法显示封装在JavaBean实例中的数据*/
    List<ProductInfo>product= (List<ProductInfo>)map.get("productInfo");
    List<ProductSort>sort= (List<ProductSort>)map.get("productSort");
    for(int i=0;i <product.size();i++){
        ProductInfo pi=(ProductInfo)product.get(i);
        ProductSort ps=(ProductSort)sort.get(i);
        System.out.print(pi.getProductName()+"\t\t");
        System.out.print(ps.getSortName()+"\t\t");
        System.out.print(pi.getPrice()+"\t\t");
        System.out.print(pi.getDiscount()+"\t\t");
        System.out.print(pi.getInventory()+"\t\t");
        System.out.println(pi.getDiscription());
    }
```

```
    }
    public static void main(String args[])throws Exception{
        SelectProduct sp=new SelectProduct();        //实例化控制器类对象
        try{
            sp.display(sp.selectAll());              //查询商品信息表中的数据并显示
        } catch(Exception e){
            e.printStackTrace();
        }
    }
}
```

3. 执行 Java 程序查看结果

运行 SelectProduct.java 后,执行结果如图 7-3 所示。

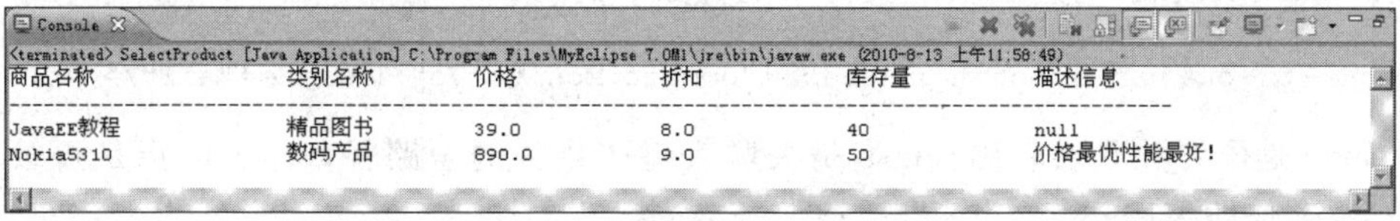

图 7-3　引入性案例执行结果

7.1.4　分析不足之处

当使用 SQL＋JDBC 模式实现多表数据查询时,采用面向字段的方式,复杂的 SQL 语句和手动获取结果集的过程浪费了大量的时间。烦琐的查询语句以及与数据库连接紧密的 JavaBean 实例,使得程序员难以将注意力集中在业务逻辑上,影响任务分工。

Hibernate 框架采用面向对象检索策略,提供良好的查询方式,帮助程序员较好地解决这一问题。下面从 Hibernate 的关联查询、检索策略、查询策略 3 个方面进行介绍。

7.2　任务 2　Hibernate 的关联查询

任务描述:数据库已经成为当今项目开发中不可或缺的组成部分,在数据库中的各个表之间存在各种关系,包括一对一、一对多、多对多 3 种。例如,引入性案例中涉及两张表:商品类别表和商品信息表。两张表之间存在一对多的关系,即一类商品可以包含多个具体的商品,而一个具体的商品只能属于一个商品类别。第 7 单元的任务 6 中提到,为了很好地表现数据库中表之间存在的各种关联关系,Hibernate 提供了专业的配置方式。在 Hibernate 框架中,表与表之间的结构化关系体现在持久化类对象之间的关联关系上。Hibernate 框架针对这几种关联关系都做了相应的配置和处理。

任务目标:学会配置和处理一对一、一对多、多对一、多对多关联关系。

7.2.1 一对一关联关系

一对一关联是一种比较严格的关系,一方存在另一方也总是存在,一方销毁另一方也同时销毁。实际应用中这样的关系比较常见,例如一个班级只有一个班长,一个班长只管理一个班级。

一对一关联关系有两种实现方式,一种是基于主键的一对一关联,另一种是基于外键的一对一关联。顾名思义主键关联就是通过两个表的主键进行关联,而外键关联就是一个表的主键与另外一个表的外键进行关联。

1. 基于主键的一对一的关系映射

(1) 基于主键的一对一关系的关系图如图 7-4 所示。

(2) 主键关联使用<one-to-one>标签配置。

在 class(班级表)对应的映射文件中配置如下代码:

```
<one-to-one name="monitor" class="domain.MonitorVo" cascade="all"/>
```

其中 name 是配置关联表名称;class 是关联表持久化类的全路径;cascade 指是否级联到增加、删除、修改等操作。

在 monitor(班长表)对应的映射文件中配置如下代码:

```
<one-to-one name="class" class="domain.ClassVo" constrained="true"/>
```

其中 name 配置关联表名称;class 配置关联表的持久化类的全路径;constrained 表示使用班级表的主键在本表中作外键。

注意:此时是通过在两个映射文件中添加<one-to-one>标签实现主键关联。由于在 Hibernate 加载数据表时已经加载了主键,所以不需要再设置关联的字段了。

2. 基于外键的一对一的关系映射

(1) 基于外键的一对一关系的关系图如图 7-5 所示。

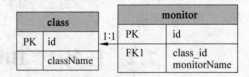

图 7-4 主键关联   图 7-5 外键关联

外键关联就是在一个表上设置一个外键(外键值唯一),并通过外键和另一个表的主键相连。如图 7-5 所示的两个表,一个是 class(班级表),一个是 monitor(班长表),每一个班级有一个班长,每一个班长管理一个班级,这两个表就是基于外键的一对一关系。实际上该关系是一对多关系的特例,即多的一方只有一个对象。

(2) 外键关联使用<one-to-one>和<many-to-one>标签配置。

在 class(班级表)对应的映射文件中配置与主键关联中配置的相同,代码如下:

```
<one-to-one name="monitor" class="domain.MonitorVo" cascade="all"/>
```

其中 name 配置关联表名称；class 指关联表持久化类的全路径；cascade 指是否级联到增加、删除、修改等操作。

在 monitor(班长表)对应的映射文件中配置如下代码：

`<many-to-one name="class" class="domain.ClassVo" unique="true" column="class_id"/>`

其中 name 配置关联表名称；class 配置关联表的持久化类的全路径；unique 配置当前映射类是一对多映射的特例，只有一个对象，即唯一性；column 配置关联的外键名称。

7.2.2 一对多、多对一关联关系

在引入性案例中，实现了基于两张表的连接查询，这两张表之间的关系为一对多。在商品类别表 productSort 和商品信息表 productInfo 中，同一品种的商品包含许多具体的商品型号，而每一个具体的商品都有自己对应的商品种类，因此这两张表之间就是一对多的关系。一对多关联关系如图 7-6 所示。

从实际应用的角度来看，productSort 和 productInfo 之间存在一对多的关系，即一类商品可以包含多个具体的商品。单从一张表的角度来看，productSort 对 productInfo 存在一对多的关系，而 productInfo 对 productSort 存在多对一的关系，这种处理问题的方法为单边一对多和单边多对一，即只有单一的一方感知对方的存在，而另

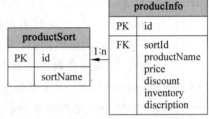

图 7-6 一对多关联关系

一方并不知道自己被关联了。但是在实际运用中往往需要让双方都意识到对方的存在，所以单边一对多、多对一关联很少被涉及。

在数据库中无法实现 productSort 到 productInfo 的一对多关系，也就是说当获取一条 productSort 中的记录后，就可以知道这条记录关联的 productInfo 表中的相关记录，此时必须通过多表连接实现。而在实体 Bean 中，这种关系就很好表示，要想表示 productSort 到 productInfo 的一对多关系，只需要在 productSort 的持久化类中加一个集合(Set)类型的属性。将每一个和 productSort 对象相关联的 productInfo 对象都保存在这个 productSort 对象的集合属性中即可。在映射文件中需要使用<set>标签来映射 productSort 持久化类中的集合属性。这种关联方式为双边一对多、多对一关联，即两边都可以感知到对方的存在。本节处理的关联关系实际上就是双边一对多、多对一关联关系。

在 Hibernate 框架中对这种一对多、多对一关联关系的处理，需要在映射文件中使用的<set>、<one-to-many>、<many-to-one>标签实现。下面详细介绍它们的配置。

1. 关系实体中"一"的配置

首先在 productSort 表的持久化类 ProductSortVo 中定义关联 productInfo 表的属性，定义属性为 Set 类型，同时需要将其实例化。代码如下：

`private Set<ProductInfoVo>productInfo=new HashSet<ProductInfoVo>();`

然后通过编译器自动生成该对象的 getter() 和 setter() 方法。

在配置文件 productsortvo.hmb.xml 中通过<set>元素来配置<one-to-many>，详细代码如下：

```
<set name="productInfo" cascade="all-delete-orphan" inverse="true"
    lazy="false">
    <key column="sortId"/>
    <one-to-many class="domain.ProductInfoVo"/>
</set>
```

上面代码的配置与说明如下。

(1) name：表示集合属性名，name 就是在持久化类中配置的 Set 类型的 productInfo。

(2) cascade：表示参与级联的操作类型。如果将该属性设置为"save-update"，表示在进行 save 和 update 操作时两张表中的数据进行级联操作。如果将上述代码设置为 all-delete-orphan，表示两张表之间保持级联删除操作。

(3) inverse：取值为 true 时表示这一端是镜像端。

(4) lazy：是否启动延迟加载。

(5) <key>：配置集合属性中涉及的持久化类对应的表的外键。

(6) <one-to-many>：指定属性中的元素所对应的实体 Bean 的持久化类的全路径，即一对多的一方的持久化类的全路径。

2. 关系实体中"多"的配置

首先在持久化类中配置"一"的持久化类类型的对象，不需要实例化。代码如下：

```
private ProductSortVo productSort;
```

然后生成该对象的 getter() 和 setter() 方法。

接下来在该持久化类对应的配置文件中配置元素，代码如下：

```
<many-to-one name="productSort" column="sortId" class="domain.ProductSortVo"
insert="false" update="false"/>
```

上面代码的配置与说明如下。

(1) name：该项为必选项，表示实体 Bean 的属性名，即商品类别在商品信息持久化类中配置的持久化类型 ProductSortVo 的对象 productSort。

(2) column：此项为可选项，表示数据表中的外键名，默认值为 name 属性的值。由于 sortId 属性为外键，所以此时填 sortId。

(3) class：配置的是与之关联的表的持久化类的全路径。

至此完成了整个一对多、多对一配置。Hibernate 在进行查询时，会同时发送两个 SQL 语句，一个是查询商品类别信息的语句，另一个是根据分类信息 id 找到该 id 对应的商品信息的语句。Hibernate 会自动将查找到的数据导入以持久化类生成的对象中。显示结果时，可以取得 Hibernate 查询得到的 Set 类型的商品类别集，该集合中的商品都是一个类别的，然后通过迭代循环可以得到该类别商品的全部详细信息。具体实现将在进阶式案例中讲述。

7.2.3 多对多关联关系

在实际应用中,多对多的关系也非常普遍。下面以学生选课系统为例讲述多对多关系的设置。在学生选课系统中,每一个学生都可以选择多门课程学习,而每一门课程也可以供多个学生来选择,这种关系就是多对多关联关系。那么这种关联关系如何在 Hibernate 中实现呢?要想实现这种关系,需要 3 张表,分别为学生表、课程表和学生选课表。对于这 3 张表的描述如下所示,3 张表之间的关系图如图 7-7 所示。

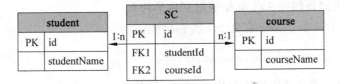

图 7-7 学生表、课程表和学生选课表的关系图

(1) 学生表 student:存储学生的各项信息,包含学生学号、姓名等。该表为主键表。

(2) 课程表 course:存储课程的各项信息,包含课程号、课程名等。该表为主键表。

(3) 学生选课表 SC:存储学生选课信息,包含学生学号,以及该学生选择的课程的课程号。该表为第三方外键表。

Hibernate 框架处理多对多关系,实际上是通过拆分成两个一对多关系实现的。此时需要首先在主键表的持久化类中定义与第三方外键表关联的另一张主键表的 Set 类型的属性,该属性用来关联另一张主键表的持久化类的对象名称。其次是在配置文件中使用<set>标签对这一属性进行配置。具体实现过程如下。

1. 对学生主键表的持久化类和映射文件的修改

(1) 在学生的持久化类中定义 Set 类型课程:

```
private Set courses=new HashSet();
```

然后通过编译器自动生成该对象的 getter()和 setter()方法。

(2) 使用多对多关系<many-to-many>元素来配置映射关系。

学生表映射文件配置如下:

```
<set name="courses" table="SC" cascade="all-delete-orphan" inverse="true" lazy="false">
    <key column="studentId"/>
    <many-to-many class="domain.Course" column="courseId" outer-join="auto"/>
</set>
```

代码中各个关键字的描述如下。

(1) name:这里的 name 就是在该表的持久化类中配置的 Set 类型的名称,即 courses。

(2) table:配置学生和课程关联的第三方表的名称。

(3) cascade：配置两张表之间的级联关系。

(4) inverse：取值为 true 时表示这一端是镜像端。

(5) lazy：是否启动延迟加载。

(6) <key>：配置该表在第三方外键表 SC 中关联学生表的外键字段。

(7) <many-to-many>：配置多对多关联中另一个主键表的持久化类的全路径，上述代码中指的是课程表的持久化类的全路径。

(8) column：配置课程 courses 表在第三方外键表 SC 表中对应的外键。

(9) outer-join：进行查询时使用的连接方式，auto 表示自动连接。

2. 对课程主键表的持久化类和映射文件的修改

(1) 在课程的持久化类中定义 Set 类型学生：

```
private Set students=new HashSet();
```

然后通过编译器自动生成该对象的 getter() 和 setter() 方法。

(2) 课程的映射文件配置与学生的配置类似。配置代码如下：

```
<set name="students" table="SC" cascade="all-delete-orphan" inverse="true" lazy="false">
    <key column="courseId"/>
    <many-to-many class="domain.Student" column="studentId" outer-join="auto"/>
</set>
```

7.3 任务 3　Hibernate 的数据检索策略

任务描述：Hibernate 框架使用面向对象检索策略，将数据表字段映射到持久化类的属性后，进行检索。Hibernate 的数据检索策略包含立即检索、延迟检索、预先检索和批量检索 4 种。各种检索策略的设置在映射文件中配置完成，Hibernate 框架会根据用户的配置信息采用相关策略进行数据检索。

任务目标：了解立即检索、延迟检索、预先检索和批量检索的意义，并掌握实现方法。

7.3.1 立即检索

立即检索策略可以将当前查询表的数据及其关联表中的数据都查询出来。该检索方式为默认检索方式。对于前文介绍的商品信息检索，Hibernate 在查询商品类别信息的同时会将所有商品类别 ID 关联的商品信息表中数据都查询出来。

立即检索的配置方式是将映射文件中的<class>元素或者<set>元素内的 lazy 属性值设为 false，如<class name="" table="" lazy="false">或者<set name="" inverse="" lazy="false">。

对于一对多查询、多对多查询，立即检索策略的作用最明显。例如，查询图书详细信息时，使用 Hibernate 查询语句"from ProductSortVo"，那么 Hibernate 框架在进行查询时，会将与 productSort 表关联的 productInfo 表中的商品信息加载进来，此时只需要通过图书分类表的持久化类 ProductSortVo 中的集合属性就可以得到与之相关的商品了。

7.3.2 延迟检索

延迟检索是一种与立即检索相反的检索策略,在进行查询时,不将当前表关联的数据加载进来,而是当需要触发到关联表数据的代码时再进行查询。

延迟检索的配置方式将映射文件中的<class>元素或者<set>元素内的 lazy 属性值设为 true,如<class name="" table="" lazy="true">或者<set name="" inverse="" lazy="true">。

对于一对多和多对多查询,延迟检索的查询进程只在当前表中进行,而不去获取它的关联数据。例如,在查询商品详细信息时,第一次查询只能获得商品类别信息,不能得到该类商品的所有商品的详细信息。如果想要得到具体的商品信息,需要通过继续调用图书分类持久化类中获取图书信息集合属性的方法,来重新触发 Hibernate 的查询方法查询图书信息表,获得数据。

7.3.3 预先检索

预先检索是一种通过外连接来获得对相关联关系实例或者集合的检索方式。预先检索不同于外连接,它是一种比较复杂的检索方式。

预先检索的使用方法是在预先检索的 HQL 语句中使用 fetch。例如,查询商品详细信息的 HQL 语句为"from ProductSortVo as b left join fetch b.productInfo"。

如果不采用预先检索,使用正常方式进行外连接时,如果对象间存在关联关系(例如,一对多的商品类别与商品信息表),那么,当查询商品类别时,Hibernate 会向数据库发送两条 SQL 语句,一条是查询所有的商品类别,另一条是根据商品类别的 ID 查询所有此类商品的商品信息。Hibernate 发送查询语句的数量由商品类别 ID 的个数决定,如果商品类别信息表中共有 100 个不同的 ID 值,那么发送的 SQL 语句一共是 101 条。在这 101 条 SQL 语句中,1 条在商品类别表中查询所有的商品类别;另外 100 条 SQL 语句是根据具体的商品类别的 ID 到商品信息表中检索此类商品的所包含的商品全部信息。

如果采用预先检索,Hibernate 会根据两个表的关联关系生成带有 on 关键字的 SQL 语句,以 1 条查询语句遍历两张数据表,达到快速查询的目的。使用 Hibernate 的预先检索,需要在映射文件中进行配置。以检索商品详细信息为例,在商品类别表的持久化类的映射文件中配置预先检索的方式如下:

```
< set name="productInfo" cascade="all-delete-orphan" inverse="true" lazy=
"false" fetch="join">
    <key column="sortId"/>
    <one-to-many class="domain.ProductInfoVo"/>
</set>
```

使用预先检索对图书及编号信息进行查询时,Hibernate 向数据库仅发送 1 条带有 on 关键字的条件查询语句。因此预先检索方式在性能上优于立即检索方式。

7.3.4 批量检索

批量检索是一种通过对象ID及关联关系进行检索的方式。批量检索又可以分为批量立即检索和批量延迟检索两种。

1. 批量立即检索

批量立即检索会将与当前检索数据所关联的数据全部查询出来。但在进行立即检索时，如果有100个商品类别ID，那么会执行101条SQL语句，其中1条SQL语句用来查询所有的商品类别，另100条SQL语句查询与该分类有关的所有商品的详细信息。批量检索可以通过改变映射文件中batch-size属性的值来减少SQL语句的数量。使用批量立即检索时要将映射文件\<set>元素中的lazy属性值设置为false。配置商品类别表持久化类对应的映射文件的代码如下：

```
<set name="productInfo" cascade="all-delete-orphan" inverse="true"
    lazy="false" batch-size="2">
        <key column="sortId"/>
        <one-to-many class="domain.ProductInfoVo"/>
</set>
```

Hibernate在进行批量立即检索时，使用了SQL中的in关键字，减少了SQL语句的数量。商品类别表共有4个ID，设置的batch-size的值为2，因此Hibernate框架将图书分类表中的数据分为两组进行查询。

2. 批量延迟检索

使用批量延迟检索时要在映射文件中将\<set>元素的lazy属性值设置成true。批量延迟检索只检索当前查询的数据表，不去检索它关联的其他数据表。当方法中明确指定需要查询某一对象时，Hibernate重新向数据库发送SQL语句执行查询。使用的过程中同样要求配置batch-size值。配置文件如下：

```
<set name="productInfo" cascade="all-delete-orphan" inverse="true" lazy=
"true" batch-size="2">
<catche usage="read-write">
    <key column="sortId"/>
    <one-to-many class="domain.ProductInfoVo"/>
</set>
```

由于设置batch-size为2，因此商品类别ID的值为1和2的数据同时加载并查询，而商品类别ID为3和4的数据同时加载并查询。当启用了延迟加载时，所有查询语句不会一次生成。

7.4 任务4 Hibernate的数据查询策略

任务描述：在引入性案例中，采用了JDBC进行数据检索，此时必须编写明确的SQL语句。当对多个表进行连接查询时，需要编写大量复杂的SQL语句。这些SQL语句降低了程序的可维护性,束缚了程序员的手脚,影响了工作进程,提升了项目的复杂度。Hibernate 框架提供面向对象检索方式,通过简单正确配置表的持久化类之间的关联关系,完成表之间关系的设置,制定查询条件,可以轻松得到数据,避免冗长的 SQL 语句。

任务目标:本任务的主要目标是了解 Hibernate 的数据查询方式。

7.4.1 Hibernate 查询方式简介

传统的 SQL 语句采用的是结构化查询的方法,但是这种查询方法面对以对象形式存在的数据就显得无能为力了。在 Hibernate 中,数据查询与检索机制一样完善。相对于其他的基于 ORM 模式的框架而言,Hibernate 提供了灵活多样的查询机制。其中包括 HQL(Hibernate Query Language)方式、标准 API 方式以及原生 SQL 方式。丰富的查询方式使得 Hibernate 在操作数据库方面更加灵活。

其中标准查询 API 可以建立基于 Java 的嵌套结构化的查询表达式,并提供在编译时进行语法检查的功能,这是 HQL 和原生 SQL 所无法做到的。Hibernate 3 中的标准 API 还提供了投影(projection)、聚合(aggregation)和分组(group)的方法。

HQL 是 Hibernate 框架提供的另一种操作数据的方式。其在语法上非常接近 SQL,但与其他查询方式不同的是 HQL 是面向对象的,也就是说 HQL 的操作针对持久化对象,而不是数据表。使用 HQL 操作数据可以直接返回相应的持久化对象。另外,Hibernate 亦可以将 SQL 语句查询出来的数据转换为持久化对象。

虽然 HQL 可以完成大多数的数据库操作,但是 HQL 并不支持数据库的所有特性,因此在某些时候需要直接使用原生 SQL 来操作数据库。

下面详细介绍 Hibernate 框架提供的这 3 种数据查询方式。

7.4.2 标准 API 方式

Hibernate 的标准(Criteria)API 进行数据检索方式要用到 org.hibernate.Criteria 接口,通过 Session 类的 createCriteria 方法创建 Criteria 对象,通过不同的方法进行数据检索。Criteria 实际上是用来装载查询条件的容器,通过指定查询对象属性的值的方式来指定查询条件,而不是指定 SQL 语句或 HQL 语句来进行查询,Criteria 容器会通过自动解析条件来进行数据检索,安全性高不容易出错。Criteria 容器的使用方法如下。

(1) 创建 Criteria 实例,代码如下:

```
Criteria criteria=session.createCriteria(ProductInfoVo.class);
```

(2) 创建用来查询的条件,Criteria 方法封装了 SQL 中进行条件查询时的比较运算符,应用时通过 Criteria 中的 add()方法来实现,该方法的参数就是查询的条件,例如,用于查询商品编号小于 4 的代码如下:

```
criteria.add(Restrictions.lt("id",new Integer(4)));
```

(3) 获取查询结果,代码如下:

```
List list=criteria.list();
```

在标准 API 方式中,用于进行条件检索的函数有很多,如表 7-1 所示。

表 7-1 标准 API 查询方式中的条件函数

函 数 名 称	函 数 说 明
Restrictions.eq()	等于,相当于 SQL 中的=
Restrictions.gt()	大于,相当于 SQL 中的>
Restrictions.lt()	小于,相当于 SQL 中的<
Restrictions.ge()	大于等于,相当于 SQL 中的>=
Restrictions.le()	小于等于,相当于 SQL 中的<=
Restrictions.and()	and 关系,相当于 SQL 中的 and
Restrictions.or()	or 关系,相当于 SQL 中的 or

通过标准 API 检索方式,可以准确地查到目标数据。在实际项目中用户可以通过指定对象的属性值进行多种条件查询,例如,用户要选择一个商品,该商品价格不高于 50 元,折扣比率为 7 折,此时就可以使用 Criteria 类中的 add()函数来添加这些查询条件,检索用户需要的商品。如果使用 HQL 来实现这种动态查询,就需要编写大量 HQL 代码,不容易维护,而使用 QBC(Query By Criteria)的基本函数可以更好地完成这样的查询。HQL 更适合静态查询,QBC 则适合较多的动态查询。

7.4.3 HQL 方式

HQL 是 Hibernate 最常用的面向对象的查询语言。Hibernate 核心类 Session 的多个方法都使用 HQL。其语法结构和 SQL 颇为相似,其功能如下。

(1) 支持条件查询;
(2) 支持连接查询;
(3) 支持分页查询;
(4) 支持分组查询(having 和 group by);
(5) 支持内置函数和自定义函数查询(sum()、min()、max()等);
(6) 支持子查询,即嵌入式查询;
(7) 支持动态绑定参数查询。

在 Query 接口中使用 HQL 语句的定义格式如下:

```
Query query=session.createQuery("from ProductInfoVo");
List<ProductInfoVo>list=query.list();
```

上述代码中 HQL 语句"from ProductInfoVo"将 productInfo 表中的所有记录取出,对应的 SQL 语句为"select * from productInfo"。也可以在 HQL 中采用全路径名"from domain.ProductInfoVo"。使用 Session 提供的 createQuery()方法进行查询,获得 Query 查询结果集。通过调用 Query 接口中的 list()方法得到查询结果。

HQL 本身与大小写无关,但是当出现类名和属性名时必须注意区分大小写。当需

要进行条件查询或连接查询时,还可以在 HQL 中增加条件。例如,获取名为"Java EE 教程"的商品记录的代码如下:

```
Query query=session.createQuery("from ProductInfoVo where productName='Java EE 教程'");
List<ProductInfoVo>list=query.list();
```

在 where 子句中,可以通过条件表达式运算符指定筛选条件,如 =、<>、<、>、<=、>=、between、not between、in、ont in、is 以及 like 等。其用法和 SQL 语句中相应的条件表达式运算符的用法相同。另外多个条件间还可以通过 and、or 等逻辑运算符连接构成复杂的逻辑表达式。

7.4.4 原生 SQL 方式

标准 API 方式和 HQL 方式最终都要通过 Hibernate 解析,先转换成 SQL 语句,再对数据库进行操作。因为 SQL 语句可以在多平台之间使用,所以 Hibernate 也可以用于多种不同平台。但在实际应用中,有些系统或平台产品只支持原生 SQL 语句查询操作,此时可以使用 Hibernate 的原生 SQL 语句查询处理问题。也有些时候,对需要进行的操作 HQL 语句方式不支持,此时也需要使用原生 SQL 语句操作数据库。

在 HQL 中使用 org.hibernate.SQLQuery 对象来执行 SQL 语句,SQLQuery 对象实例由 Session 的 createSQLQuery 方法创建。该方法的定义如下:

```
public SQLQuery createSQLQuery(String queryString)throws HibernateException;
```

其中,queryString 表示 SQL 语句。如果想让 SQL 语句查询出来的结果映射到持久化对象中,需要使用 SQLQuery 接口的 addEntity()方法指定实体 Bean。addEntity 方法的定义如下:

```
public SQLQuery addEntity(Class entityClass);
public SQLQuery addEntity(String alias,Class entityClass);
```

其中,entityClass 表示实体 Bean 的 Class 对象;alias 表示 SQL 语句中表的别名。如果不使用 addEntity()方法指定实体 Bean,Hibernate 会将用原生 SQL 语句查询出来的数据映射成 List<Object[]>,每一个 Object[]对象的元素就是当前记录的字段值,这种方法常常在多表连接查询时使用。下面给出 Hibernate 使用原生 SQL 语句方式查询的代码。

```
String sql="select * from productInfo b";
SQLQuery squery=session.createSQLQuery(sql);
squery.addEntity("b",ProductInfoVo.class);
List<ProductInfoVo>products=squery.list();
for(ProductInfoVo product: products){
    System.out.println(product.getId());
}
```

在上述代码中,createSQLQuery()方法的参数是要执行的 SQL 语句;addEntity()方法将查询结果映射到持久化类生成的对象中。最后通过 list()方法可以得到查询结果集。

在 SQL 中使用聚合函数产生数值结果时，一般需要使用 SQLQuery 的 addScalar() 方法指定字段的类型，如下面代码就是统计 productInfo 表中的记录总数，并以 Long 类型返回结果。

```
String sql="select count(*) from productInfo";
SQLQuery squery=session.createSQLQuery(sql);
squery.addScalar("c",Hibernate.LONG);
Long count=(Long)squery.uniqueResult();
```

7.5 任务 5 Hibernate 过滤

任务描述：任务 2 介绍了关联查询，任务 3 介绍了数据检索策略，任务 4 介绍了数据查询策略，得知 Hibernate 采用的是面向对象查询，并且查询时将关联表的数据也一并查出。但在实际项目中，并不是每次查询都需要关联表中的所有数据。例如，进行商品详细信息查询时，只想得到商品类别 ID 是 1 并且商品编号 ID 大于 2 的记录，那么进行关联查询时就可以使用 Hibernate 提供的结果集过滤器进行过滤，得到目标数据。

任务目标：Hibernate 提供两种过滤查询方式，一种是 Session 过滤，另一种是 Filter 过滤，本任务的目标就是掌握这两种过滤的用法。

7.5.1 Session 过滤

进行一对多查询时，使用 Session 中的过滤函数查询，可以从"一"的一方查询得到"多"的一方的 Set 结果集。例如，在进行商品详细信息查询时，可以在查询商品类别 ID 为 1 的商品编号时得到 Set 类型的结果集，该结果集可能有一个或者多个值，但是这些值并不都是需要的，此时可以通过 Session 提供的 createFilter() 函数进行查询过滤，其步骤如下。

(1) 获得商品类别 ID 为 1 的查询结果对象，代码如下：

```
ProductSortVo sort=(ProductSortVo)session.get(ProductSortVo.class,1);
```

(2) 获得商品信息表商品编号 ID 大于 2 的结果集：

```
Query query=session.createFilter(sort.getProductInfo(),"where this.id>2");
```

当查询时 Hibernate 会自动添加带有 where 关键字增加条件，就可以得到图书信息表中 ID 为 1 的图书编号大于 2 的数据。

注意：createFilter 函数的第一个参数必须是持久化状态的对象，在 ProductSortVo 持久化类中存在其关联表 productInfo 的集合属性 productInfo，第一个参数调用了该集合属性的 getter() 方法 sort.getProductInfo()。第二个参数是查询条件。createFilter 函数返回的是 Query 类型的结果集。

7.5.2 Filter 过滤

集合过滤的另一种方式就是使用 org.Hibernate.Filter 类提供的方法。使用时需要在"一"的映射文件中进行配置，其步骤如下。

（1）在映射文件中的<class>元素内配置过滤器。其中<filter-def>定义过滤器，元素中的 name 值为过滤器名称。<filter-param>配置过滤参数，name 为参数名称；type 为参数类型，代码如下：

```
<filter-def name=sortid>
<filter-param name="id" type="java.lang.Integer"/>
</filter-def>
```

（2）在映射文件<class>元素中<set>元素内使用<filter>标签引入过滤器。其中 name 属性为引用的过滤器的名称；condition 属性为过滤器条件。例如，下面的代码引用了上面的过滤器。

```
<set name="productInfo" cascade="all-delete-orphan" inverse="true" lazy="true" batch-size="2">
    <catche usage="read-write">
        <key column="sortId"/>
        <one-to-many class="domain.ProductInfoVo"/>
        <filter name="sortid" condition="id>=:id"/>
</set>
```

（3）开启过滤器，在默认状态下 Session 中的 Filter 是关闭状态。使用时需要用 enableFilter 方法显示开启过滤器，该方法的参数是在映射文件中定义的过滤器的名字，代码如下：

```
Filter f=session.enableFilter("sortid");
```

（4）对过滤参数赋值，在映射文件中定义的参数通过 Filter 对象中 setParameter 方法进行赋值。该方法的第一个参数是在<filter-param>中定义的参数名称，第二个参数是对参数所赋的值。该值就是进行过滤查询时生成 where 语句中查询条件的值。

```
f.setParameter("id",new Integer(2));
ProductSortVo sort=(ProductSortVo)session.get(ProductSortVo.class,1);
```

（5）查询结果。

注意：使用过滤器时，必须首先开启指定的过滤器，否则 Hibernate 查询将越过过滤器，达不到过滤的效果。

7.6 任务6 进阶式案例——使用 Hibernate 框架技术实现多表连接查询

任务描述：使用 Hibernate 框架技术对引入性案例进行修改，实现商品详细信息的查询。为了在进阶式案例中更好地使用关联查询、数据检索策略和数据查询策略，向商品信息表中添加数据，如表 7-2 所示。

表 7-2　向商品信息表添加的数据

id	sortId	productName	price	discount	inventory	discription
3	1	SQL Server	29.5	8.0	30	好书
4	3	雕牌洗衣粉	19.5	9.0	300	用了都说好
5	4	好吃点饼干	2.5	9.0	200	好吃你就多吃点
6	3	立白洗洁精	3.5	8.0	150	不伤手的立白
7	2	三星 A40 数码相机	559.0	9.0	10	便宜实惠
8	2	联想笔记本	5999.0	9.0	10	性能卓越
9	4	达能饼干	3.5	8.5	660	补充一天的能量
10	3	妙管家泡沫厨房	16.5	8.0	180	美好生活从妙管家开始

任务目标：了解 Hibernate 框架在关联查询、数据检索策略和数据查询策略方面的应用。

7.6.1　解决方案

本案例是对第 6 单元进阶式案例涉及的工程 ShoppingHibernate 的修改，修改后的工程文件结构图如图 7-8 所示。本案例的设计步骤详述如下。

（1）向商品信息表中插入数据。

（2）对商品信息表的持久化类 ProductInfoVo 进行修改。

（3）对商品信息表持久化类 ProductInfoVo 对应的映射文件 productinfovo.hbm.xml 进行修改。

（4）建立商品类别表的持久化类：ProductSortVo.java。

（5）建立商品类别表持久化类 ProductSortVo 对应的映射文件：productsortvo.hbm.xml。

（6）建立查询商品详细信息的测试类，实现商品详细信息的查找：SelectProduct.java。

（7）执行 Java 程序，显示运行结果。

图 7-8　工程文件结构图

7.6.2　具体实现

（1）向商品信息表中插入数据。

为了更好地完成数据检索策略和数据查询策略的相关实验，向商品信息表中插入以下数据，代码如下：

```
insert into productInfo(sortId,productName,price,discount,inventory,discription)
values(1,"SQL Server",29.5,8.0,30,"好书");
insert into productInfo(sortId,productName,price,discount,inventory,discription)
values(3,"雕牌洗衣粉",19.5,9.0,300,"用了都说好");
insert into productInfo(sortId,productName,price,discount,inventory,discription)
values(4,"好吃点饼干",2.5,9.0,200,"好吃你就多吃点");
insert into productInfo(sortId,productName,price,discount,inventory,discription)
values(3,"立白洗洁精",3.5,8.0,150,"不伤手的立白");
insert into productInfo(sortId,productName,price,discount,inventory,discription)
values(2,"三星A40数码相机",559,9.0,10,"便宜实惠");
insert into productInfo(sortId,productName,price,discount,inventory,discription)
values(2,"联想笔记本",5999,9.0,10,"性能卓越");
insert into productInfo(sortId,productName,price,discount,inventory,discription)
values(4,"达能饼干",3.5,8.5,660,"补充一天的能量");
insert into productInfo(sortId,productName,price,discount,inventory,discription)
values(3,"妙管家泡沫厨房",16.5,8.0,180,"美好生活从妙管家开始");
```

(2) 对商品信息表的持久化类 ProductInfoVo 进行修改。

在该持久化类中创建名为 productSort 的 ProductSortVo 持久化类的对象，不需要实例化。然后生成该对象的 getter() 和 setter() 方法。代码如下：

```
private ProductSortVo productSort;
public ProductSortVo getProductSort(){
    return productSort;
}
public void setProductSort(ProductSortVo productSort){
    this.productSort=productSort;
}
```

(3) 对商品信息表持久化类 ProductInfoVo 对应的映射文件 productinfovo.hbm.xml 进行修改

在 <class> 标签内使用 <many-to-one> 标签进行配置，代码如下：

```
<many-to-one name="productSort" column="sortId" class="domain.ProductSortVo"
insert="false" update="false"/>
```

(4) 建立商品类别表的持久化类。

ProductSortVo.java 文件的代码如下：

```
package domain;
import java.util.HashSet;
import java.util.Set;
public class ProductSortVo {
    private int id;
    private String sortName;
    private Set<ProductInfoVo>productInfo=new HashSet<ProductInfoVo>();
```

```java
    public int getId(){
        return id;
    }
    public void setId(int id){
        this.id=id;
    }
    public String getSortName(){
        return sortName;
    }
    public void setSortName(String sortName){
        this.sortName=sortName;
    }
    public Set<ProductInfoVo>getProductInfo(){
        return productInfo;
    }
    public void setProductInfo(Set<ProductInfoVo>productInfo){
        this.productInfo=productInfo;
    }
}
```

(5) 建立商品类别表持久化类 ProductSortVo 对应的映射文件。

productsortvo.hbm.xml 文件的代码如下：

```xml
<?xml version="1.0"?>
<!DOCTYPE hibernate-mapping PUBLIC "-//Hibernate/Hibernate Mapping DTD 3.3//EN"
"http://hibernate.sourceforge.net/hibernate-mapping-3.0.dtd">
<hibernate-mapping>
    <class name="domain.ProductSortVo" table="productSort">
        <id name="id" type="java.lang.Integer">
            <column name="id"/>
        </id>
        <property name="sortName" type="java.lang.String">
            <column name="sortName" length="50"/>
        </property>
        <set name="productInfo" cascade="all-delete-orphan" inverse="true"
            lazy="false">
            <key column="sortId"/>
            <one-to-many class="domain.ProductInfoVo"/>
        </set>
    </class>
</hibernate-mapping>
```

(6) 建立查询商品详细信息的测试类。

SelectProduct.java 实现商品详细信息的查找，具体代码如下。请注意参看注释内容。

```java
package action;
import java.util.Iterator;
import java.util.List;
import java.util.Set;
import org.hibernate.Query;
import org.hibernate.Session;
import org.hibernate.SessionFactory;
import org.hibernate.Transaction;
import org.hibernate.cfg.Configuration;
import domain.ProductInfoVo;
import domain.ProductSortVo;
public class SelectProduct {
    //创建静态的会话工厂
    public static SessionFactory sessionFactory;
    static {
        try {
            Configuration configure=new Configuration().configure();
                                                        //实例化 Configure 类
            //增加持久化类,由于该查询涉及两个表,所以要添加两张表所对应的持久化类
            configure.addClass(ProductInfoVo.class);
            configure.addClass(ProductSortVo.class);
            sessionFactory=configure.buildSessionFactory();  //建立 Session 工厂
        } catch(Exception e){
            // TODO: handle exception
            e.printStackTrace();
        }
    }
    public void getAllProduct(){                    //查询所有的商品信息
        try {
            Session session=sessionFactory.openSession();  //实例化 Session
            Transaction tx=session.beginTransaction();     //定义事务处理对象
            tx.begin();                                    //开始事务
            /*查询所有的商品信息由于 ProductInfoVo 已经关联到 ProductSortVo 中,所
              以 HQL 语句仅查询 ProductSortVo 即可 */
            Query query=session.createQuery("from ProductSortVo as b order by b.id");
            List<?> list=query.list();
            System.out.println("商品名称 \t\t\t 类别名称\t\t 价格\t\t 折扣\t\t 库存
                                量\t\t 描述信息");
            System.out.println("--------------------------------");
            for(int i=0;i<list.size();i++){       //循环输出所有的商品的详细信息
                ProductSortVo sort=(ProductSortVo)list.get(i);
                                                  //获得具体的商品类别信息
                //获得该商品类别中的所有商品的商品信息集
                Set<ProductInfoVo> productInfo=sort.getProductInfo();
```

```java
            Iterator<ProductInfoVo>it-productInfo.iterator();
                                             //将商品信息集放入迭代器中
            while(it.hasNext()){             //输出商品的详细信息
                ProductInfoVo pi=(ProductInfoVo)it.next();
                System.out.print(pi.getProductName()+"\t\t");
                System.out.print(sort.getSortName()+"\t\t");
                System.out.print(pi.getPrice()+"\t\t");
                System.out.print(pi.getDiscount()+"\t\t");
                System.out.print(pi.getInventory()+"\t\t");
                System.out.println(pi.getDiscription());
            }
        }
        } catch(Exception e){
            System.err.println(e);
        }
    }
    public static void main(String args[]){
        SelectProduct sp-new SelectProduct();    //实例化测试类
        sp.getAllProduct();                      //查询商品的详细信息

    }
}
```

(7) 执行 Java 程序。

运行 SelectProduct.java 程序,查看运行结果。

7.6.3 运行效果

该案例的运行结果如图 7-9 所示。

```
log4j:WARN No appenders could be found for logger (org.hibernate.cfg.Environment).
log4j:WARN Please initialize the log4j system properly.
Hibernate: select productsor0_.id as id1_, productsor0_.sortName as sortName1_ from productSort productsor0_
Hibernate: select productinfo0_.sortId as sortId1_, productinfo0_.id as id1_, productinfo0_.id as id0_0_, prod
Hibernate: select productinfo0_.sortId as sortId1_, productinfo0_.id as id1_, productinfo0_.id as id0_0_, prod
Hibernate: select productinfo0_.sortId as sortId1_, productinfo0_.id as id1_, productinfo0_.id as id0_0_, prod
商品名称          类别名称       价格       折扣      库存量     描述信息
---------------------------------------------------------------------------
Java EE教程       精品图书       39.0       8.0       40       null
SQL Server        精品图书       29.5       8.0       30       好书
Nokia5310         数码产品       890.0      9.0       50       价格最优性能最好!
三星A40数码相机    数码产品       559.0      9.0       10       便宜实惠
联想笔记本        数码产品       5999.0     9.0       10       性能卓越
雕牌洗衣粉        日常用品       19.5       9.0       300      用了都说好
妙管家泡沫厨房    日常用品       16.5       9.0       180      美好生活从妙管家开始
立白洗洁精        日常用品       3.5        8.0       150      不伤手的立白
达能高钙饼干      食品杂货       3.5        8.5       660      补充一天的能量
好吃点饼干        食品杂货       2.5        9.0       200      好吃你就多吃点
```

图 7-9 进阶式案例运行结果

7.6.4 案例解析

本案例数据检索方式为立即检索。在控制台输出窗口中可以看到运行时 Hibernate

输出了 5 条 SQL 语句。其中一条是检索商品类别表的，另外 4 条依据检索出的商品类别 ID 检索商品信息表。由于是立即检索，所以该查询语句和输出结果分开显示。

如果采用延迟检索，即将 ProductSortVo 对应的映射文件中 lazy 的属性值改为 true。运行结果如图 7-10 所示。此时可以清楚地看到查询结果和 Hibernate 执行的查询语句交错出现。这是因为采用延迟检索方式时，检索出一条记录就显示一条记录。图中可以看出，第一条 SQL 语句检索商品类别表；第二条 SQL 语句检索商品类别 ID 为 1 时，分类名称为精品图书的商品有两个，所以首先输出的两条记录就是第二条 SQL 语句的执行结果。

图 7-10 采用延迟检索方式的运行效果

如果采用预先检索方式，需要在原有的基础上加上 fetch="join"属性。同时将 HQL 语句修改为"from ProductSortVo as b left join fetch b.productInfo order by b.id"。运行结果如图 7-11 所示。

图 7-11 采用预先检索方式的运行效果

此时 Hibernate 仅发送一条带有 left outer join...on 关键字的 SQL 语句到数据库，

该语句如下：

```
Hibernate: select productsor0_.id as id1_0_, productinf1_.id as id0_1_,
productsor0_.sortName as sortName1_0_, productinf1_.sortId as sortId0_1_,
productinf1_.productName as productN3_0_1_, productinf1_.price as price0_1_,
productinf1_.discount as discount0_1_, productinf1_.inventory as inventory0_1_,
productinf1_.discription as discript7_0_1_, productinf1_.sortId as sortId0__,
productinf1_.id as id0__ from productSort productsor0_ left outer join
productInfo productinf1_ on productsor0_.id = productinf1_.sortId order by
productsor0_.id
```

如果采用批量检索方式，只需要在原有的基础上加上 batch-size＝"2"属性。此时的运行效果如图 7-12 所示。由于采用了批量检索方式，所以第一条 Hibernate 语句检索商品类别表，后面两条语句是将商品类别表按照商品类别 ID 分成两部分，生成了带有 in 关键字的两条 SQL 语句检索商品信息表。其中带有 in 关键字的 SQL 语句如下：

```
Hibernate: select productinf0_.sortId as sortId8_1_, productinf0_.id as id1_,
productinf0_.id as id0_0_, productinf0_.sortId as sortId0_0_, productinf0_.
productName as productN3_0_0_, productinf0_.price as price0_0_, productinf0_.
discount as discount0_0_, productinf0_.inventory as inventory0_0_, productinf0_.
discription as discript7_0_0_ from productInfo productinf0_ where productinf0_.
sortId in(?,?)
```

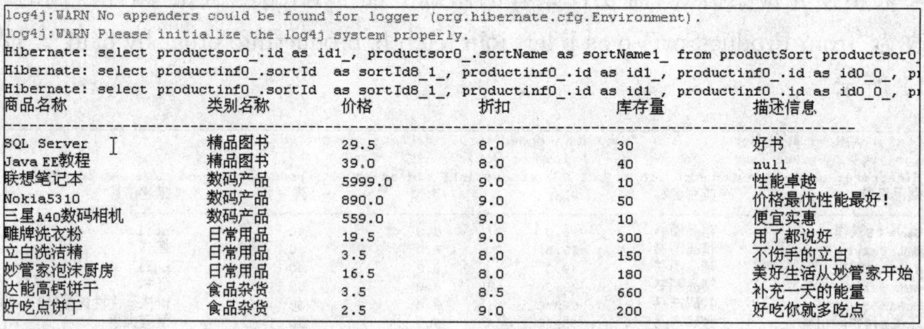

```
log4j:WARN No appenders could be found for logger (org.hibernate.cfg.Environment).
log4j:WARN Please initialize the log4j system properly.
Hibernate: select productsor0_.id as id1_, productsor0_.sortName as sortName1_ from productSort productsor0_
Hibernate: select productinf0_.sortId  as sortId8_1_, productinf0_.id as id1_, productinf0_.id as id0_0_, pr
Hibernate: select productinf0_.sortId  as sortId8_1_, productinf0_.id as id1_, productinf0_.id as id0_0_, pr
商品名称          类别名称     价格        折扣       库存量      描述信息
-----------------------------------------------------------------------------------
SQL Server        精品图书     29.5        8.0        30          好书
Java EE教程       精品图书     39.0        8.0        40          null
联想笔记本        数码产品     5999.0      9.0        10          性能卓越
Nokia5310         数码产品     890.0       9.0        50          价格最优性能最好!
三星A40数码相机   数码产品     559.0       9.0        10          便宜实惠
雕牌洗衣粉        日常用品     19.5        9.0        300         用了都说好
立白洗洁精        日常用品     3.5         8.0        150         不伤手的立白
妙管家泡沫厨房    日常用品     16.5        8.0        180         美好生活从妙管家开始
达能高钙饼干      食品杂货     3.5         8.5        660         补充一天的能量
好吃点饼干        食品杂货     2.5         9.0        200         好吃你就多吃点
```

图 7-12　采用批量检索方式的运行效果

单元总结

本单元首先通过引入性案例给出 SQL＋JDBC 实现多表连接查询的解决问题的方案，并分析了该方案的不足之处，提出了采用 Hibernate 框架解决多表连接查询的思路。在讲解如何使用 Hibernate 框架解决问题之前，首先讲述了 Hibernate 在关联查询、数据检索策略、数据查询策略方面的相关技术。然后在进阶式案例中，使用 Hibernate 框架技术对引入性案例进行修改，实现两张表间双边一对多、多对一的关联关系，利用 HQL 语句的查询策略完成多表连接查询，并对案例进行了解析，阐述了在各种数据检索策略下本案例的运行效果。本单元通过进阶式案例对学过的知识点进行总结，实现知识的进阶。

习 题

（1）在 Hibernate 框架中存在多少种关联关系？举例说明一对多、多对一关联关系的配置步骤。

（2）Hibernate 的检索策略一共有多少种？每种检索策略的特点是什么？

（3）Hibernate 支持多少种查询方式？每种查询方式各有什么特点、适合在何种场合中使用？

（4）上机调试本单元中任务 1 的引入性案例和任务 6 的进阶式案例。

实训 7 使用 Hibernate 框架实现图书管理系统中查询图书详细信息的功能

1. 实训目的

（1）了解 Hibernate 检索策略。

（2）掌握 Hibernate 数据查询方式。

（3）熟悉 Hibernate 关联查询操作。

（4）掌握 Hibernate 过滤器的使用方法。

2. 实训内容

根据本单元已学知识完成图书管理系统中查询图书详细信息的功能，要求如下。

（1）在 book 数据库中，每本图书都有自己所属的类别，在 bookinfo 表中通过 typeId 字段体现。先将图书分类表 bookType 的表的表结构描述如下，如表 7-3 所示。

表 7-3 bookType 表的表结构

列　　名	数据类型	长度	是否允许为空	说　　明
id	int	4	否	主键，保持自动增长，步长为 1
typeName	varchar	60	否	图书的类型名

（2）对 book 数据库中 bookinfo 表进行修改，对 typeId 字段添加外键 FK_bookinfo_bookType，使其关联 bookType 表的 id 字段。

（3）构建 Java 工程，将 Hibernate 的 JAR 包和 MySQL 数据库的驱动程序 JAR 包导入工程。

（4）建立连接数据库配置文件：hibernate.cfg.xml 或 hibernate.properties。

（5）建立图书信息持久化类：BookInfoVo.java、BookTypeVo.java。

（6）建立持久化类对应的映射文件：bookinfovo.hbm.xml、booktypevo.hbm.xml。

（7）在持久化类对应的映射文件中配置双边关联的一对多、多对一关联关系。

（8）建立图书信息管理的测试类，实现图书详细信息查询，获取图书名称、所属类别名、作者、价格、出版社等信息：SelectBook.java。

(9) 执行 Java 程序,显示运行结果。

3. 操作步骤

参考本单元任务 2 至任务 6 中讲述的内容完成图书详细信息查询的设计工作,实现其功能。

4. 实训小结

对相关内容写出实训总结。

第 8 单元

Hibernate 高级特性

单元描述：

数据库是存储数据的仓库，高效、安全、准确地存储数据是数据库的重要指标。Hibernate 框架作为一个使用面向对象技术和数据库打交道的框架，其本身也要确保高效、安全、准确地获取数据库中的数据。DBMS 通过对事务的管理，可以有效地解决数据的各种冲突。Hibernate 本身并不支持事务，而是对各种级别的事务进行了封装，本单元主要介绍 Hibernate 对 JDBC 和 JTA 两个级别的事务。事务和锁的概念密不可分，从技术层面上讲，事务是通过锁的机制来解决数据冲突的。为了更好地提升系统性能，Hibernate 提供了缓存技术。

单元目标：

本单元的目标是了解 Hibernate 的高级特定：事务管理、锁、缓存技术。

- 了解事务的基本概念；
- 掌握 Hibernate JDBC 事务处理；
- 熟悉 Hibernate JTA 管理事务；
- 了解并掌握锁的概念；
- 掌握 Hibernate 缓存机制；
- 能够运用 Hibernate 的查询缓存机制。

8.1 任务 1 引入性案例

任务描述：在第 7 单元中讲述了如何使用 Hibernate 实现多表连接查询，但是无论是在引入性案例还是进阶式案例中，所解决的问题都是基于两张表的多表连接查询。但在网上购物系统中，数据表不止两张。用户需要到网上按照商品类别检索商品信息，选中商品后要将需要的商品放入购物车。在购物车模块可以对自己挑选的商品进行筛选，对于不想购买的商品还可以执行删除操作，选中想购买的商品，确认无误后就进入交货单模块进行处理。本案例的任务是查询购物车中的所有商品的详细信息，并删除购物车表单中的某条记录后，再查询购物车表单中的信息，确认删除成功。

任务目标：利用当前已掌握的技术，完全可以使用 Hibernate 框架实现购物车中商品详细信息的查询，以及购物车中商品的删除操作。完成案例后，需要找出这种解决方案的不足。

8.1.1 案例分析

在网上购物系统中，用户根据自己的需要在网上选购自己的商品，选中后需要将商品放入自己的购物车，所以需要有一张存储用户选购商品的表。放入购物车中的商品，用户不一定需要全部购买，所以用户可以到自己的购物车中进行商品筛选，选中的商品才真正是用户要订购的商品，此时就需要将这些商品添加到订单表中，因此还需要一张订单表。但是本案例不涉及订单管理，所以暂时不使用订单表。

本案例需要完成的功能是对购物车中的商品进行管理。查询购物车中用户选购的商品的详细信息，包括选购该商品的用户名、商品名称、商品种类、商品价格、商品折扣率、商品描述信息等。另外，删除购物车中的某条记录，然后再次查询用户选购商品的详细信息，证明该商品已经成功从购物车表单中删除。

本案例涉及用户表、商品类别表、商品信息表、购物车表，涉及的关联关系包括一对多、多对一关联关系以及多对多的关联关系。本案例较为复杂，请读者仔细阅读注释，帮助理解。

8.1.2 设计步骤

本案例是对第 7 单元进阶式案例涉及的工程 ShoppingHibernate 的修改，修改后的工程文件结构图如图 8-1 所示。案例的设计步骤如下。

（1）向用户表中插入数据。

（2）创建购物车表并完成数据的添加。

（3）创建用户表的持久化类：UserVo.java。

（4）创建用户表持久化类 UserVo 对应的映射文件：uservo.hbm.xml。

（5）对商品信息表的持久化类 ProductInfoVo 进行修改。

（6）对商品信息表持久化类 ProductSortVo 对应的映射文件 productinfovo.hbm.xml 进行修改。

（7）修改商品类别表的持久化类：ProductSortVo.java。

（8）修改商品类别表持久化类 ProductSortVo 对应的映射文件：productsortvo.hbm.xml。

（9）创建购物车表的持久化类：CartVo.java。

（10）创建购物车表持久化类 CartVo 对应的映射文件：cartvo.hbm.xml。

（11）建立查询购物车中商品详细信息的测试类，实现商品详细信息的查询和购物车中商品的删除：CartProduct.java。

（12）执行 Java 程序，显示运行结果。

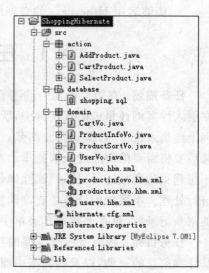

图 8-1 工程文件结构图

8.1.3 具体实现

(1) 向用户表中插入数据。

用户表的表结构如本书第 3 单元表 3-1 所示。将表 8-1 中的数据插入到用户表中的代码如下：

表 8-1 要添加的用户信息

userID	userName	passWord	sex	age	telNum	e_Mail
2	李勇	123	男	21	13772507789	liyong@hotmail.com
3	张辉	zhanghui	男	25	15052169987	zhanghui@sina.com.cn
4	王鹏	wangpeng	男	37	13598799619	wangpeng@yahoo.com.cn
5	李静	lijing	女	27	15152094389	lijing@163.com

```
insert into user(userName,passWord,sex,age,telNum,e_Mail)
values("李勇","123","男",21,"13772507789","liyong@hotmail.com");
insert into user(userName,passWord,sex,age,telNum,e_Mail)
values("张辉","zhanghui","男",25,"15052169987","zhanghui@sina.com.cn");
insert into user(userName,passWord,sex,age,telNum,e_Mail)
values("王鹏","wangpeng","男",37,"13598799619","wangpeng@yahoo.com.cn");
insert into user(userName,passWord,sex,age,telNum,e_Mail)
values("李静","lijing","女",27,"15152094389","lijing@163.com");
```

(2) 创建购物车表并完成数据的添加。

购物车表的表结构如表 8-2 所示，表 8-3 中给出的是要插入到购物车表中的数据，执行代码如下：

表 8-2 购物车表（cart）的表结构

字段名称	数据类型	长度	是否允许为空	字段名描述
id	int	4	是（主键）	订购商品编号
userId	int	4	否（外键）	用户编号
productId	int	4	否（外键）	商品编号
count	int	4	否	订购商品数量

```
create table if not exists cart
(id int primary key auto_increment,
userId int not null,
productId int not null,
count int not null
);
alter table cart add constraint FK_cart_user foreign key(userId) references user
```

表 8-3　向购物车表中添加的信息

id	userId	productId	count	id	userId	productId	count
1	1	2	2	4	3	9	2
2	2	4	1	5	4	5	1
3	2	6	3	6	3	4	2

```
(userID) on delete restrict on update restrict;
alter table cart add constraint FK_cart_productInfo foreign key(productId) references productInfo(id) on delete restrict on update restrict;
insert into cart(userId,productId,count)
values(1,2,2);
insert into cart(userId,productId,count)
values(2,4,1);
insert into cart(userId,productId,count)
values(2,6,3);
insert into cart(userId,productId,count)
values(3,9,2);
insert into cart(userId,productId,count)
values(4,5,1);
insert into cart(userId,productId,count)
values(3,4,2);
```

(3) 创建用户表的持久化类。

UserVo.java 的代码如下所示,省去了所有的 getter()、setter()方法。

```
package domain;
import java.util.HashSet;
import java.util.Set;
public class UserVo{
    private int userID;
    private String userName;
    private String passWord;
    private String sex;
    private int age;
    private String telNum;
    private String e_Mail;
    private Set<ProductInfoVo> productInfo=new HashSet<ProductInfoVo>();
//省略所有的 getter()和 setter()方法
}
```

(4) 创建用户表持久化类 UserVo 对应的映射文件。

uservo.hbm.xml 的代码如下,其中包含用户表和商品信息表关于第三方购物车表多对多的配置。

```xml
<?xml version="1.0"?>
<!DOCTYPE hibernate-mapping PUBLIC "-//Hibernate/Hibernate Mapping DTD 3.3//EN"
"http://hibernate.sourceforge.net/hibernate-mapping-3.0.dtd">
<hibernate-mapping>
    <class name="domain.UserVo" table="user" >
        <id name="userID" type="java.lang.Integer">
            <column name="userID"/>
        </id>
        <property name="userName" type="java.lang.String">
            <column name="userName" length="30"/>
        </property>
        <property name="passWord" type="java.lang.String">
            <column name="passWord" length="30"/>
        </property>
        <property name="sex" type="java.lang.String">
            <column name="sex" length="4"/>
        </property>
        <property name="age" type="java.lang.Integer">
            <column name="age"/>
        </property>
        <property name="telNum" type="java.lang.String">
            <column name="telNum" length="15"/>
        </property>
        <property name="e_Mail" type="java.lang.String">
            <column name="e_Mail" length="50"/>
        </property>
        <!--配置多对多-->
        <set name="productInfo" table="cart" cascade="all-delete-orphan"
        inverse="true"
            lazy="false">
            <key column="userId"/>
            <many-to-many class="domain.ProductInfoVo" column="productId"
            outer-join="auto"/>
        </set>
    </class>
</hibernate-mapping>
```

（5）对商品信息表的持久化类 ProductInfoVo 进行修改。

在商品信息表的持久化类中添加关于用户表间多对多的配置，添加 Set 集合属性。并生成一整套的 getter() 和 setter() 方法。

```java
private Set<UserVo>user=new HashSet<UserVo>();
```

(6) 对商品信息表持久化类 ProductInfoVo 对应的映射文件 productinfovo.hbm.xml 进行修改。

在 productinfovo.hbm.xml 文件中完成商品信息表和用户表关于第三方外键购物表的多对多的配置;商品信息表和商品类别表之间多对一的配置保持不变,代码如下:

```xml
<set name="user" table="cart" cascade="all-delete-orphan" inverse="true"
    lazy="false">
        <key column="productId "/>
        <many-to-many class="domain.UserVo" column="userId" outer-join="auto"/>
</set>
<many-to-one name="productSort" column="sortId" class="domain.ProductSortVo"
insert="false" update="false"/>
```

(7) 商品类别表的持久化类。
ProductSortVo.java 文件的代码保持不变。
(8) 商品类别表持久化类 ProductSortVo 对应的映射文件。
productsortvo.hbm.xml 文件的代码保持不变。
(9) 创建购物车表的持久化类。
CartVo.java 文件的代码如下:

```java
package domain;
public class CartVo {
    private int id;
    private int userId;
    private int productId;
    private int count;
//省略所有的 getter()和 setter()方法
}
```

(10) 创建用户表持久化类 CartVo 对应的映射文件。
cartvo.hbm.xml 文件的代码如下:

```xml
<?xml version="1.0"?>
<!DOCTYPE hibernate-mapping PUBLIC "-//Hibernate/Hibernate Mapping DTD 3.3//EN"
"http://hibernate.sourceforge.net/hibernate-mapping-3.0.dtd">
<hibernate-mapping>
    <class name="domain.CartVo" table="cart">
        <id name="id" type="java.lang.Integer">
            <column name="id"/>
        </id>
        <property name="userId" type="java.lang.Integer">
            <column name="userId"/>
        </property>
        <property name="productId" type="java.lang.Integer">
            <column name="productId"/>
```

```xml
        </property>
        <property name="count" type="java.lang.Integer">
            <column name="count"/>
        </property>
    </class>
</hibernate-mapping>
```

(11) 建立查询购物车中商品详细信息的测试类。

CartProduct.java 实现商品详细信息的查询和购物车中商品的删除,该文件的代码详述如下,请读者仔细阅读注释部分。

```java
package action;
import java.util.Iterator;
import java.util.List;
import java.util.Set;
import org.hibernate.Query;
import org.hibernate.Session;
import org.hibernate.SessionFactory;
import org.hibernate.Transaction;
import org.hibernate.cfg.Configuration;
import domain.UserVo;
import domain.ProductInfoVo;
import domain.ProductSortVo;
import domain.CartVo;
public class CartProduct {
    //创建静态的会话工厂
    public static SessionFactory sessionFactory;
    static {
        try {
            //实例化 Configure 类
            Configuration configure=new Configuration().configure();
            //增加持久化类
            configure.addClass(UserVo.class);
            configure.addClass(ProductInfoVo.class);
            configure.addClass(ProductSortVo.class);
            configure.addClass(CartVo.class);
            //建立 Session 工厂
            sessionFactory=configure.buildSessionFactory();
        } catch(Exception e){
            e.printStackTrace();
        }
    }
    public void getAllCartProduct(){
```

```java
try{
    //实例化Session
    Session session=sessionFactory.openSession();
    //定义事务处理对象
    Transaction tx=session.beginTransaction();
    //开始事务
    tx.begin();
    /*查询购物车中所有用户选购的商品的详细信息。由于用户表与商品信息表为多
      对多关系,在用户表中包含商品信息表的Set集合。而商品信息表与商品类别
      表之间是多对一的关系,在商品信息表中包含一个商品类别表的实例。当查询
      用户表时,在每一个用户中添加一个该用户购买的商品的集合,该用户购买的每
      一个商品都包含一个该商品所属商品类别对象的实例。因此该HQL语句只需要
      对用户表查询即可*/
    Query query=session.createQuery("from UserVo order by id");
    List<?>list=query.list();                         //获取查询结果
    /*打印查询到的记录数,由于HQL语句针对的是用户表,第一次查询时,list的结
      点个数为5。删除一条记录后,第二次查询时,list的结点个数为仍为5。原因
      是删除的是购物车中的记录,而查询的是用户表,该表中的用户个数依然没有减
      少,还是5*/
    System.out.println(list.size());
    System.out.println("用户名\t\t商品名称\t\t\t商品种类\t\t商品价格
                  \t\t商品折扣\t\t商品描述");
    System.out.println("-----------------------------------");
    for(int i=0;i<list.size();i++){
        //获取一个类型为UserVo的list节点,给节点为一个用户的信息对象
        UserVo user=(UserVo)list.get(i);
        //获取该用户对象中的商品信息的集合,即该用户所有选购的商品
        Set<ProductInfoVo>pi=user.getProductInfo();
        Iterator<ProductInfoVo>it=pi.iterator();   //放入迭代器
        while(it.hasNext()){   //循环打印购物车中所有用户选择的商品的详细信息
            //从迭代器中取出该用户选择的一个商品
            ProductInfoVo pInfo=(ProductInfoVo)it.next();
            ProductSortVo ps=pInfo.getProductSort();
                                        //获取该商品的类别信息
            System.out.print(user.getUserName()+"\t\t");   //显示用户名
            System.out.print(pInfo.getProductName()+"\t\t");
                                        //显示商品名称
            System.out.print(ps.getSortName()+"\t\t");
                                        //显示该商品的类别名称
            System.out.print(pInfo.getPrice()+"\t\t");
                                        //显示该商品的价格
            System.out.print(pInfo.getDiscount()+"\t\t");
                                        //显示该商品的折扣率
            System.out.println(pInfo.getDiscription());
```

```
                }                              //显示该商品的描述信息
            }
        } catch(Exception e){
            System.err.println(e);
        }
    }
    public void delCart(String userName,String productName){
        try {
            Session session=sessionFactory.openSession();    //实例化 Session
            Transaction tx=session.beginTransaction();        //实例化事务
            tx.begin();                                       //开启事务
            //根据本方法传入的用户名,到用户表中找到该用户的 ID
            Query queryUser=session.createQuery("from UserVo where userName=
            '"+userName+"'");
            UserVo user=(UserVo)queryUser.list().get(0);
            //根据本方法传入的商品名称,到商品信息表中找到该商品的 ID
            Query queryProductInfo=session.createQuery("from ProductInfoVo
            where productName="+"'"+productName+"'");
            ProductInfoVo pi=(ProductInfoVo)queryProductInfo.list().get(0);
            //根据查找到的用户 ID 以及商品 ID 在购物车表中找到对应的记录
            String sql="from CartVo where userId="+user.getUserID()+" and
            productId="+pi.getId();
            Query queryCart=session.createQuery(sql);
            CartVo cart=(CartVo)queryCart.list().get(0);
            session.delete(cart);                             //删除该记录
            System.out.println("\n购物车中用户""+userName+""选购的名为
            ""+productName+""的商品已经删除\n");               //打印删除成功信息
        } catch(Exception e){
            e.printStackTrace();
        }
    }
    public static void main(String args[]){
        CartProduct cp=new CartProduct();                     //实例化测试类
        cp.getAllCartProduct();        //查询购物车中所有用户选择的商品的详细信息
        //cp.delCart("张辉","雕牌洗衣粉");  //删除一条满足条件的购物车中的记录
        cp.getAllCartProduct();                               //再次确认成功删除
    }
}
```

(12) 执行 Java 程序显示运行结果。

为了防止 Hibernate 输出自身传送的 SQL 语句对运行结果产生干扰,在运行之前首先将 Hibernate 的配置文件 hibernate.cfg.xml 中<property name="show_sql">true</property>改为 false。如果选择的是 hibernate.properties 来配置的,那么需要将

hibernate.show_sql=true 语句中的 true 改为 false。如果两个文件都附加上了，那么两个文件中关于 show_sql 的配置都要改为 false。

运行结果如图 8-2 所示。

```
log4j:WARN No appenders could be found for logger (org.hibernate.cfg.Environment).
log4j:WARN Please initialize the log4j system properly.
5
用户名        商品名称         商品种类      商品价格    商品折扣     商品描述
------------------------------------------------------------------------
王新民        Nokia5310       数码产品      890.0      9.0        价格最优性能最好！
李勇          雕牌洗衣粉       日常用品      19.5       9.0        用了都说好
李勇          立白洗洁精       日常用品      3.5        8.0        不伤手的立白
张辉          雕牌洗衣粉       日常用品      19.5       9.0        用了都说好
张辉          达能高钙饼干     食品杂货      3.5        8.5        补充一天的能量
王鹏          好吃点饼干       食品杂货      2.5        9.0        好吃你就多吃点
购物车中用户"张辉"选购的名为"雕牌洗衣粉"的商品已经删除
5
用户名        商品名称         商品种类      商品价格    商品折扣     商品描述
------------------------------------------------------------------------
王新民        Nokia5310       数码产品      890.0      9.0        价格最优性能最好！
李勇          立白洗洁精       日常用品      3.5        8.0        不伤手的立白
李勇          雕牌洗衣粉       日常用品      19.5       9.0        用了都说好
张辉          达能高钙饼干     食品杂货      3.5        8.5        补充一天的能量
王鹏          好吃点饼干       食品杂货      2.5        9.0        好吃你就多吃点
```

图 8-2　引入性案例的运行效果

8.1.4　分析不足之处

本案例是一个很好的多表连接的例子，其中包括多对多的关联关系和双边多对一、一对多的关联关系。如果读者可以透彻地理解本案例，那么在 Hibernate 框架查询方面应该已经得到了巨大进步。尽管案例实现了 4 张表的多表连接查询，将程序员从复杂的 SQL 语句和烦琐的表结构中解放出来，有效地解决了人员分工问题；但是本案例依然存在不足之处，有待探讨。

1．安全性发面

数据库存储数据不仅仅是为了存储，更重要的是保证数据的安全性。因此在数据库层面上，可以采取很多措施，如建立严格的数据完整性约束条件、建立完备的数据库安全机制等。一个经得起考验的 Web 系统，一定可以承受得住多个用户同时对数据库操作。当众多用户同时购买一种商品时，如果没有完备的事务管理机制，就会发生误读、脏读。

举一个例子，两个用户同时要购买雕牌洗衣粉，用户 A 读取的数据库中该产品的库存量是 300 袋。此时另一个用户 B 觉得非常划算，买了 50 袋，提交订单后，系统库存量为 250 袋。A 浏览后觉得很好，买了 30 袋，提交订单后，系统库存量为 270 袋。雕牌洗衣粉不但没有减少反而增加了。

对于数据库操作而言，保证数据准确的手段之一就是事务。在 Hibernate 框架中提供了对不同级别事务的封装，如 JDBC 事务、JTAG 事务等，保证数据操作达到完整一致的状态。

2．执行效率方面

一个新生事物的诞生必然是有弊有利的，任何一个程序都很难做到在取得较小的时间复杂度的同时，获得较少的空间复杂度。Hibernate 框架依然如此，在运行之前的案例时，不难发现使用 Hibernate 框架后运行速度降低，如果数据库不在本地，而是在美国或是日本,访问一次数据库的时间或许就是半个小时,甚至更长。在用时间来换取方便的同时,有什么方法可以缓解这个问题呢? Hibernate 提供了缓存机制,在大量并发存在的情况下,缓存将大大提升运行效率。

8.2 任务 2　Hibernate 的事务管理

任务描述:事务是一个非常重要的概念。事务(transaction)是工作中的基本逻辑单位,可以用于确保数据被正确修改,避免数据只修改了一部分而导致数据不完整,或者在修改时受到干扰。作为一位优秀的软件设计师,必须了解事务并合理利用事务,确保数据库中数据的完整性。

任务目标:了解事务的基本概念以及 Hibernate 在事务方面的管理机制。

8.2.1　事务的基本概念

事务是一个逻辑工作单元,即执行的一系列操作。这一系列的操作要么全部被执行,要么全部不被执行,是一个不可分割的整体。事务和程序不同,程序可以包含多个事务。事务是应用项目中必不可少的一部分,是在访问数据库时,更新数据库中各种数据项的一个程序执行单元。在关系型数据库中,事务可能是一条或者一组更新数据库记录的 SQL 语句。其作用是用来确保数据完整性,避免数据库中的数据在不正确的操作下引起的错误更改。任何程序设计都要考虑到事务,合理使用事务才能保证程序的可运行性。

事务有 4 个属性,分别是原子性(atomicity)、一致性(consistency)、隔离性(isolation)和持久性(durability)。

(1) 原子性。事务是数据库的逻辑工作单元,事务中包含的一系列操作要么执行,要么不执行。例如,编写 10 条更新数据的 SQL 语句,执行这些 SQL 语句时,其中一条执行失败,那么所有已经执行的 SQL 语句都要撤销对数据库的操作,使数据回滚到初始状态。

(2) 一致性。指无论执行了什么操作,都应保证数据的完整性和业务逻辑的一致性。例如,用户选购完商品产生订单,无论用户订购的数量有多少,都要保证库存量与用户订购数量之和与原有库存量数量相等。事务的一致性和原子性密切相关。事务的执行结果必须是使数据库从一个一致性状态变到另一个一致性状态。因此当数据库只包含成功事务提交的结果时,就说数据库处于一致性状态。

(3) 隔离性。一个事务的执行不能被其他事务干扰,即一个事物内部的操作和使用的数据对其他事务是隔离的,各个事务之间不能相互干扰。

(4) 持久性。一个事务一旦提交,它对数据库中数据的改变就应该是永久的,不会因为系统故障而消失。

关系型数据库管理系统 RDBMS 实现了事务的 4 个特性,通常简称这 4 个特性为 ACID。RDBMS 通过系统的日志记录来确定如何实现 ACID,也就是说系统会根据日志记录来回滚错误的数据操作。

在实际应用过程中,可以根据不同的环境来选择不同的事务处理方法。

Hibernate 框架中支持两种事务处理方式,一种是基于 JDBC 的事务处理;另一种是基于JTA(Java Transaction API)事务处理,下面将进行详细介绍。

8.2.2 基于JDBC的事务管理

Hibernate是JDBC的轻量级封装,其本身并不具备事务管理能力。在事务管理层,Hibernate将其委托给底层的JDBC或JTA,以便实现事务管理的功能。

在Hibernate中,无论采取何种事务处理方式,首先都要进行配置,因为在默认情况下所有的事务处理方式都处于关闭状态。可以在配置文件hibernate.cfg.xml或者是属性文件hibernate.properties中进行配置。如果不进行配置,那么会默认使用JDBC事务。

在以往使用Hibernate的案例中,没有涉及事务处理的配置,所以都采用了默认的事务处理方式,即基于JDBC的事务处理方式。

(1) hibernate.cfg.xml中的配置方式:

```
<property name="hibernate.transaction.factory_calss">
    org.hibernate.transaction.JDBCTransactionFactory
</property>
```

(2) hibernate.properties中的配置方式:

```
hibernate.transaction.factory_class=org.hibernate.transaction.JDBCTransactionFactory
```

使用传统的JDBC操作数据库,事务是由一条或多条表达式组成的不可分割的工作单元。通过提交commit()或回滚rollback()来完成事务操作。在JDBC中,默认方式是自动提交事务。换句话说,对数据库的更新操作完成后,系统将自动调用commit()提交事务,否则将调用rollback()实现回滚。如果不想使用自动提交,可以通过调用setAutoCommit()来禁止自动提交事务,之后就可以把多个数据库操作视为一个事务,待操作完成后调用commit()进行整体提交。因此将事务委托给JDBC进行处理是最简单的实现方式。使用基于JDBC的事务处理要按照以下步骤进行。

(1) 实例化Configure类读取配置文件或者属性文件。
(2) 获得SessionFactory实例。
(3) 获得Session实例。
(4) 通过session.beginTransaction()获得事务Transaction对象。
(5) 开始事务:进行数据操作。
(6) 提交事务:数据处理结束后提交事务。
(7) 回滚事务:如果数据处理出现异常就回滚事务,恢复原始数据。
(8) 结束事务:通过session.close结束事务。

下面给出基于JDBC事务处理的相关代码:

```
Configuration config=new Configuration();
sessionFactory=config.buildSessionFactory();
Session session=sessionFactory.openSession();
Transaction tx=null;
try{
```

```
    tx=session.beginTransaction();
    tx.begin();
    tx.commit();
}catch(Exception e){
    e.printStackTrace();
    tx.rollback();
}finally{
    session.close();
}
```

在执行 sessionFactory.openSession()语句时,Hibernate 会初始化数据库连接。与此同时,将执行 setAutoCommit(false)语句,将 AutoCommit(自动提交)设为关闭状态。即从 SessionFactory 获取 Session 开始,自动提交属性就被设置为关闭状态。因此在此期间所有对数据库的更新操作,都不会产生任何效果,直到遇到第一个 commit 操作为止,才将所有的更新提交给数据库,产生数据库中数据的变化。

8.2.3 基于 JTA 的事务管理

JTA 通过 Java EE 事务管理器(Java EE Transaction Manager)管理事务。它最大的特点是调用 UserTransaction 接口的 begin、commit、rollback 方法完成事务范围的界定、事务的提交和回滚。基于 JTA 的事务管理可以实现同一事务对不同的数据库操作。

JTA 主要用于分布式的多个数据源的两个阶段提交事务,而传统的 JDBC 只针对单个数据源的事务处理。由于传统的 JDBC 只涉及一个数据源,所以其事务可以由数据库自己单独完成。而 JTA 具有分布式和多数据源的特点,所以它可以实现同一事务对不同数据库操作。

JTA 提供了跨 Session 的事务管理能力。JDBC 通过 Connection 管理事务,其事务周期限于 Connection 的生命周期内。基于 JDBC 的 Hibernate 事务管理在 Session 所依托的 JDBC Connection 中实现,事务周期限于 Session 的生命周期内。JTA 事务管理由 JTA 容器实现。因此 JTA 的事务周期可以横跨多个 JDBC Connection 生命周期。同样基于 JTA 的 Hibernate 事务管理所管理的事务,也可横跨多个 Session 生命周期。

在 Hibernate 中基于 JTA 的事务处理方式的配置可在 hibernate.cfg.xml 和 hibernate.properties 文件中完成。

(1) 在 hibernate.cfg.xml 中的配置方式。

```
<property name="hibernate.transaction.factory_class">
    org.hibernate.transaction.JTATransactionFactory
</property>
```

(2) 在 hibernate.properties 中的配置方式。

```
hibernate.transaction.factory_class=org.hibernate.transaction.JTATransactionFactory
```

使用基于 JTA 的事务处理要按照以下步骤进行。

(1) 创建 JTA 事务对象;

(2) 开始事务;
(3) 获得 Session 并编写操作数据库的方法;
(4) 关闭 Session;
(5) 提交事务;
(6) 回滚事务:如果数据处理出现异常就回滚事务,恢复原始数据。

下面给出基于 JTA 事务处理的相关代码:

```
try{                                                      //创建 JTA 事务
    UserTransaction tx= (UserTransaction)new InitialContext().lookup("javax.
    transaction.UserTransaction");
    tx.begin();
    Session session1=sessionFactory.openSession();        //创建第一个 Session
    ...
    session1.flush();
    session1.close();
    Session session2=sessionFactory.openSession();        //创建第二个 Session
    ...
    session2.flush();
    session2.close();
    tx.commit();
}catch(Except e){
    e.printStackTrace();
    tx.rollback();
}
```

JTA 事务处理与 JDBC 事务处理完全不同,JDBC 事务先实例化 Session,后得到事务对象,事务对象的生命周期与 Session 的生命周期同时开始,同时结束。而 JTA 事务处理则是首先创建事务处理对象,然后实例化 Session,它的事务生命周期要长于 Session 的生命周期,可以横跨多个 Session 生命周期。在应用过程中可以根据实际情况和适用场合确定使用哪种事务处理方式。需要注意的是这两种事务处理方式不可同时使用,否则程序无法正常运行。

8.3 任务 3 Hibernate 的并发控制

任务描述:一个优秀的 Web 系统,可以容纳成千上万人并发访问数据库,即在同一时间段内多个事务同时请求同一个资源。当一个用户读取正由其他用户更改的数据或者多个用户同时修改同一数据时,如何保证数据库处于完整性和一致性状态呢?此时要用到并发控制的概念。为了解决事务并发过程中出现的问题,提出了锁的概念。

任务目标:本任务的主要目标是学习 Hibernate 的并发控制策略。

8.3.1 并发的基本概念

数据库可以实现资源共享,也就是可供多个用户使用。例如,飞机、火车订票系统、银行数据库系统,就允许在同一时刻多个用户访问数据库。因此在这些数据库系统中,在同一时间段内,并行运行的事务数可达数百个。并发指的是同一个时间段内多个事务同时请求同一个资源,例如同时有两个 Session 都在访问商品信息中同一种商品的数据,一个是要订购 50 袋雕牌洗衣粉,另一个是要订购 30 袋雕牌洗衣粉,这种情况就叫做并发。当多个用户并发地存取数据库时就会产生多个事务同时存取同一数据的情况。若对并发操作不加以控制就可能会存取或存储不正确的数据,破坏数据库的一致性。所以数据库管理系统必须提供并发控制机制。并发控制机制是衡量一个数据库管理系统性能的重要指标。在关系型数据库中对并发都有详细的处理方式,Hibernate 框架也对并发操作提供了处理方法。在了解如何处理并发操作产生的问题之前,首先要了解并发操作都能带来哪些问题。表 8-4 给出了事务并发操作可能引起的问题。

表 8-4 事务并发操作可能引起的问题

并发问题	问题描述
第一类丢失更新	当两个或多个事务同时更新同一资源时,第一个事务已经更新了数据,而第二个事务由于被中断而撤销了事务,导致第一个事务也被撤销,那么数据将回滚到初始状态
脏读	当两个或者多个事务同时操作一个资源时,第一个事务更新了数据但未提交,此时第二个事务读取了该条数据并进行了处理。此时第一个事务由于某种原因被撤销了,那么第二个事务处理的数据就称为脏数据。这种情况称为脏读
虚读	当两个或者多个事务同时操作一个资源时,第一个事务执行查询操作,另一个事务执行更新操作。前一个事务执行查询操作时,而后一个事务对数据进行了更新,那么第一个事务获得的数据就是虚读的数据,该数据与数据库中的真实数据不符
不可重复读	当第一个事务修改数据时,第二个事务在第一个事务提交的前后,分两次读取了第一个事务修改前和修改后的数据,导致第二个事务两次读取的数据不一致。此时称为不可重复读
第二类丢失更新	第二类丢失更新是不可重复读的一个特例。当多个事务同时读取一条资源记录,分别根据自身的逻辑进行处理,分别提交事务。问题发生在最后提交的事务将会覆盖前面所有已经提交的事务的数据,导致最终的数据完整性被破坏

产生上述问题的主要原因是并发操作破坏了事务的隔离性。并发控制就是要用正确的方式调度并发操作,使一个用户事务的执行不受其他事务的干扰,从而避免造成数据的不一致。并发控制的主要技术是锁(locking)。其本质就是对当前要处理的数据上锁。例如,在飞机订票的例子中,甲事务要修改 A,若在读出 A 之前给 A 上锁,其他事务就不能再读取和修改 A 了,直到甲修改并写回 A 后,才解除对 A 的封锁。这样就不会出现上述问题。

锁有两种形式,一种是悲观锁(pessimistic locking)、另一种是乐观锁(optimistic locking),下面将给以详细介绍。

8.3.2 悲观锁

悲观锁是指对数据修改保持保守态度,认为任何时刻存取数据,都可能有另一个用户也正在存取同一数据。为了保证数据完整性和一致性,为正在处理数据资源上锁,其他所有事务都不可以访问上锁的资源。只有当前的事务提交后,其他事务才可以访问刚被锁定的数据。

由于悲观锁伸展性太差,因此通常不推荐使用,但是有时为了避免死锁,需要使用悲观锁。

可以使用在 Hibernate 中的 Query 类、Criteria 类的 setLockMode() 方法以及 Session 的 load() 和 Lock() 方法进行加锁。锁定模式包括表 8-5 中列出的几种。

表 8-5 悲观锁的模式

锁定模式	描述
LockMode.FORCE	与 LockMode.UPGRADE 类似,只是它在数据库中通过强制增加对象的版本,来表明它已经被当前事务修改
LockMode.NONE	无加锁机制
LockMode.READ	在读记录时自动获取
LockMode.UPGRADE	利用数据库的 for update 语句加锁
LockMode.UPGRADE_NOWAIT	Oracle 的特定实现,利用 Oracle 的 for update nowait 语句进行加锁。如果 Hibernate 使用的是 MySQL,仍然使用 for update 语句实现加锁
LockMode.WRITE	插入和更新记录时自动获取。通过在 SQL 语句中加入 for update 语句实现,不能使用在 Session 的 load() 和 lock() 方法中,否则会抛出 java.lang.IllegalArgumentException 异常

8.3.3 乐观锁

乐观锁认为数据很少发生同时存取的问题,因此仅在应用程序的逻辑上实施控制。当数据出现了不一致状态时,Hibernate 采用版本检查和时间戳等技术来实现读取数据。

1. 版本控制

Hibernate 中通过检索版本号来实现后更新为主的判断,这也是 Hibernate 推荐的方式。具体做法是在操作的数据表中增加了一个版本号字段,例如,命名为 version,也可以使用其他字段名称,每一个事务对这张数据表中的记录进行数据操作时,都会更改表中的 version 字段,将该字段的值递增,因此该字段必须是数字类型,如 long、short、integer。在读取数据时,连同版本号一同读取,并在更新数据时递增版本号,然后将版本与数据库中的版本号进行比较,如果大于数据库总的版本号,给予更新,否则就报错。

首先要在数据表中增加版本控制字段,例如,增加 int 类型的 version 字段。然后在该表对应的持久化类中增加 int 类型的 version 属性,并生成相应的 getter() 和 setter() 方法。最后在映射文件中配置该字段和属性值间的映射,该配置必须写在 <id> 字段下面。

```
<id>
...
</id>
```

```xml
<version name="version" column="VERSION" type="integer"></version>
```

实例 1：在本单元任务 1 的 8.1.4 节提到了这样一个例子，有两个用户同时访问网上购物系统，要购买雕牌洗衣粉，用户 A 读取的数据库中该产品的库存量是 300 袋。此时另一个用户 B 觉得非常划算，买了 50 袋，提交订单后，系统库存量为 250 袋。A 浏览后觉得很好，买了 30 袋，提交订单后，系统库存量为 270 袋。雕牌洗衣粉不但没有减少反而增加了。试问，能否使用乐观锁解决该问题，又如何解决呢？

解答：用户 A 读取雕牌洗衣粉的库存量 300 袋时，连同版本号一同读取，如果此时版本号为 5，用户 B 也读取了雕牌洗衣粉的库存量，同样是 300 袋，版本号是 5。用户 A 购买了 50 袋，提交订单时，此时修改了数据库中的版本号，版本号递增为 6，库存量变为 250。用户 A 思来想去还是要买 30 袋，在提交订单时，发现自己获取的版本号为 5 而数据库中的版本号为 6，所以不能更新，抛出异常。应用程序会捕捉改异常，重新读取数据库中的数据，然后再更新。

使用版本控制技术是通过程序来实现的锁定机制，如果一个事务更改了版本信息，那么另一个事务必须先获得新版本号以后才可以进行数据操作，这一点不利于程序的安全性，如果有程序员得知目前数据表记录的版本号，那么就可以通过手动递增版本号的形式操作数据。那么有没有更好的策略呢？时间戳控制就是另一种解决方案。

2. 时间戳控制

使用时间戳控制方式实现乐观锁的原理和版本控制的原理相似。版本控制主要在数据库中增加一个数字类型的版本信息，而使用时间戳就是在数据表中增加一个事件类型的版本号，操作数据的事务必须匹配当前的时间才可以进行数据操作。相比数字类型的版本控制来说，这种控制技术可用性不高。下面介绍如何使用时间戳进行版本控制。

使用时间戳控制时，首先在数据库中建立事件类型（timestamp）的字段，这里命名为 lastedtime（该字段的名称可自定义）。然后在该表对应的持久化类中增加一个 Data 类型的名为 lastedtime 的属性，并生成响应的 getter()和 setter()方法。最后在映射文件中进行配置，配置时间戳的标签要写在<id>标签下面。

```xml
<id>
...
</id>
<timestamp name="lastedtime" column="LASTEDTIME"></timestamp>
```

在项目应用中应该根据实际需求来确定使用并发控制的是悲观锁和乐观锁。对于数据访问频率较低并且一旦产生冲突，后果极其严重的情况应该使用悲观锁；对于数据访问频率高，及时发生数据冲突的后果也不是很严重的情况可以使用乐观锁。

8.4 任务 4 Hibernate 的缓存管理

任务描述：缓存是提高系统性能的重要手段。当存在大量并发事务时，如果每次程序都要从数据库直接做查询操作，它们带来的性能开销是显而易见的。频繁的数据库磁盘读取操作会大大降低系统的性能。此时,如果能让数据库在本地内存中保留一个映像,下次访问的时候只需要从内存中直接获取,显然可以带来性能提升。

任务目标:Hibernate 提供一级缓存、二级缓存,并提供第三方缓存的接口。本任务的目标就是了解 Hibernate 的缓存管理。

8.4.1 缓存原理

缓存的原理很简单,在计算机系统中,CPU 的工作速度较快,而实际存储数据的硬盘传递数据的速度就比 CPU 慢得多了,为了解决速度不匹配的问题,提出了使用内存作为中间媒介,用来预先存储 CPU 要处理的数据,或者是从硬盘中的预先读取出来的数据。在这种设计模式中,内存就充当了缓存。Hibernate 中的缓存是为了减少不必要的数据库访问而提出来的。应用程序可以通过主键进行数据查询,在查询的过程中将频繁读取的数据加载到缓存中。下次查询数据时直接访问缓存就可以得到目标数据,这样可以减少访问数据库的频率,减少系统开销。

缓存管理的难点是如何保证内存中数据的有效性,否则,脏数据的出现将给系统带来难以预料的后果。对于应用程序,缓存通过内存或磁盘保存了数据库中当前的数据,它是一个存储在本地的数据备份。缓存位于数据库与应用程序之间,从数据库更新数据,并给应用程序提供数据。

Hibernate 中的 Session 类提供了事务级别的一级缓存,缓存中的数据在事务提交后会马上清空。二级缓存是 SessionFactory 范围内的缓存技术,二级缓存依靠缓存并发策略、查询缓存、缓存适配器和缓存的实现策略等来实现。二级缓存在读/写比例高的数据时可以显示出自身的优越性。此外 Hibernate 还提供了查询缓存(Query Cache),扩展了 Hibernate 的适用范围。图 8-3 给出了 Hibernate 提供的缓存管理。

图 8-3　Hibernate 中的缓存管理

8.4.2 一级缓存

Hibernate 的一级缓存是由 Session 实现的,它是事务级别的数据缓存。一旦事务结束,这个缓存也就失效。一个 Session 的生命周期对应一个数据库事务或程序事务,正是由于这种原因,Hibernate 的一级缓存才是事务级别的,当事务提交后,缓存中的数据也被清空。因为 Hibernate 的一级缓存非常重要,所以一级缓存是必须使用并且不允许越过的,缓存中的每一个对象都有唯一的对象 ID(OID),可以通过 OID 获得缓存中的对象。

使用 Session 的如下方法时,数据对象就被加载到了一级缓存。

(1) save()、update()、saveUpdate():保存、更新或者是更新后保存的方法。

(2) load()、find()、list():查询指定的对象方法。

使用 Session 的如下方法时,可以清空缓存。

(1) evict():从缓存中清空指定属性类型的持久化对象。

(2) clear():清空缓存中所有的数据。

8.4.3 二级缓存

二级缓存是 SessionFactory 范围的缓存,所有 Session 共享一个二级缓存。Session 在进行数据查询操作时,会首先在自身内部的一级缓存中进行查找,如果一级缓存未能命中,则将在二级缓存中查询,如果二级缓存命中,则将此数据作为结果返回。

二级缓存是进程范围(一个进程包含多个事务)和集群范围(一个集群包含多个进程)的缓存。通常将访问频率较高的数据存储到二级缓存中,这样可以优化系统性能,为用户提供较短的响应时间。由于二级缓存中的数据量较大,通常将数据存储到内存或者是硬盘中。

因为二级缓存是属于进程级别的,所以使用二级缓存时必须了解并配置缓存的并发策略。Hibernate 支持的并发策略如表 8-6 所示。

表 8-6 Hibernate 支持的并发策略

并发策略名称	并发策略说明
Transactional	事务型:仅使用在受管理的环境中。可以防止脏读和不可重复读一类的并发问题。适用于经常读取但很少修改的数据
read-write	读写型:仅使用在非集群的环境中。可以防止读脏,适用于经常读取、较少修改的数据
nonstrict-read-write	非严格读写型:不能保证缓存中的数据与数据库中的数据一致,通过设置较短的数据过期时间来避免脏读。适用于极少修改并且偶尔会出现脏读的数据
read-only	只读型:只是用从来不会被修改的数据

以上 4 种并发策略中,事务型的隔离级别最高,只读型最低。但是事务型策略的性能最低,而只读型策略最高。选择使用那一种并发策略可以根据项目中实际需要而定。

在确定了并发策略后,要挑选一个高效的缓存,它将作为插件被 Hibernate 调用。Hibernate 允许使用的缓存插件如表 8-7 所示。

表 8-7 Hibernate 支持的缓存插件

并发策略名称	并发策略说明
EHCache	可以在 JVM 中作为一个简单进程范围内的缓存,它可以把缓存的数据放入内存或磁盘,并支持 Hibernate 中选用的查询缓存
OpenSymphoy OSCach	和 EHCache 相似,并提供丰富的缓存过期策略
SwarmCache	可作为群集范围的缓存,不支持查询缓存
JBossCache	来源于 JBoss 开源组织,支持集群范围和查询缓存

以上插件支持的并发策略如表 8-8 所示。

每一种插件都有独立的缓存适配器,通过在配置文件中指定插件名称和适配器才可以开启二级缓存,几个插件对应的适配器如表 8-9 所示。该适配器在 hibernate.cfg.xml 文件或 hibernate.properties 文件中进行配置。

表 8-8 各插件支持的并发策略

插件名称	事务型	读写型	非严格读写型	只读型
EHCache	不支持	支持	支持	支持
OpenSymphoy OSCach	不支持	支持	支持	支持
SwarmCache	不支持	不支持	支持	支持
JBossCache	支持	不支持	不支持	支持

表 8-9 Hibernate 支持的缓存插件

插件名称	适配器名称
EHCache	net.sf.hibernate.catch.EhCacheProvider
OpenSymphoy OSCach	net.sf.hibernate.catch.OsCacheProvider
SwarmCache	net.sf.hibernate.catch.SwarmCacheProvider
JBossCache	net.sf.hibernate.catch.TreeCacheProvider

8.4.4 查询缓存

如果在程序中多次执行完全相同的 SQL 语句,而每次执行时,Hibernate 都会到数据库中去查询,这会降低系统的性能,因此,Hibernate 提供了查询缓存来解决这个问题。

如果使用 Hibernate 的查询缓存,当查询数据时,Hibernate 会先到缓存区中查询当前提交的 SQL 语句是否已经被执行过,也就是说查询 cache 中是否已经有符合当前查询条件的数据。如果存在,Hibernate 会直接从 cache 中返回这些数据,而无须再到数据库中去查询。如果第一次执行下面的 SQL 语句时,Hibernate 会将查询结果保存到 cache 中,以供下次查询时使用。SQL 查询语句如下:

```
select * from user;
```

如果系统再执行和上面的 SQL 语句一样的查询,Hibernate 就直接从 cache 中获取数据。要想使用 Hibernate 的查询缓存,首先要在 hibernate.cfg.xml 或 hibernate.properties 文件中进行配置,并指定缓存类型。代码如下:

```xml
<hibernate-configuration>
    <session-factory>
        <property name="cache.use_query_cache">true</property>
        <property name="cache.provider_class">org.hibernate.cache.Hashtable-
        CacheProvider
        </property>
        ...
    </session-factory>
</hibernate-configuration>
```

在使用查询缓存之前，需要使用 Query 接口的 setCacheable()方法启动缓存区，下面代码是一个使用查询缓存的实例。

实例 2：使用查询缓存连续 3 遍查询用户表，每次只输出第一条记录。该案例依然在 ShoppingHibernate 工程中完成。

（1）配置 hibernate.cfg.xml 或 hibernate.properties 文件，hibernate.cfg.xml 文件的配置和上文中讲述的一致，下面给出 hibernate.properties 文件的配置代码：

```
cache.use_query_cache=true
cache.provider_class=org.hibernate.cache.HashtableCacheProvider
hibernate.dialect=org.hibernate.dialect.MySQLDialect
hibernate.connection.driver_class=com.mysql.jdbc.Driver
hibernate.connection.url=jdbc:mysql://localhost:3306/shopping
hibernate.connection.username=root
hibernate.connection.password=123456
hibernate.show_sql=true
```

注意，这里要将 hibernate.show_sql 的值设置为 true，以便观察 SQL 语句的输出结果。

（2）完成用户表持久化类 UserSecondVo.java 的书写，因为该实例仅涉及一张表，所以该表的持久化类书写如下：

```
package domain;
public class UserSecondVo {
    private int userID;
    private String userName;
    private String passWord;
    private String sex;
    private int age;
    private String telNum;
    private String e_Mail;
    //省略所有的 getter()和 setter()方法
}
```

（3）完成用户表的持久化类 UserSecondVo.java 对应的配置文件 usersecondvo.hbm.xml 代码的书写。

```
<?xml version="1.0"?>
<!DOCTYPE hibernate-mapping PUBLIC "-//Hibernate/Hibernate Mapping DTD 3.3//EN"
"http://hibernate.sourceforge.net/hibernate-mapping-3.0.dtd">
<hibernate-mapping>
    <class name="domain.UserSecondVo" table="user" >
        <id name="userID" type="java.lang.Integer">
            <column name="userID" />
        </id>
        <property name="userName" type="java.lang.String">
```

```xml
            <column name="userName" length="30" />
        </property>
        <property name="passWord" type="java.lang.String">
            <column name="passWord" length="30" />
        </property>
        <property name="sex" type="java.lang.String">
            <column name="sex" length="4"/>
        </property>
        <property name="age" type="java.lang.Integer">
            <column name="age"/>
        </property>
        <property name="telNum" type="java.lang.String">
            <column name="telNum" length="15"/>
        </property>
        <property name="e_Mail" type="java.lang.String">
            <column name="e_Mail" length="50" />
        </property>
    </class>
</hibernate-mapping>
```

（4）测试程序的书写。代码如下：

```java
package action;
import java.util.List;
import org.hibernate.Session;
import org.hibernate.cfg.Configuration;
import org.hibernate.Query;
import org.hibernate.SessionFactory;
import domain.UserSecondVo;
public class QyeryCache {
    public static void main(String[] args){
        SessionFactory sessionFactory=null;
        try {
            //实例化 Configure 类
            Configuration configure=new Configuration().configure();
            //增加持久化类
            configure.addClass(UserSecondVo.class);
            //建立 Session 工厂
            sessionFactory=configure.buildSessionFactory();
        } catch(Exception e){
            //TODO: handle exception
            e.printStackTrace();
        }

        Session session=sessionFactory.openSession();
```

```
            for(int i=0;i<3;i++){
                Query query=session.createQuery("from UserSecondVo");
                query.setCacheable(true);           //启动查询缓存区
                List<?>list=query.list();
                System.out.println("\n用户名 \t\t 性别\t\t 年龄\t\t 电话号码\t\t\t 电
                                    子邮箱");
                System.out.println("------------------------------------");
                //循环输出用户表中第一条记录的详细信息
                UserSecondVo user=(UserSecondVo)list.get(0);
                System.out.print(user.getUserName()+"\t\t");
                System.out.print(user.getSex()+"\t\t");
                System.out.print(user.getAge()+"\t\t");
                System.out.print(user.getTelNum()+"\t\t");
                System.out.println(user.getE_Mail());
            }
        }
    }
```

(5) 运行结果如图 8-4 所示。

```
log4j:WARN No appenders could be found for logger (org.hibernate.cfg.Environment).
log4j:WARN Please initialize the log4j system properly.
Hibernate: select usersecond0_.userID as userID0_, usersecond0_.userName as userName0_, usersecond0_.
```

用户名	性别	年龄	电话号码	电子邮箱
王新民	男	33	13895251191	wxm@163.com
用户名	性别	年龄	电话号码	电子邮箱
王新民	男	33	13895251191	wxm@163.com
用户名	性别	年龄	电话号码	电子邮箱
王新民	男	33	13895251191	wxm@163.com

图 8-4 实例 2 的运行结果

在该实例运行时生成的 SQL 语句只有一条，该语句的代码如下：

```
Hibernate: select usersecond0_.userID as userID0_, usersecond0_.userName as userName0_, usersecond0_.passWord as passWord0_, usersecond0_.sex as sex0_, usersecond0_.age as age0_, usersecond0_.telNum as telNum0_, usersecond0_.e_Mail as e7_0_ from user usersecond0_
```

这说明，Hibernate 执行的后两次查询是从 cache 中获得数据。如果将"query.setCacheable(true);"注释掉，Hibernate 将会生成 3 条和上面一样的 SQL 语句。

8.5 任务 5 进阶式案例——使用 Hibernate 的高级特性优化引入性案例

任务描述：使用 Hibernate 的高级特性对引入性案例进行优化，详细阐述如何完成事务管理和查询缓存在进阶式案例中的使用。

任务目标：深入理解 Hibernate 高级特性的应用。

8.5.1 解决方案

1. 事务管理在案例中的使用

在本案例中引入事务管理机制，用户在操作数据库中的数据之前开启事务，操作完毕，提交事务，如果不能成功提交，则回滚当前事务回到之前的数据完整性状态。这一过程如图 8-5 所示。

在本案例中选用基于 JDBC 的事务管理，因此首先要在配置文件 hibernate.cfg.xml 或者属性文件 hibernate.properties 中进行配置。配置步骤与 8.2.2 节中讲述的相同。提交事务时使用 commit() 方法提交，当出错时需要使用 rollback() 方法回滚事务，并在 try、catch 中剖析出错原因。

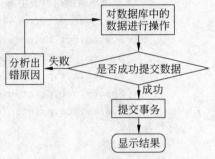

图 8-5　事务管理过程

为了和引入性案例进行区分，本案例重写了引入性案例中的测试类，并将新写的文件命名为 CartProductSelect.java。在文件中引入了事务管理机制。

2. 查询缓存在案例中的使用

仿照实例 2 在 CartProductSelect.java 中使用查询缓存技术优化程序。由于查询缓存技术需要在一个 Session 生命周期中完成，因此整个程序只有一个 Session 对象，当程序执行完之前 Session 对象要释放掉。另外需要注意的就是要完成配置文件 hibernate.cfg.xml 或者属性文件 hibernate.properties 中的配置信息，这个步骤请参考实例 2 中的讲述。

除此之外，就是要在执行了查询语句生成 Query 对象后加上"query.setCacheable(true);"语句开启缓存区。

8.5.2 具体实现

本案例依然在 ShoppingHibernate 工程上进行修改，其中数据库中所有表的持久化类以及持久化类对应的映射文件均不需要修改，现将具体实现步骤罗列如下。

（1）完成配置文件 hibernate.cfg.xml 和 hibernate.properties 的修改。

现给出 hibernate.properties 文件的代码，hibernate.cfg.xml 文件的配置请参照该代码进行修改。

```
cache.use_query_cache=true
cache.provider_class=org.hibernate.cache.HashtableCacheProvider
hibernate.dialect=org.hibernate.dialect.MySQLDialect
hibernate.connection.driver_class=com.mysql.jdbc.Driver
hibernate.connection.url=jdbc:mysql://localhost:3306/shopping
hibernate.connection.username=root
```

```
hibernate.connection.password=123456
hibernate.show_sql=true
hibernate.transaction.factory_class=org.hibernate.transaction.JDBCTransactionFactory
```

（2）创建名为 CartProductSelect.java 的测试类完成具体功能。

CartProductSelect.java 类的业务逻辑与引入性案例中的测试类 CartProduct 相同，不同的是构建了构造函数、完成所有信息的初始化以及 clear()方法、关闭所有对象、引入了事务管理和查询缓存技术。具体代码如下：

```
spackage action;
import java.util.Iterator;
import java.util.List;
import java.util.Set;
import javax.transaction.SystemException;
import javax.transaction.UserTransaction;
import org.hibernate.Query;
import org.hibernate.Session;
import org.hibernate.SessionFactory;
import org.hibernate.Transaction;
import org.hibernate.cfg.Configuration;
import domain.UserVo;
import domain.ProductInfoVo;
import domain.ProductSortVo;
import domain.CartVo;
public class CartProductSelect {
    //创建静态的会话工厂
    public static SessionFactory sessionFactory;
    public static Session session;
    public static UserTransaction tx=null;
    public CartProductSelect(){
        try {
            //实例化 Configure 类
            Configuration configure=new Configuration().configure();
            //增加持久化类
            configure.addClass(UserVo.class);
            configure.addClass(ProductInfoVo.class);
            configure.addClass(ProductSortVo.class);
            configure.addClass(CartVo.class);
            //建立 Session 工厂
            sessionFactory=configure.buildSessionFactory();
            //实例化 Session
            session=sessionFactory.openSession();
        } catch(Exception e){
            e.printStackTrace();
```

```java
        }
    }
    public void getAllCartProduct(){
        try {
            //定义事务处理对象
            Transaction tx=session.beginTransaction();
            //开始事务
            tx.begin();
            Query query=session.createQuery("from UserVo order by id");
            query.setCacheable(true);                    //启动查询缓存区
            List<?>list=query.list();                    //获取查询结果
            System.out.println(list.size());
            System.out.println("用户名\t\t 商品名称\t\t\t 商品种类\t\t 商品价格\t\t
                    商品折扣\t\t 商品描述");
System.out.println("----------------------------------");
            for(int i=0;i<list.size();i++){
                UserVo user=(UserVo)list.get(i);
                Set<ProductInfoVo>pi=user.getProductInfo();
                Iterator<ProductInfoVo>it=pi.iterator();        //放入迭代器
                while(it.hasNext()){
                            //循环打印购物车中所有用户选择的商品的详细信息
                    ProductInfoVo pInfo=(ProductInfoVo)it.next();
                                    //从迭代器中取出该用户选择的一个商品
                    ProductSortVo ps=pInfo.getProductSort();
                                            //获取该商品的类别信息
                    System.out.print(user.getUserName()+"\t\t");
                                                //显示用户名
                    System.out.print(pInfo.getProductName()+"\t\t");
                                                //显示商品名称
                    System.out.print(ps.getSortName()+"\t\t");
                                            //显示该商品的类别名称
                    System.out.print(pInfo.getPrice()+"\t\t");
                                                //显示该商品的价格
                    System.out.print(pInfo.getDiscount()+"\t\t");
                                            //显示该商品的折扣率
                    System.out.println(pInfo.getDiscription());
                                            //显示该商品的描述信息
                }
            }
            tx.commit();                                //提交事务
        } catch(Exception e){
System.err.println(e);
            try {
                tx.rollback();                          //回滚事务
```

```java
            } catch(IllegalStateException e1){
                e1.printStackTrace();
            } catch(SecurityException e1){
                e1.printStackTrace();
            } catch(SystemException e1){
                e1.printStackTrace();
            }
        }
    }
    public void delCart(String userName,String productName){
        try {
            Transaction tx=session.beginTransaction();    //实例化事务
            tx.begin();                                    //开启事务
            Query queryUser=session.createQuery("from UserVo where userName='"
            +userName+"'");
            UserVo user=(UserVo)queryUser.list().get(0);
            Query queryProductInfo=session.createQuery("from ProductInfoVo 
            where productName="+"'"+productName+"'");
            ProductInfoVo pi=(ProductInfoVo)queryProductInfo.list().get(0);
            String sql="from CartVo where userId="+user.getUserID()+" and 
            productId="+pi.getId();
            Query queryCart=session.createQuery(sql);
            CartVo cart=(CartVo)queryCart.list().get(0);
            session.delete(cart);
            System.out.println("\n购物车中用户\""+userName+"\"选购的名为\""+
            productName+"\"的商品已经删除\n");
            tx.commit();                                   //提交事务
        } catch(Exception e){
            e.printStackTrace();
            try {
                tx.rollback();                             //回滚事务
            } catch(IllegalStateException e1){
                e1.printStackTrace();
            } catch(SecurityException e1){
                e1.printStackTrace();
            } catch(SystemException e1){
                e1.printStackTrace();
            }
        }
    }
    public void clear(){
        session.close();                                   //关闭 session
    }
    public static void main(String args[]){
```

```
            CartProductSelect cp=new CartProductSelect();
            cp.getAllCartProduct();
            //cp.delCart("张辉","雕牌洗衣粉");
            cp.getAllCartProduct();
            cp.clear();
        }
    }
```

8.5.3 运行效果

运行 CartProductSelect.java 程序,运行结果如图 8-6 所示。在运行结果中可以看出第二次执行查询时 Hibernate 并没有发送一条 SQL 语句,就直接显示了结果,此时证明查询缓存确实起了作用。

图 8-6 进阶式案例的运行结果

8.5.4 案例解析

细心的读者在观察上述运行结果时,会发现在第二次查询出的结果中"张辉"购买的"雕牌洗衣粉"的记录依然存在,似乎并没有被删除掉。

这是因为第二次查询是从查询缓存中进行查询的,因此直接显示了第一次显示的结果,并没有直接到数据库中检索数据,运行效率也比第一次快得多。

此时将 main 方法中的"cp.delCart("张辉","雕牌洗衣粉");"语句注释掉,再运行一遍,此时就可以看到"张辉"购买的"雕牌洗衣粉"的记录就不存在了。再次运行,第二次查询的运行结果如图 8-7 所示。

用户名	商品名称	商品种类	商品价格	商品折扣	商品描述
王新民	Nokia5310	数码产品	890.0	9.0	价格最优性能最好!
李勇	立白洗洁精	日常用品	3.5	8.0	不伤手的立白
李勇	雕牌洗衣粉	日常用品	19.5	9.0	用了都说好
张辉	达能高钙饼干	食品杂货	3.5	8.5	补充一天的能量
王鹏	好吃点饼干	食品杂货	2.5	9.0	好吃你就多吃点

图 8-7 重复运行的效果

该案例证明了在 8.4.1 节中指出的缓存管理的难点是如何保证内存中数据的有效性,否则,脏数据的出现将给系统带来难以预料的后果。

单 元 总 结

本单元首先通过引入性案例给出 Hibernate 实现基于 4 张表的多表连接查询的解决方案。在分析引入性方案时指出,尽管该案例是一个很好的多表连接的例子,其中包括多对多的关联关系和双边多对一、一对多的关联关系,但是依然存在不足之处。针对这些不足之处,本单元分别就事务管理、并发控制、缓存管理 3 个方面展开讲解。在进阶式案例中,使用 Hibernate 高级特性对引入性案例进行修改,完成了在事务管理和查询缓存方面的实现,并通过进阶式案例证实了缓存管理的难点是如何保证内存中数据的有效性,否则,脏数据的出现将给系统带来难以预料的后果。本单元通过进阶式案例对学过的知识点进行总结,实现知识的进阶。

习 题

(1) 什么是事务?简述事务的特点。
(2) 简述基于 JDBC 的事务管理的实施步骤。
(3) 简述基于 JTA 的事务管理的实施步骤。
(4) 简述并发的概念。
(5) 举例说明事务并发操作可能引起的问题。并发操作引起错误的原因是什么?如何解决?
(6) 什么是锁?什么是悲观锁?什么是乐观锁?
(7) 什么是缓存?缓存管理的难点是什么?
(8) 简述 Hibernate 提供的缓存管理有哪些。
(9) 上机调试本单元中的相关实例,任务 1 的引入性案例和任务 5 的进阶式案例。

实训 8　使用 Hibernate 框架实现图书管理系统中借阅、归还图书的功能

1. 实训目的

（1）了解事务的基本概念。
（2）掌握 Hibernate JDBC 事务处理。
（3）熟悉 Hibernate JTA 管理事务。
（4）了解并掌握锁的概念。
（5）掌握 Hibernate 缓存机制并能够运用 Hibernate 的查询缓存机制。

2. 实训内容

根据本单元已学知识完成图书管理系统中借阅和归还图书功能，要求如下。

（1）在 book 数据库中，需要为每个读者建立自己的账号，该账号放在读者信息（readerInfo）表中，读者信息表中各个字段的含义如表 8-10 所示。

表 8-10　readerInfo 表的表结构

列　　名	数据类型	长度	是否允许为空	说　　明
id	int	4	否	主键，保持自动增长，步长为 1
name	varchar	50	否	读者姓名
passWord	varchar	20	否	密码
sex	varchar	4	否	性别，默认为"男"
tel	varchar	17	否	电话号码
email	varchar	100	否	电子邮件

（2）每一本图书都有一个唯一的 ISBN 号，但是在图书馆，一般一本书要保留许多本，这样方便同学借阅，但是这些图书的 ISBN 号码是相同的。那么怎么区分这些具有相同的 ISBN 号的图书呢？这时就要在 book 数据库中建立图书编号表（bookCode）让每一本图书都有自己的编号。图书编号表的表结构如表 8-11 所示。

表 8-11　bookCode 表的表结构

列　　名	数据类型	长度	是否允许为空	说　　明
id	int	4	否	主键，保持自动增长，步长为 1
bookInfoId	int	4	否	外键，参照 bookinfo 的主键
bookISBN	varchar	17	否	图书的 ISBN 号

（3）为了实现借阅和归还图书的功能，还需要一张借阅表（borrow），该表的表结构如表 8-12 所示。

表 8-12 borrow 表的表结构

列　名	数据类型	长度	是否允许为空	说　明
id	int	4	否	主键,保持自动增长,步长为 1
readerId	int	4	否	外键,参照 readerInfo 的主键
bookCodeId	int	4	否	外键,参照 bookCode 的主键

（4）构建 Java 工程,将 Hibernate 的 JAR 包和 MySQL 数据库的驱动程序 JAR 包导入工程。

（5）建立连接数据库配置文件：hibernate.cfg.xml 或 hibernate.properties。

（6）建立所有表的持久化类。

（7）建立所有持久化类对应的映射文件。

（8）在持久化类对应的映射文件中配置双边关联的一对多、多对一关联关系。

（9）建立图书信息管理的测试类,实现图书的借阅和归还功能,在借阅之前查询借阅表中所有读者借阅图书的详细信息,归还图书后也要查阅借阅表中所有读者借阅图书的详细信息。要查询出的详细信息包括：读者姓名、借阅图书名称、图书 ISBN 号、作者、价格、出版商等。

（10）在实现查询、借阅、归还的方法中引入事务管理机制,确保对数据库操作的安全性。

（11）在实现重复查询时,引入查询缓存机制,提高 Hibernate 的性能。

（12）执行 Java 程序,显示运行结果。

3. 操作步骤

参考本单元任务 1 至任务 5 完成图书详细信息查询的设计工作,实现其功能。

4. 实训小结

对相关内容写出实训总结。

第 9 单元

Spring 框架技术入门

单元描述：

　　Spring 是目前最为流行的轻量级 Java EE 框架技术之一，它以 IoC、AOP 为主要思想，能够协同 Struts 1、Struts 2、Hibernate、WebWork、JSF、iBatis 等众多框架一同工作。Bram Smeets 曾做了这样一个比喻"一把锤子可以做出很多东西，可能是个板凳，也可能是件艺术品，这都取决于您如何去做"。Spring 框架就是一个致力于创作艺术品的技术。本单元将初步介绍 Spring 的相关知识，为深入学习 Spring 做准备。

单元目标：
- 了解 Spring 框架的发展历史及其特点；
- 熟悉 Spring 框架的开发环境；
- 掌握在 MyEclipse 中创建 Sping 应用的流程；
- 理解 Spring 框架中 IoC 的概念；
- 掌握 BeanFactory 的原理及应用；
- 掌握 ApplicationContext 的原理及应用。

9.1　任务 1　引入性案例

　　任务描述： 学习一门新的技术，最开始接触到的案例都是使用该技术完成一个简单的问候程序。那么现在就以问候程序为起点，开始 Spring 框架技术的学习之旅。

　　任务目标： 使用接口作为解决方案完成问候程序，并找出这种解决方案的不足。

9.1.1　案例分析

　　编写一个问候程序，在 MyEclipse 控制台中输出"你好，Friend，欢迎进入 Spring 的学习阵营！"。主要解决的问题是尽可能减少对类的依赖程度。程序的运行效果如图 9-1 所示。

图 9-1　引入性案例的运行效果

9.1.2 设计步骤

利用 Java 中的接口技术，减少对象和具体类之间的约束。具体设计步骤如下：
(1) 在 MyEclipse 中创建名为 FirstSpring 的 Java 工程；
(2) 创建名为 spring 的包；
(3) 在 spring 包中创建 Friend 接口；
(4) 在 spring 包中创建 People 类，该类实现了 Friend 接口；
(5) 在 spring 包中创建测试类 TestSpring；
(6) 运行程序。

9.1.3 具体实现

这个问候程序设计起来要比一般的"Hello World!"程序复杂，主要为了减少主测试程序生成的对象对具体类的依赖。该程序包含一个 Friend 接口，该接口提供了 sayHello() 方法。People 具体实现了 Friend 接口提供的 sayHello() 方法。在主测试类 TestSpring 中使用实现接口的类将接口实例化，减少了对象对具体类的依赖。具体实现过程如下。

1. 搭建环境

在 MyEclipse 中创建名为 FirstSpring 的 Java 工程，并在 src 路径下创建名为 spring 的包。该工程的文件结构图如图 9-2 所示。

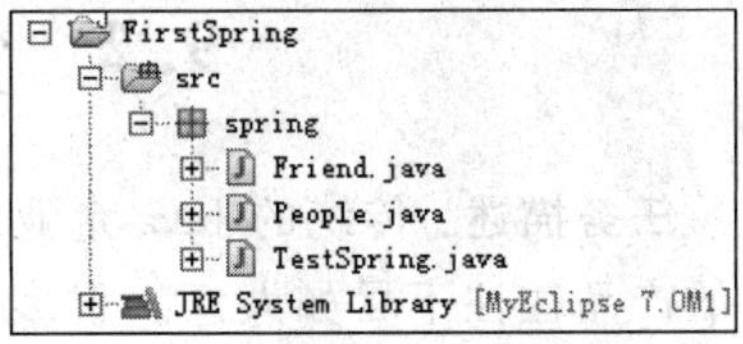

2. 在 spring 包中创建 Friend 接口

```
package spring;
public interface Friend {
    public String sayHello(String s);
}
```

图 9-2 FirstSpring 工程结构图

3. 在 spring 包中创建 People 类

```
package spring;
public class People implements Friend {
    public String sayHello(String s) {
        return "你好,"+s+",欢迎进入 Spring 的学习阵营!";
    }
}
```

4. 在 spring 包中创建测试类 TestSpring

```
package spring;
public class TestSpring {
    public static void main(String args[]){
        Friend friend=new People();        //使用实现接口的类将接口实例化
        System.out.println(friend.sayHello("Friend"));
    }
}
```

5. 运行程序

运行 TestSpring.java 后,执行结果如图 9-1 所示。

9.1.4 分析不足之处

本案例实现的是简单的问候程序,为了使其更加实用,同时为了减少主测试类生成的对象对具体的类之间的依赖程度,在这段程序中加入了面向接口的编程模式。此时主测试程序中生成的 friend 是使用实现接口的类对接口实例化,减少了对象对具体的类的依赖程度。这种设计方案可以在一定程度上解决人员分工问题,提高工作效率。

但是这样的设计是不是完美无缺的?不是这样的,因为在 TestSpring.java 这个测试类中,需要手动指定具体实现类来实例化对象,也就是说测试类与接口和具体实现类之间仍然存在紧密的耦合关系,那么如何解决对象间的耦合紧密的问题呢?有没有一种办法,能够有效解决对象间的依赖关系,甚至操作人员不需要知道这个对象是通过哪个类产生的,而是需要的时候直接拿来使用就可以了。Spring 框架给出了解决方案,伴随着对 Spring 框架的深入探讨,以及更进一步地了解 Spring 框架的相关技术知识,可以解决这一问题。

9.2 任务 2 Spring 简介

任务描述:传统的 Java 企业级大型应用往往会经历很长的开发周期,而且开发出来的产品往往不尽如人意。很多软件开发人员都经历过开发、修改、再开发、再修改这样一个痛苦的过程。其实这种情况的产生主要是因为 Java 企业级应用的复杂性,以及没有合理统一的解决方案导致的。为了改变传统的开发模式,广大 Java 开发人员一直在努力寻求一个有效的解决方案——Spring 框架,使我们看到了 Java EE 应用开发的春天。

任务目标:了解 Spring 框架的发展历史、主要特性以及 Spring 框架的组成。

9.2.1 Spring 的发展历史

Sprin 并不是官方的框架,而是 Rod Johnson 领导的开源的、免费的框架技术。Spring 框架的创始人 Rod Johnson 曾是 Servlet 2.4 规范专家组成员,不过他本人对 EJB 官方标准持有怀疑态度,认为过分复杂、臃肿的重量级官方框架不能给解决实际问题带来便利。2002 年 Rod Johnson 编著了《Expert One-to-One Java EE Design and Development(精通 Java EE 设计开发)》一书,在该书中他对现有的 Java EE 技术标准提出了质疑,并积极探索了解决这些问题的思路和方向。基于这本书的思想,Rod Johnson 开发了 Interface 21,该框架就是 Spring 的雏形。Interface 21 框架从实际需求出发,着眼于创建一个轻巧,易于开发、测试的轻量级框架。2004 年 3 月具有里程碑意义的 Spring 1.0 版本发布,这在 Java 开发世界里掀起了轩然大波,Spring 为众多饱受传统编程模式煎熬的Java开发人员指明了一条光明大道。一时间Spring的开源社区异常火爆。自从第一个版本发布至今,Spring一直被不断地完善和发展,目前它的最新版本为Spring 2.5.5,在这个版本中增加了很多新特性,使得Spring更加适合当前Java EE应用开发需求。

9.2.2 Spring的主要特性

Spring框架技术因开源、轻量级的特点受到众多Java爱好者的喜爱。除此之外,Spring自身的特性又让该框架能够始终保持新生,焕发光彩。

(1) 不干扰其他框架技术:Spring框架可以使应用程序代码对框架的依赖程度最小化。在Spring中完成JavaBean配置时,可以不引用Spring API,而且还可以对很多旧系统中未使用Spring的Java类进行配置。同时Spring提倡通过反转控制(IoC)技术实现松耦合。通过Spring中的IoC容器管理各个对象之间的依赖关系,能够有效避免硬性编码造成的耦合过于紧密的状况。

(2) 在任何环境下都可以使用:Spring可以实现跨平台运行,不仅可以在Java EE和Web容器中运行,还可以运行在其他环境下。

(3) 代码可重用性高:Spring将应用程序中的代码抽象出来,配置在XML文件中,实现代码重用。

(4) 面向切面编程(AOP):Spring对面向切面编程提供了良好的支持,通过Spring提供的AOP功能,可以轻松实现业务逻辑与系统服务(例如日志、事务等)的分离。这样一来,使得开发人员能够更加专注于业务逻辑实现。

(5) 方便继承其他框架:尽管Spring涉及的范围很广,但是大多数应用并没有自己的实现,而是综合运用了已有的框架技术,如Hibernate、Struts、Struts2、、iBATIS等框架。Spring使用已经存在的解决方案来完善自己,而不是自己去创造方案,这样做可以尽可能地保护投资,也就是说开发者可以在Spring中使用旧框架来实现自己的应用程序。

值得注意的是EJB同样是一种Java EE的解决方案,然而它不仅极其复杂而且规模庞大,给学习、开发、测试都带来了难度。想要学好并掌握EJB需要耗费大量的时间和精力。

在实际应用中,通常将Spring与其他框架技术结合使用,后续单元将介绍SSH,即利用Struts+Spring+Hibernate整合进行开发设计的技术。

9.2.3 Spring框架的组成

Spring是一个轻量级框架技术,它功能庞大,主要由7个模块组成,如图9-3所示。这些模块实现功能不同,在应用中可以根据实际开发的需要选择合适的模块。

从图9-3中可以看出,Spring的各个模块囊括了Java EE应用中的持久层、业务逻辑层以及表示层的全部解决方案,然而所有的模块都是建立在核心容器之上的。关于Spring框架中各个模块实现的功能说明如下。

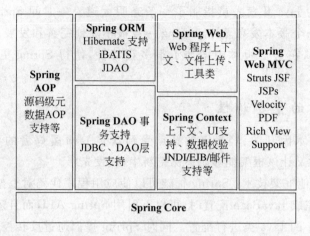

图 9-3　Spring 框架的组成

(1) 核心模块(Spring Core)：该模块是整个框架的核心类库，它提供了依赖注入的功能及对 Bean 容器的管理功能。该模块主要实现 IoC 功能，Spring 的所有功能都要借助 IoC 实现。在依赖注入方面，Spring 框架提供的 BeanFactory 接口，进一步消除了应用对工程的依赖。

(2) AOP 模块(Spring AOP)：该模块提供了对 AOP 的支持，允许以面向切面的方式开发程序。同时 Spring 框架提供了 AspectJ 的整合。

(3) ORM 模块(Spring ORM)：该模块提供了对常用 ORM 框架的管理、辅助支持。允许 Spring 继承各种 ORM 框架来实现持久层的应用。各种 ORM 框架以插件的形式集成到 Spring 框架中，并由 Spring 框架来完成事务管理以及异常处理。

(4) DAO 模块(Spring DAO)：该模块提供了对 JDBC 的支持，对 JDBC 进行轻量封装。允许 JDBC 使用 Spring 资源，并统一管理 JDBC 的事务。同时 Spring 提供了声明式的事务管理，使得开发者不必在烦琐的事务方面花费过多的精力。

(5) Web 模块(Spring Web)：该模块提供了对 Struts、JSF、WebWork 等各种 Web 框架的支持。Spring 能够管理这些框架，将 Spring 的资源，如数据源、Bean 等注射给框架，也能在执行框架方法前后插入 Spring 拦截器。

(6) 上下文模块(Spring Context)：该模块提供框架式 Bean 访问方式，其他程序可以通过 Context 访问 Spring 的 Bean 资源。该模块还扩展了 BeanFactory 功能。

(7) Spring 的 MVC 模块(Spring Web MVC)：该模块提供了一个完整的轻量级 MVC 的解决方案，开发者可以使用自带的 MVC 框架，也可以选择 Struts 作为 MVC 框架。

9.3　任务 3　Spring 的下载和配置

任务描述：要想使用 Spring 框架技术进行 Java EE 应用开发，首先需要建立 Spring 的开发环境。建立 Spring 开发环境有多种方法，本书将借助 MyEclipse 开发工具进行详细讲解。

任务目标：掌握 Spring 开发环境的搭建技术。

9.3.1 下载 Spring 框架

读者可以到 Spring 官方网站 http://springframework.org/download 下载 Spring 的最新版本。

由于 Spring 是借助于 SourceForge 平台发布代码的，所以单击 Download 链接后会跳转到 SourceForge 页面。下载后不仅得到了 Spring 框架本身的运行库文件、案例程序，还包含了 Spring 支持的所有第三方类库，这些类库会在不同应用中被用到。读者不必深入学习各个类库，只需要对其有一定了解即可。

9.3.2 Spring 发布包和软件包

成功下载后，将会获得一个名为 spring-framework-2.5.5-with-dependencies.zip 的压缩文件，解压后得到的就是 Spring 的发布包和软件包。表 9-1 列出了 Spring 发布包和软件包的功能说明。

表 9-1 Spring 发布包和软件包的功能说明

文件/文件夹名称	功 能 描 述
aspectj	此文件夹包含如下内容： （1）AspectJ 相关的源代码（src 文件夹）； （2）应用 AspectJ 的单元测试类（test 文件夹）
dist	该文件夹包含了 Spring 源码文件及发布的 JAR 文件
docs	此文件夹包含如下内容： （1）Spring 框架的 API 文档（api 文件夹）； （2）SpringMVC 学习教程（MVC-step-by-step 文件夹）； （3）SpringMVC 参考文档（reference 文件夹）； （4）Spring 框架标签库文档（taglib 文件夹）
lib	该文件夹包含了所有 Spring 支持的第三方类库
mock	该文件夹包含了 Spring 框架的测试类源码
samples	该文件夹包含了 4 个 Spring 框架应用实例
src	该文件夹包含了 Spring 框架的源码
test	该文件夹包含了 Spring 框架的单元测试类源码
tiger	此文件夹包含如下内容： （1）JDK 5.0 新特性相关源代码（src 文件夹）； （2）使用 JDK 5.0 新特定的单元测试类（test 文件夹）
buuld.xml build.bat	这两个文件是 Ant 的配置文件和批处理文件，在使用 Ant 工具构建 Spring 工程时会被用到
maven.xml project.xml	这两个文件是 Maven 和 Maven 类库的配置文件，Maven 同 Ant 一样都是工程编译管理工具
changelog.txt	该文件记录了 Spring 框架的更改日志，包括 Spring 不同版本的多功能变化信息

9.3.3 Spring 的配置

下载好 Spring 框架后,就可以使用了。下面详细介绍 Spring 框架的配置步骤。
(1) 在 MyEclipse 中创建一个新的 Web 工程。
(2) 在工程的 web.xml 文件中添加 Web 监听,代码如下:

```
<listener>
    <listener-class>
        org.springframework.web.context.ContextLoaderListener
    </listener-class>
</listener>
```

(3) 在新创建的工程中引入 Spring 框架所需的运行库文件。

在新创建工程中引入 Spring 框架所需的运行库文件。根据实际应用的不同需要,引入的运行库文件也是不同的,如果只是简单的 Spring 应用,只需引入 Spring.jar 和 commons-logging.jar 这两个运行库文件即可。

(4) 添加并配置 Spring 的核心配置文件 applicationContext.xml。

在工程的 WebRoot 的 WEB-INF 文件夹下创建 applicationContext.xml 文件,代码如下:

```
<?xml version="1.0" encoding="UTF-8"?>
<beans
    xmlns="http://www.springframework.org/schema/beans"
    xmlns:xsi="http://www.w3.org/2001/XMLSchema-instance"
    xsi:schemaLocation="http://www.springframework.org/schema/beans
http://www.springframework.org/schema/beans/spring-beans-2.0.xsd">
//添加各种 Bean 配置信息
</beans>
```

在 applicationContext.xml 配置文件中最重要的就是上述代码段中省略掉的各种 Bean 的配置,下面就重点阐述 Bean 的配置规则。

9.3.4 Bean 的配置

Spring 中所有的组件都以 Bean 的形式存在,要想使用容器管理 Bean,就必须在配置文件中规定好各个 Bean 的属性及依赖关系。通过此配置信息,容器才能知道何时创建一个 Bean、何时注入一个 Bean 及何时销毁一个 Bean。

1. Bean 的基本配置

在配置文件中装配一个最基本的 Bean 的代码如下:

```
<bean id="People" class="spring.People">
//省去其他配置信息
</bean>
```

观察上面的示例代码可以发现,一个最基本的 Bean 配置应该包含两部分内容:Bean 的名称及 Bean 对应的具体类。当我们在配置文件中指定了这个属性以后,再用到指定 People 这个 Bean 时,IoC 容器就会根据配置的内容为我们实例化一个 spring.People 对象。

添加 Bean 的配置信息时必须严格遵循以下几点规定。

(1) 各个 Bean 的名称不可重复,每个 Bean 的 id 必须是唯一的。

(2) Bean 的命名必须以字母开始,后面可以接数字、下画线、连字符、句号或冒号等完全结束符。

(3) 如果某个 Bean 需要使用命名规则以外的命名方式,可以使用 name 属性来替代 id 属性。当使用 name 属性时,可以为 Bean 指定多个名称,各个名称之间使用逗号分隔。例如<bean name="People1,People2" class="spring.People"/>将为这个 Bean 指定两个名称 People1 和 People2。

(4) 多个 Bean 可以包含相同的 name 属性,应用时最后一个 name 指定的 Bean 为基准。

2. Bean 的属性配置

在 Bean 的基本配置上,可以通过<property>元素为 Bean 添加属性,该属性可以是一个变量、一个集合或者对其他 Bean 的一个引用,下面分情况进行介绍。

(1) 变量:为 Bean 添加一个变量的示例代码如下:

```
<bean id="People" class="spring.People">
<property name="name" value="ZhaoYan"/>
</bean>
```

(2) List 和 Set:为 Bean 添加 List 类型属性和 Set 类型属性的格式相同,下面仅以添加一个 List 类型属性为例给出示例代码。如果使用 Set 类型属性,只需要将"<list></list>"替换为"<set></set>"即可。

```
<bean id="People" class="spring.People">
<property name="name">
<list>
<value>ZhaoYan</value>
<value>JiangSu</value>
<value>WuXi</value>
</list>
</property>
</bean>
```

(3) Map:为 Bean 添加 Map 类型属性,必须声明主键及对应数值,示例代码如下:

```
<bean id="People" class="spring.People">
<property name="name">
<map>
<entry key="ChineseName" value="ZhaoYan"/>
```

```xml
        <entry key="EnglishName" value="Monica"/>
        <entry key="FamilyName" value="Zhao"/>
      </map>
    </property>
</bean>
```

（4）引用其他的 Bean：多数情况下，各个 Bean 都不是独立存在的，而是要与其他 Bean 发生关联。如果想在一个 Bean 中引用其他 Bean，就要用到<property><ref>元素。例如定义了两个 Bean：user 和 People。在 user 中引用 People 示例的代码如下：

```xml
<bean id="People" class="spring.People">
<bean id="user" class="spring.User">
    <property name="People" ref="People"/>
</bean>
```

之所以要为 Bean 添加属性是因为在程序运行时，该 Bean 需要用到所添加的属性。如果仅在配置文件中添加属性配置信息还是不够的，还需要在编写具体类程序时添加相应代码，这样 Bean 才能使用为其添加的属性。但是为什么 Bean 能够应用配置文件中添加的属性？任务4介绍的 IoC 模式将为读者揭开这一问题的答案。

9.4 任务4 理解 Spring 的核心模式——IoC

任务描述：Spring 框架是一个轻量级框架，通过 IoC 容器统一管理各组件之间的依赖关系来降低组件之间耦合的紧密程度。由此看来，IoC 是整个 Spring 框架的核心。

任务目标：那么究竟什么是 IoC 呢？Spring 的 IoC 容器的工作原理是什么呢？本任务将逐一解决这些问题。

9.4.1 反转控制

IoC 通常被称为反转控制。在传统意义上，往往使用 new 关键字来建立相应的对象实例。但是这种方式建立的对象和对象工厂之间的耦合程度过高。为了降低耦合度，提出了反转控制模式。反转控制模式的核心思想就是使建立对象的过程在对象工厂的外部进行，而对象工厂通过多态的方式来建立相应的对象(实际上是返回一个实现某个接口的对象)。

一个有价值的系统，往往要使用两个类来配合，协同工作完成最终目标。其中一个为入口类，完成程序启动；然后在这个类中创建另一个类的对象实例，并完成相应的操作。如果使用 IoC，创建对象的任务就不由调用者来完成，而是通过外部的协调者完成，即 Spring 框架中的 Spring IoC 容器。因此调用者要依赖 Spring IoC 容器来获取对象实例，也称为注入，所以也称 IoC 为依赖注入。

单纯的语言描述还是不够的，下面通过一个实例讲述 IoC 的概念。

实例：一个班级有一个班长，辅导员往往要求班长负责班级的常规管理，如写班级总结，下面就以该事件为例来讲述反转控制。

该事件最初的代码如下：

```
public class ClassManagement{
    public void Management(){
        Monitor m1=new Monitor();
        m1.writeReport("Summary");
    }
}
```

在上面程序中，写总结这个事件与 Monitor 依赖关系如图 9-4 所示。

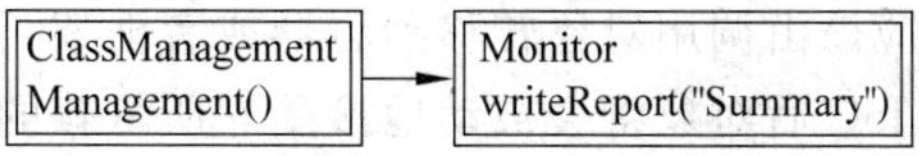

图 9-4 写总结事件与 Monitor 依赖关系

此时直接调用具体 Monitor 中的 writeReport()方法完成写班级总结的事件。这么做使得班级管理与班长这个具体对象 m1 之间紧密耦合在一起。一旦 m1 这个对象出现了问题，总结就交不了了。

由此看来这段程序的设计并不合理，应该把焦点放在学生上，而不是具体的某一个人。将上面代码进行修改如下：

```
public class ClassManagement{
    public void Management(){
        Student m1=new Monitor();
        m1.writeReport("Summary");
    }
}
```

修改后的代码引入了学生接口 Student，让具体对象 Monitor 实现这个接口的 writeReport()方法，并通过此接口完成写报告事件。这样一来，即使班长出现问题，也可以选择其他对象代替，比如副班长等。修改后的关系如图 9-5 所示。这也是引入性案例解决的问题。

观察图 9-5，ClassManagement 中的 Management 方法要想顺利完成，仍然依赖于 Student 接口和 Monitor 类，没有真正实现解耦。这时就需要一个整体的规划者来操控各个对象，这就是辅导员。辅导员安排每个对象的行为，如果班长在，就安排班长写总结，如果班长不在，就安排副班长写总结。图 9-6 给出了引入辅导员类之后各个对象间的依赖关系。

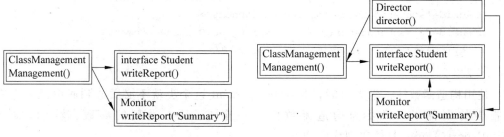

图 9-5 修改后的依赖关系   图 9-6 引入辅导员类后的依赖关系

加入了 Director 以后，ClassManagement 中的 Management 方法不再依赖于班长。整个事件执行过程中，Director 控制各个对象间的调度，各个零散的对象由 Director 统一进行装配来完成写报告事件。而 Director 就是 IoC 容器，也就是 Spring 框架实现的功能。那么 Spring 中的 IoC 容器具体是谁呢？本单元任务 5 将作出解答。

由这个实例可以看出，IoC 实际上包括两部分内容：反转和控制。所谓反转指控制权应该由调用对象转移到容器或者框架，而控制则是指由谁来担当写报告的控制权。使用 IoC 后对象将会被动地接受它所依赖的类而不需要自己主动去找该类，容器会将对象的依赖类提供给它。

9.4.2 依赖注入的 3 种方式

从命名方式的角度来看，IoC 不足以明确描述它所实现的功能。因此 Martin Fowler 提出了一种全新的概念——依赖注入（Dependency Injection，DI），意思就是由框架或容器将被调用类注入给调用对象，以此来解除调用对象和被调用类之间的依赖关系。

依赖注入有 3 种不同的实现方式，分别为构造函数注入（Constructor Injection）、设值方法注入（Setter Injection）和接口注入（Interface Injection）。

仍以前面的例子为例，讲解依赖注入的 3 种不同实现方式。

1. 构造函数注入

构造函数注入方式是通过调用类的构造函数，将被调用类当做参数传递给构造函数来实现注入。使用构造注入的示例代码如下：

```
public class ClassManagement{
    private Student student;
    public ClassManagement(Student student){
        this.student=student;
    }
    public void writeR(){
        student.writeReport("Summary");
    }
}
```

在 XML 配置文件中添加 OlypicSong 和 Singer 的配置信息如下：

```
<bean id="student" class="springIoC.Student">
<bean id="classManagement" class="springIoC.ClassManagement">
    <property name="student" ref="student"/>
</bean>
```

使用构造函数注入学生以后，ClassManagement 这个类就不必关心到底由谁来完成写报告的事件了。只要为构造函数传入一个 Student 类型的参数，就可以实现 writeReport()方法，具体实现代码如下：

```
public class Director{
```

```
    public void Director(){
        Student student=new Monitor();
        ClassManagement cm=new ClassManagement(student);
        cm.writeR();
    }
}
```

2. 设置方法注入

设置方法注入方式是通过添加并使用被调用类的 setter() 方法来完成注入过程。使用设置方法注入的示例代码如下：

```
public class ClassManagement{
    private Student student;
    public setStudent(Student student){
        this.student=student;
    }
    public void writeR(){
        student.writeReport("Summary");
    }
}
```

设置注入方式也需要在 XML 配置文件进行配置，配置信息与使用构造函数注入方式相同。具体实现如下：

```
public class Director{
    public void Director(){
        Student student=new Monitor();
        ClassManagement cm=new ClassManagement();
        cm.setStudent(student);
        cm.writeR();
    }
}
```

3. 接口注入

接口注入方式将被调用类所有需要注入的方法封装到接口中，被调用类实现该接口中定义的方法，因此来实现注入。由于这种方式具有很强的入侵性，所以在实际应用中很少使用这种注入方式。

IoC 设计模式通常被称为"好莱坞原则"——"Don't call me, I will call you."。意思是说，不要打电话找我，如果需要，我会打电话给你。这与 IoC 的工作机制是一样的。

9.5 任务5 BeanFactory 与 ApplicationContext

任务描述：Spring 框架中的 IoC 容器实现了 IoC 的设计模式，而对 IoC 容器的访问则是通过两种不同的容器实现。一种是最简单地提供了基础的依赖注入支持的容器——

BeanFactory，也称为 Bean 工厂，由 com.springframework.beans.factory.Beanfactory 接口定义。另一种是 ApplicationContext，由 com.springframework.context.ApplicationContext 接口实现，称为应用上下文，该容器建立在 Bean 工厂基础之上，提供了诸如从属性文件中读取文本信息、向有关事件监听器发布事件等系统架构服务。因此这两个接口对 Spring 而言就显得尤为重要。

任务目标：了解并认识 BeanFactory 和 ApplicationContext 接口。

9.5.1 BeanFactory

BeanFactory 采用了工厂设计模式，是 Spring 框架中最重要的接口之一。它提供了 IoC 的相关配置机制。Spring 框架通过 XML 配置文件指定各个对象之间的依赖关系。在 XML 配置文件中，每一个对象都配置在 Bean 中。一旦指定了各个 Bean 之间的依赖关系，IoC 容器就可以利用 Java 的反射机制实例化 Bean 指定的对象，并建立各个对象之间的依赖关系。在程序的各个执行流程中，BeanFactory 是实例化、配置、管理众多 Bean 的容器。BeanFactory 根据配置实例化 Bean 对象，设置相互的依赖关系，使得容器正常工作。

在 Web 程序中，用户不需要实例化 BeanFactory，Web 程序加载的时候会自动实例化 BeanFactory，并加载所有的 Bean，将各种 Bean 的设置到对应的 Servlet、Struts 的 Action 或者 Hibernate 资源中。开发者可以直接编写 Servlet、Action、Hibernate 代码，不需要关心 BeanFactory。

BeanFactory 对 Bean 组件的常见操作主要包括创建 Bean、初始化 JavaBean、使用 JavaBean、销毁 JavaBean。

在 Spring 中有几种 BeanFactory 的实现，其中最常见的是使用 org.springframe.bean.factory.xml.XmlBeanFactory。它根据 XML 文件中的定义装载 Bean。创建 XmlBeanFactory 时需要传递一个 java.io.InputStream 对象给构造函数。InputStream 对象提供 XML 文件给工厂，代码如下：

```
Resource res=new ClassPathResource("spring/bean.xml");
BeanFactory factory=new XmlBeanFactory(res);
```

代码说明 Bean 工厂从 XML 文件中读取 Bean 的定义信息，但是此时 Bean 工厂还没有实例化 Bean，Bean 被延迟加载到 Bean 工厂中，也就是说 Bean 工厂会立即把 Bean 的定义信息加载进来，但是 Bean 只有在需要的时候才被实例化。

那么如何从 Bean 工厂中得到一个实例化的 Bean 呢？原理很简单，只需要使用 getBean()方法，将需要的 Bean 的名字作为参数传递进去就行了，代码如下：

```
Friend friend=(Friend) factory.getBean("People");
```

当 getBean()方法被调用的时候，工厂就会实例化 Bean，并使用依赖注入方式设置 Bean 的属性。这样 Spring 容器中就开始维护 Bean 的生命周期了。

9.5.2 ApplicationContext

通过前面的介绍得知，BeanFactory 提供了管理和操作 JavaBean 的基本功能，但是必须在代码中显式地实例化并使用 BeanFactory。为了增强 BeanFactory 的功能，Spring 框架提供了 ApplicationContext 接口，这是更高级别的容器。

表面上看来，ApplicationContext 和 BeanFactory 差不多，两者都是载入 Bean 定义信息、装载 Bean、根据需要分发 Bean 的容器。但是 ApplicationContext 提供了更多的功能，它使开发人员以一种完全的声明方式使用 ApplicationContext，省去手工创建 ApplicationContext 实例的步骤。除此之外，ApplicationContext 还提供诸如信息国际化、加载图片、向注册为监听器的 Bean 发送事件等功能。

由于 ApplicationContext 包含了所有的 BeanFactory 的功能，以及其他附加功能，而且操作方便，所以一般在 Java EE 应用开发过程中，通常会选择使用 ApplicationContext。

对于实现 Servlet 2.4 规范的 Web 容器来说，可以同时使用 ContextLoaderServlet 或者 ContextLoaderListener 添加 Spring 的监听。在 web.xml 配置文件中添加监听的代码如下：

```xml
<listener>
    <listener-class>
        org.springframework.web.context.ContextLoaderListener
    </listener-class>
</listener>
```

此外，Spring 框架还为 ApplicationContext 接口提供了一些重要的实现类，开发中经常会用到的以下几个实现类。

(1) ClassPathXmlApplicationContext：从类路径中的 XML 文件载入上下文定义信息，把上下文定义文件当成类路径资源。

(2) FileSystemXmlApplicationContext：从文件系统中的 XML 文件载入上下文定义信息。

(3) XmlWebApplicationContext：从 Web 系统中的 XML 文件载入上下文定义信息。

9.6 任务6 进阶式案例——使用 Spring 框架实现引入性案例

任务描述：使用 Spring 框架技术对引入性案例进行修改，分别使用 BeanFactory 和 ApplicationContext 两种不同的依赖注入方式实现引入性案例的问候程序。

任务目标：深入理解 Spring 框架提供的 BeanFactory 和 ApplicationContext 依赖注入容器，了解运行方式。

9.6.1 解决方案

由于主要任务是使用 Spring 框架提供的两种不同的依赖注入方式完成对引入性案

例的修改，因此建立 Web 工程 TestSpring，工程文件结构图如图 9-7 所示。该案例的设计步骤详述如下。

(1) 在 MyEclipse 中创建名为 TestSpring 的 Web 工程。

(2) 创建名为 spring 的包。

(3) 添加 Spring 框架所需要的 JAR 包。

(4) 在 spring 包中创建 Friend 接口。

(5) 在 spring 包中创建 People 类，该类实现了 Friend 接口。

(6) 在 spring 包中创建 XML 配置文件 beanFactory.xml。

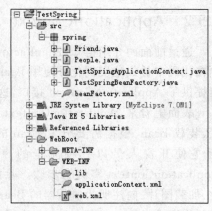

图 9-7 TestSpring 的工程结构图

(7) 在 spring 包中创建测试类 TestSpringBeanFactory。

(8) 在 web.xml 中配置 Web 监听。

(9) 在 spring 包中创建 XML 配置文件 ApplicationContext.xml。

(10) 在 spring 包中创建测试类 TestSpringApplicationContext。

(11) 运行 TestSpringBeanFactory 和 TestSpringApplicationContext 程序。

9.6.2 具体实现

1. 搭建环境

在 MyEclipse 中创建名为 TestSpring 的 Web 工程，创建名为 spring 的包，将 Spring 框架所需要的 JAR 包加载到工程中。

2. 在 spring 包中创建 Friend 接口

Friend 接口程序和引入性案例中的相同，这里不再叙述。

3. 在 spring 包中创建 People 类

People 类实现了 Friend 接口，程序代码和引入性案例中的相同，这里不再叙述。

4. 在 spring 包中创建 XML 配置文件 beanFactory.xml

beanFactory.xml 的代码如下：

```
<?xml version="1.0" encoding="UTF-8"?>
<beans xmlns="http://www.springframework.org/schema/beans"
    xmlns:xsi="http://www.w3.org/2001/XMLSchema-instance"
    xmlns:p="http://www.springframework.org/schema/p"
    xmlns:context="http://www.springframework.org/schema/context"
    xsi:schemaLocation="
    http://www.springframework.org/schema/beans
    http://www.springframework.org/schema/beans/spring-beans-2.5.xsd
    http://www.springframework.org/schema/context
    http://www.springframework.org/schema/context/spring-context-2.5.xsd">
    <bean id="People" class="spring.People"/>
```

```
</beans>
```

5. 在 spring 包中创建测试类 TestSpringBeanFactory

TestSpringBeanFactory 文件的代码如下：

```
package spring;
import org.springframework.beans.factory.BeanFactory;
import org.springframework.beans.factory.xml.XmlBeanFactory;
import org.springframework.core.io.ClassPathResource;
import org.springframework.core.io.Resource;
public class TestSpringBeanFactory {
    public static void main(String[] args){
        Resource res=new ClassPathResource("spring/beanFactory.xml");
        BeanFactory factory=new XmlBeanFactory(res);
        Friend friend= (Friend) factory.getBean("People");
        System.out.println(friend.sayHello("Friend"));
    }
}
```

6. 在 web.xml 中配置 Web 监听

在 web.xml 中配置 Web 监听的步骤的实现和本单元 13.3.3 节中讲述的内容相同，这里不再叙述。

7. 在 spring 包中创建 XML 配置文件 ApplicationContext.xml

ApplicationContext.xml 文件与 web.xml 文件的存放路径一致，该文件的代码如下：

```
<?xml version="1.0" encoding="UTF-8"?>
<beans xmlns="http://www.springframework.org/schema/beans"
    xmlns:xsi="http://www.w3.org/2001/XMLSchema-instance"
    xsi:schemaLocation="http://www.springframework.org/schema/beans
http://www.springframework.org/schema/beans/spring-beans-2.0.xsd">
    <bean id="People" class="spring.People"/>
</beans>
```

8. 在 spring 包中创建测试类 TestSpringApplicationContext

TestSpringApplicationContext 文件的代码如下：

```
package spring;
import org.springframework.context.ApplicationContext;
import org.springframework.context.support.FileSystemXmlApplicationContext;
public class TestSpringApplicationContext{
    public static void main(String[] args){
        ApplicationContext context=new FileSystemXmlApplicationContext("WebRoot\\WEB-INF\\applicationContext.xml");
        Friend friend= (Friend) context.getBean("People");
```

```
            System.out.println(friend.sayHello("Friend"));
        }
}
```

9. 运行 TestSpringBeanFactory 和 TestSpringApplicationContext 程序

运行 TestSpringBeanFactory 和 TestSpringApplicationContext 程序，查看运行结果。

9.6.3 运行效果

TestSpringBeanFactory 的运行结果如图 9-8 所示，TestSpringApplicationContext 程序的运行结果如图 9-9 所示。

图 9-8　TestSpringBeanFactory 的运行结果

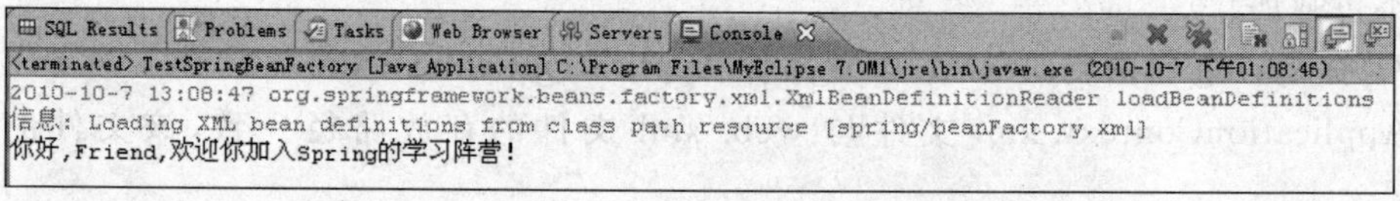

图 9-9　TestSpringApplicationContext 程序的运行结果

单 元 总 结

本单元首先通过引入性案例给出了使用接口来解决减少主测试类生成的对象与具体的类之间的依赖程度的方案。之后对这种方案进行分析，指出不足之处，引出通过 Spring 框架解决对象间耦合紧密的问题。

任务 2 介绍了 Spring 的发展历史、主要特征和具体组成，使读者对 Spring 框架有一个总体的认识。任务 3 详细讲述了 Spring 框架的下载和配置，其中重点讲述了 Bean 的配置。IoC 是 Spring 的核心技术，任务 4 重点讲述了 IoC，以及依赖注入的 3 种方式。任务 5 分别就 BeanFactory 和 ApplicationContext 两种 IoC 容器，讲述了各自的原理和具体实现方法。

任务 6 使用了已学过的 Spring 框架技术对引入性案例进行修改，分别使用 BeanFactory 和 ApplicationContext 两种不同的依赖注入方式实现引入性案例的问候程序，对本单元学过的知识点进行总结，实现知识的进阶。

习 题

（1）Spring 框架有几个模块组成？各个模块的作用是什么？
（2）Spring 框架中 IoC 的实现方式有几种？分别是什么？
（3）什么是 IoC？
（4）简述创建 Spring 程序的步骤。
（5）BeanFactory 和 ApplicationContext 在 Spring 框架中的作用是什么？二者有什么区别？
（6）上机调试本单元中任务 1 的引入性案例和任务 6 的进阶式案例。

实训 9　使用 Spring 框架实现本单元实例 1 中的情景

1. 实训目的

（1）了解 Spring 框架的发展历史及其特点。
（2）熟悉 Spring 框架的开发环境及相关配置。
（3）掌握在 MyEclipse 中创建 Sping 应用的流程。
（4）理解 Spring 框架中 IoC 的概念。
（5）掌握 BeanFactory 的原理及应用。
（6）掌握 ApplicationContext 的原理及应用。

2. 实训内容

根据本单元已学知识实现辅导员给班长布置任务的功能,具体要求和步骤如下。
（1）在 MyEclipse 中创建名为 DirectorSpring 的 Web 工程；
（2）创建名为 spring 的包；
（3）添加 Spring 框架所需要的 JAR 包；
（4）在 spring 包中创建 Student 接口；
（5）在 spring 包中创建 Monitor 类,该类实现了 Student 接口；
（6）在 spring 包中创建 XML 配置文件 beanFactory.xml；
（7）在 spring 包中创建测试类 TestSpringBeanFactory；
（8）在 web.xml 中配置 Web 监听；
（9）在 spring 包中创建 XML 配置文件 ApplicationContext.xml；
（10）在 spring 包中创建测试类 TestSpringApplicationContext；
（11）运行 TestSpringBeanFactory 和 TestSpringApplicationContext 程序。

3. 操作步骤

参考本单元任务 2 至任务 6 中讲述的内容完成本单元实例 1 的内容,实现其功能。

4. 实训小结

对相关内容写出实训总结。

第 10 单元

Spring 框架中的 AOP 技术

单元描述：

对于一个大型的应用程序而言，日志管理是其必不可少的组成部分。通过日志信息，可以方便获得程序在运行过程中产生的相关信息。Spring 框架中的 AOP 技术是一个基于 AOP 的编程模式，是一种全新的编程思想，在 Spring 框架中有很多技术都建立在 Spring AOP 的基础之上。Spring 框架的 AOP 技术能够很好地解决大型应用系统中的日志管理问题。本单元将初步介绍 Spring 的相关知识，为深入学习 Spring 做准备。本单元将重点介绍 Spring 框架中的 AOP 技术。

单元目标：

- 了解 AOP 技术的基本概念；
- 了解 Spring 框架中 AOP 技术的简介；
- 掌握 Spring 的 4 种通知方式；
- 掌握 Spring 的切入点的使用方法；
- 理解 Spring AOP 的代理模式。

10.1 任务 1 引入性案例

任务描述： 对于一个大型的应用系统而言，日志管理是必不可少的重要组成部分。在本书要完成的项目网上购物系统中，同样需要日志管理，日志信息的输出功能必不可少。通过日志信息，用户和管理员可以方便地获得程序在运行过程中的相关信息。

任务目标： 本案例将实现用户登录系统执行操作之前和之后输出声明式日志信息的功能，并找出这种解决方案的不足。

10.1.1 案例分析

编写日志输出程序，模拟用户登录系统，并在用户登录操作执行前后分别输出相应的日志信息，程序的执行结果如图 10-1 所示。Java 中有一个 Logger 类，该类包含了一些与日志管理有关的方法。在本案例中要使用 Logger 类来实现日志输出的功能。

图 10-1　引入性案例的运行结果　　图 10-2　UserLogSystem 的工程结构图

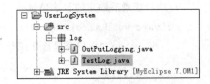

10.1.2　设计步骤

利用 Java 中的 Logger 类，完成日志输出的任务，具体设计步骤如下。工程目录结构图如图 10-2 所示。

（1）在 MyEclipse 中创建一个名为 UserLogSystem 的 Java 工程；
（2）创建名为 log 的包；
（3）在 log 包中创建 OutPutLogging.java 文件，实现日志输出功能；
（4）在 log 包中创建测试类 TestLog.java 文件；
（5）运行程序。

10.1.3　具体实现

1．搭建环境

在 MyEclipse 中创建一个名为 UserLogSystem 的 Java 工程，创建名为 log 的包。

2．在 log 包中创建 OutPutLogging.java 文件

OutPutLogging.java 的代码如下：

```
package log;
import java.util.logging.Logger;
public class OutPutLogging{
    public void doLogging(){
        beforeLogin();
        //模拟用户登录时的操作
        logging("==========用户登录==========");
        afterLogin();
    }
    //用户登录时输出的日志信息
    public void logging(String msg){
        Logger logger=Logger.getLogger(OutPutLogging.class.getName());
                                            //获取当前操作的类和方法
        logger.info(msg);                   //输出日志信息
    }
    //用户登录前输出的日志信息
    public void beforeLogin(){
        logging("用户登录操作执行之前的日志信息");
```

```
        }
        //用户登录后输出的日志信息
        private void afterLogin(){
            logging("用户登录操作执行之后的日志信息");
        }
    }
```

3. 在 log 包中创建测试类 TestLog.java 文件

TestLog.java 的代码如下：

```
package log;
public class TestLog{
    public static void main(String[] args){
        OutPutLogging dl=new OutPutLogging();
        dl.doLogging();
    }
}
```

4. 运行程序

运行 TestLog.java 后，执行结果如图 10-1 所示。

10.1.4 分析不足之处

在引入性案例中，输出日志信息的功能由 OutPutLogging 类的 logging()方法完成，该类同时又是实现具体业务逻辑的类，如果功能齐全，该类不仅要完成业务逻辑的功能还要完成日志信息输出的功能。除此之外，在一个大型的系统中不仅仅这一个操作需要输出日志信息，还有很多其他程序都需要具有输出日志信息的功能，那么每个程序就都要添加上与之类似甚至相同的代码。这样做将降低程序的可维护性，一旦记录日志信息的功能发生变动，就要对程序中所有涉及此功能的代码进行修改。

从分析中不难发现，将输出日志信息的功能从实现业务逻辑的类中剥离出来是解决问题的关键。那么 Spring 框架中有什么方法可以将业务逻辑和输出日志信息的代码分离呢？Spring 框架中的 AOP 技术给出了解决这一问题的答案。

10.2 任务 2 AOP 概述

任务描述：Spring 框架中的 AOP 技术与 OOP(Object-Oriented Programming，面向对象编程)类似，也是一种编程模式，但是 AOP 并不能取代 OOP，它只是对 OOP 的扩展和补充。本任务将从 AOP 与 OOP 的关系入手，介绍 AOP 的核心概念以及 Java 动态代理实现 AOP 的 3 个方面，对 AOP 技术进行详细介绍，使读者从真正意义上理解 AOP 技术。

任务目标：了解 AOP 技术的基本概念，对 AOP 有一个基础性的认识，为后续的深入学习做好铺垫。

10.2.1 OOP 与 AOP 的关系

对于 Java 程序员来说，应该对 OOP 并不陌生。自从 OOP 问世以来，就受到了广大软件开发人员的追捧。OOP 通过封装、继承以及多态三大特性，大大增强了代码的可重用性。OOP 是一种以对象为模型，模拟公共行为的编程思想。虽然 OOP 极大地改善了面向过程程序设计的弊端，提高了代码的可重用性，但是这种代码重用的方式只能是纵向的重用。如果在一些不具有继承层次关系的类之间的某些方法中实施特定的功能，也就是说，需要在多个不具有继承层次关系的对象间引入同一个公共行为时，OOP 就显得无能为力了。

例如，在一些方法执行完成后，将执行结果写到日志文件中。按照面向对象的程序设计模式，即使使用了继承的方式实现了代码重用，依然需要将日志代码分散到这些方法中。这样一来，想要删除或是修改记录日志信息的方式，就必然要修改所有与之相关的方法。这样做不仅增加了软件开发人员的工作量，而且出错的概率也大大提升了。那么有没有更好的编程模式来解决这一问题呢？AOP 就是一个很好的解决方案。

针对 OOP 中存在这种问题，专家提出将分散到不同方法中的代码提取出来，然后在程序编译时，或者在程序运行时，再将这些代码放到它们应该在的地方。这一解决方案显然是 OOP 所不能实现的，因为 OOP 实现的是父子关系的纵向代码重用，而这种解决方案要实现的是横向代码重用。因此一种新型的编程思想便问世了，这就是 AOP，AOP 是对 OOP 的补充和完善，它允许开发人员动态地修改 OOP 定义的静态对象模型——开发者可以不用修改原始的 OOP 对象模型，甚至无须修改 OOP 代码本身，就能够解决 OOP 中存在的问题。尽管 AOP 是一种崭新的编程思想，但它不是 OOP 的替代品，只是对 OOP 的完善和补充。

OOP 技术将整个应用系统分解为由层次结构组成的对象(object)，可以认为是类，它所关注的方面是纵向；而 AOP 则是将整体分解成方面(aspect)，关注的方向是横向。图 10-3 很好地解释了 OOP 与 AOP 的关系。

图 10-3　OOP 与 AOP 的关系

从图 10-3 中可以看出，AOP 分别向 Parent1、Parent2、Child1、Child2、GrandChild1、CrandChild2 中加入了日志、事务和其他需要横向重用的功能，能够有效解决 OOP 不能实现的横向代码重用问题，为程序的开发、调试带来了极大的方便。

10.2.2 AOP 的相关概念

为了更好地理解 AOP 这项技术,就要首先对 AOP 技术中的相关概念有一定了解。下面就来介绍一下 AOP 的相关概念。

(1) Concern(关注点):一个关注点可以是一个特定的问题、概念,或应用程序必须达到的一个目标。在多数应用程序中,日志记录、安全检测都是关注点。如果一个关注点的实现代码被多个类或方法所引用,这个关注点就可被称为 Crosscutting Concern(横切关注点)。

(2) Joinpoint(连接点):一个连接点是一个程序执行过程中的特定点。典型的连接点包括对一个方法的调用、方法执行的过程本身、类的初始化、对象的实例化等。连接点是 AOP 的核心概念之一,它用来定义在程序的什么地方能通过 AOP 加入额外逻辑。如图 10-3 所示,在 Parent1、Parent2、Child1、Child2、GrandChild1、CrandChild2 中实现业务规则要插入 Aspect 的地方,就是与 Aspect 相关的 Joinpoint。

(3) Advice(通知):在某一特定的连接点处运行的代码称为通知。通知有很多种,在连接点之前执行的叫做 Before Advice(前置型通知),在连接点之后的通知叫做 After Advice(后置型通知),还有 Around Advice(环绕型通知)。在多数的 AOP 框架中,通知都是以拦截器的形式来实现的,Spring AOP 也是如此。

(4) Pointcut(切入点):切入点定义了通知要应用的连接点。通常这些切入点指的是类或方法名。如某个通知要应用于所有以 method 开头的方法中,那么所有满足这个规则的方法都是切入点。在图 10-3 中每个连接点执行前都要调用日志或事务等,所以业务规则执行前这一点就是 Pointcut。

(5) Aspect(方面):通知和切入点的组合叫做方面。这个组合定义了一段程序中应该包括的逻辑以及何时应该执行该逻辑。一个方面是对一个横切关注点的模块化,它将零散的关注点的代码进行整合,类似于 OOP 中定义一个实现某种功能的类。图 10-3 中的日志、事务就是方面。

(6) Target(目标对象):目标可以是类或是接口。因此,也可以将其称为目标类或目标接口。目标就是 AOP 要拦截的靶子。如果没有 AOP,在目标中就会包含主要逻辑和与其交叉的业务逻辑。如果使用 AOP,在类中只需要关注主要的逻辑,而这些交叉的业务逻辑就可以用 AOP 来插入到相应的切入点中。

(7) Weaving(织入):在目标对象中插入方面代码的过程叫做织入。织入可以在编译时或运行时进行。如果图 10-3 中的实例在 Spring 容器中工作,容器会自动进行 Weaving 操作创建一个代理对象。

10.2.3 Java 动态代理与 AOP

从根本上来说,AOP 只能算是一种思路而不是具体的实现技术。任何一种符合 AOP 思路的技术,都可以看做是 AOP 的实现。JDK 1.2 以后,Java 提供了动态代理的机制。动态代理是一种强大的语言结构,可以为一个或多个接口创建代理对象而不需要预先拥有一个接口的实现类。Spring 的 AOP 技术建立在 Java 动态代理机制之上,因此了解 Java 的动态代理机制有助于更好地学习 AOP。下面通过实例来讲解如何使用 Java 的动态代理机制实现 AOP。

实例 1：通过 Java 动态代理来实现引入性案例中的日志信息输出的功能。

1. 搭建环境

在 MyEclipse 中创建一个名为 UserLoginProxy 的 Java 工程,创建名为 log 的包。

2. 创建接口 Login.java

Login.java 的程序代码如下：

```java
package log;
public interface Login{
    public void login();
}
```

3. 创建并编写接口 login.java 的实现类 LoginImpl.java

LoginImpl.java 的程序代码如下：

```java
package log;
import java.util.logging.Logger;
public class LoginImpl implements Login{
    public void login(){
        Logger logger=Logger.getLogger(LogProxy.class.getName());
        logger.info("==========管理员登录==========");
    }
}
```

4. 创建并编写代理类 LogProxy.java

LogProxy.java 的程序代码如下。请注意注释内容部分。

```java
package log;
import java.lang.reflect.InvocationHandler;
import java.lang.reflect.Method;
import java.lang.reflect.Proxy;
import java.util.logging.Logger;
public class LogProxy implements InvocationHandler{
    private Object proxyObj;
    public LogProxy(Object obj){
        this.proxyObj=obj;
    }
    //创建代理对象,绑定代理对象
    public static Object bind(Object obj){
        Class<?>cls=obj.getClass();
        return Proxy.newProxyInstance(cls.getClassLoader(),
                cls.getInterfaces(), new LogProxy(obj));
    }
    /*
```

```
   *只有一个切入点,对所有对象的方法都进行调用
   *本例中只有login()一个业务逻辑方法用于模拟用户登录操作
   *在调用login()方法的前后,执行日志输出操作
   */
//invoke()方法是所有的Java动态代理程序所必有的程序,该程序会自动被执行
public Object invoke(Object Proxy, Method method, Object args[])
       throws Throwable{
    //目标方法调用前,调用用户登录前的程序,输出日志信息
    login();
    //完成目标方法的调用,该语句是固定的
    Object object=method.invoke(proxyObj, args);
    //目标方法调用后,调用用户登录后的程序,输出日志信息
    logout();
    return object;
}
//横切关注点,用于实现日志输出的功能
private void logging(String msg){
    Logger logger=Logger.getLogger(LogProxy.class.getName());
    logger.info(msg);
}
public void login(){         //调用logging方法输出用户登录前的日志信息的输出
    logging("用户登录操作执行之前的日志信息");
}
private void logout(){       //调用logging方法输出用户登录后的日志信息的输出
    logging("用户登录操作执行之后的日志信息");
}
}
```

5. 创建并编写测试类 TestLog.java

TestLog.java 的程序代码如下:

```
package log;
public class TestLog{
    public static void main(String[] args){
        //代理的绑定,自动创建一个指向接口实现类的代理对象
        Login login=(Login)LogProxy.bind(new LoginImpl());
        login.login();       //执行目标方法,此时启动代理的invoke方法,该方法自动执行
    }
}
```

6. 运行程序

该实例的运行结果如图 10-4 所示。

7. 运行结果分析

该实例的运行结果和引入性案例相同,但是原理不同,主要区别如下:

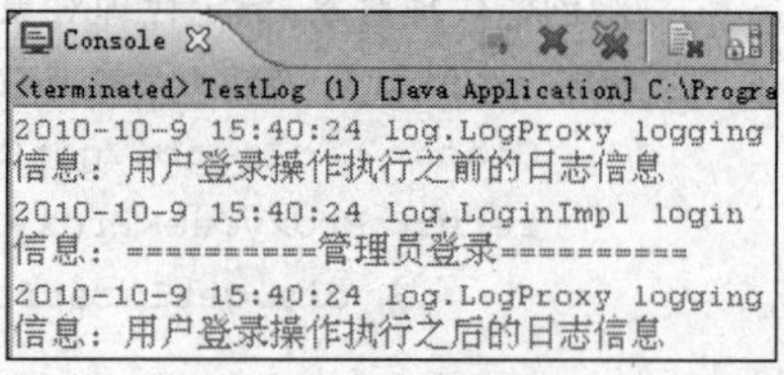

图 10-4 实例1的运行结果

（1）引入性案例中，实现了在用户登录之前和用户登录之后输出相关日志信息的功能，但是每个类及方法的运行都是手动完成，完全使用 OOP 程序设计模式解决问题，各个功能模块之间耦合紧密，在对引入性案例进行分析时指出了这种解决方案的弊端。

（2）实例1完成的任务与引入性案例相同，但是使用的技术不同。实例1采用了面向接口编程技术和 Java 动态代理机制，有效实现各个功能模块的功能。

Java 代理机制主要有两个方法需要实现，一个是 bind()方法，用户实现代理绑定，告诉计算机该代理哪个接口实现类绑定；另一个是 invoke()方法，invoke()方法在代理执行时会被自动执行，该方法用于实现代理，"Object object = method.invoke(proxyObj, args);"语句通过反射技术，最终执行的是 log.LoginImpl 中的 login()方法，即用户登录的业务逻辑，所以该点就是实现具体业务逻辑的切入点。在切入点的前后分别输出了用户登录前后的日志信息。代理类中的 login()方法和 logout()方法可以看做两个方面，即输出用户登录前后的日志信息。具体的业务逻辑是 log.LoginImpl 类的 login()方法实现的。该方法就是连接点。

代理类 LogProxy 与实现业务逻辑的类 LoginImpl 分属两个类，不再相互依赖，只有在使用代理来真正调用业务逻辑并且需要输出日志信息时，二者才发生关联，否则它们将被看成相互独立的个体。同时实现日志信息输出的代码也不再受具体的业务逻辑的限制，任何需要输出日志信息的业务逻辑，只要通过代理类创建代理对象，就可以实现日志信息的输出。因此使用 Java 的动态代理机制已经可以有效解决引入性案例提出的问题。

10.3 任务3 Spring AOP 中的通知

任务描述：通过前面的介绍得知，Spring AOP 的连接点模型是建立在基于拦截器技术的方法回调基础之上，也就是说，Spring 的通知可以在方法回调的各个区间织入系统。那么通知将在何时织入系统呢？Sping AOP 提供了5种类型的通知，使用这些通知可以清楚地确定在方法回调之前、之后或者是在任意时刻织入通知。

任务目标：了解 Spring AOP 支持的通知类型，掌握各种通知的织入方式。

10.3.1 Spring AOP 支持的通知类型

Spring AOP 支持5种不同类型的通知，如表 10-1 所示。

根据 Spring 框架提供的这5种通知类型，再结合方法回调、连接点一起可以完成 90% 的 AOP 工作，余下的 10% 可以借助于 AspectJ 完成。

引入通知也称为引入，它是 Spring 提供的 AOP 功能的重要组成部分，也是 Spring AOP 高级阶段要掌握的知识。使用引入可以动态地在现有对象中加入新的功能。它不仅允许对现有方法进行扩展，而且还允许动态地扩展对象实现的接口集。在此处不进行扩展性讲述，有兴趣的读者可查阅专门介绍 Spring 框架的书籍。下面通过实例详细讲述 BeforeAdvice、AfterReturningAdvice、MethodInterceptor、ThrowAdvice 的使用方法。

表 10-1　Spring AOP 中的通知类型

通知名称	实现接口	说　明
BeforeAdvice（前置通知）	org. springframework. aop. MethodBeforeAdvice	使用前置通知可以在连接点执行前进行自定义的操作。不过，在 Spring 框架中只有一种连接点，即方法回调，所以前置通知实际上就是在方法回调前执行一些操作。前置通知可以访问调用的目标方法，也可以对该方法的参数进行操作，不过它不能影响方法调用本身
AfterReturningAdvice（后置通知）	org. springframework. aop. AfterReturningAdvice	后置通知在连接点处的方法调用已完成，并且已经返回时运行。后置通知可以访问调用的目标方法，以及该方法的参数和返回值。因为等到通知执行时该方法已经调用，后置通知完全不能影响方法调用本身
MethodInterceptor（环绕型通知）	org. springframework. aop. MethodInterceptor	Spring 中的环绕型通知根据 AOP 联盟的拦截器标准建模。它可以在目标方法的前后运行，也可以定义具体在什么时候调用目标方法。如果需要，可以另写自己的逻辑而不调用目标方法
ThrowAdvice（抛出通知）	org. springframework. aop. ThrowAdvice	仅当方法调用抛出一个异常时才被调用抛出通知，它在目标方法调用返回时执行。抛出通知可以只捕获特定的异常，这样就可以访问抛出异常的方法、传入调用的参数以及调用目标方法
IntroductAdvice（引入通知）	org. springframework. aop. IntroductInterceptor	Spring 将引入通知看成一个特殊的拦截器。使用引入拦截器，可以定义通知引入的方法，这是 Spring 2.5 的新增功能

10.3.2　BeforeAdvice

前置通知是 Spring 中最有用的通知之一，它可以修改传递给目标方法的参数，也可以抛出一个异常来阻止目标方法的执行。下面实例 2 讲述的就是前置通知的使用方法。

实例 2：构建名为 TestSpringAdvice 的工程，在 beforeAdvice 包中实现对前置通知的测试。运行结果如图 10-5 所示。

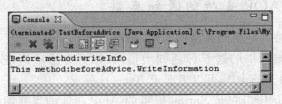

图 10-5　前置通知测试实例的运行结果

1. 搭建环境

在 MyEclipse 中创建名为 TestSpringAdvice 的 Java 工程，并在 src 路径下创建名为 beforeAdvice 的包。创建名为 lib 的包，将 spring.jar、commons-logging.jar、cglib-nodep-2.1_3.jar 这 3 个运行库文件加载入工程。

2. 在 beforeAdvice 包中创建 WriteInformation.java 文件

WriteInformation 类的 writeInfo()方法为该实例的目标方法,该类的代码如下:

```java
package beforeAdvice;
public class WriteInformation{
    public void writeInfo(){                //目标方法
        System.out.println("This method:"+this.getClass().getName());
    }
}
```

3. 在 beforeAdvice 包中创建 BeforInfo.java 文件

BeforInfo 类继承 MethodBeforeAdvice 接口,实现前置通知的功能,该类的代码如下:

```java
package beforeAdvice;
import java.lang.reflect.Method;
import org.springframework.aop.MethodBeforeAdvice;
public class BeforInfo implements MethodBeforeAdvice{
    public void before(Method method, Object[] arg1, Object arg2)
        throws Throwable{          //该方法在目标方法调用之前被执行
        System.out.println("Before method:"+method.getName());
    }
}
```

4. 在 beforeAdvice 包中创建 TestBeforeAdvice.java 文件

TestBeforeAdvice 类实现对前置通知的测试,通知输出信息在目标方法输出信息之前显示。代码如下:

```java
package beforeAdvice;
import org.springframework.aop.BeforeAdvice;
import org.springframework.aop.framework.ProxyFactory;
public class TestBeforeAdvice{
    public static void main(String[] args){
        WriteInformation writeInfo=new WriteInformation();
        BeforeAdvice ba=new BeforInfo();
        ProxyFactory pf=new ProxyFactory();           //使用 Spring 代理工厂
        pf.setTarget(writeInfo);                      //设置代理目标
        pf.addAdvice(ba);                             //织入通知
        WriteInformation wi=(WriteInformation) pf.getProxy();
                                                      //由代理工厂生成代理对象
        wi.writeInfo();                               //有代理对象执行目标方法
    }
}
```

5. 运行程序

从输出结果中可以看出,程序先输出通知信息"Before method:writeInfo",后输出目标方法要输出的信息"This method:beforeAdvice.WriteInformation",也就是说通知信息在目标方法调用之前输出,说明设定的前置通知 BeforInfo 已经被织入系统中了。

10.3.3　AfterReturningAdvice

后置通知是在方法调用后执行的,既然该方法已经调用,就没有办法修改它的参数了。后置通知的使用方法和前置性通知极为相似,需要定义一个类实现 AfterReturningAdvice 接口。在程序执行过程中,指定方法调用完成后,才输出通知信息。下面实例 3 讲述的就是后置通知的使用。

实例 3：在 TestSpringAdvice 工程的 afterAdvice 包中实现对后置通知的测试。运行结果如图 10-6 所示。

图 10-6　后置通知测试实例的运行结果

1. 搭建环境

在 TestSpringAdvice 的 Java 工程的 src 路径下创建名为 afterAdvice 的包。

2. 在 afterAdvice 包中创建 WriteInformation.java 文件

WriteInformation 类的 writeInfo()方法为该实例的目标方法,该类的代码与实例 2 中的同名文件的代码相同。

3. 在 afterAdvice 包中创建 AfterInfo.java 文件

AfterInfo 类继承 AfterReturningAdvice 接口,实现后置通知,该类的代码如下：

```
package afterAdvice;
import java.lang.reflect.Method;
import org.springframework.aop.AfterReturningAdvice;
public class AfterInfo implements AfterReturningAdvice{
    public void afterReturning(Object arg0, Method method, Object[] arg2,
        Object arg3) throws Throwable{
        System.out.println("After method:"+method.getName());
    }
}
```

4. 在 afterAdvice 包中创建 TestAfterAdvice.java 文件

TestAfterAdvice 类实现对后置通知的测试,通知输出信息在目标方法输出信息之后显示。代码如下：

```
package afterAdvice;
import org.springframework.aop.AfterReturningAdvice;
import org.springframework.aop.framework.ProxyFactory;
```

```
import beforeAdvice.WriteInformation;
public class TestAfterAdvice{
    public static void main(String[] args){
        WriteInformation writeInfo=new WriteInformation();
        AfterReturningAdvice aRF=new AfterInfo();
        ProxyFactory pf=new ProxyFactory();         //使用 Spring 代理工厂
        pf.setTarget(writeInfo);                     //设置代理目标
        pf.addAdvice(aRF);                           //织入通知
        WriteInformation wi=(WriteInformation) pf.getProxy();
                                                     //由代理工厂生成代理对象
        wi.writeInfo();
    }
}
```

5. 运行程序

从输出结果可以看出，程序先输出目标方法要输出的信息"This method：beforeAdvice.WriteInformation"，后输出通知信息"After method：writeInfo"，也就是说通知信息在目标方法调用之后输出，说明设定的后置通知 AfterInfo 已经被织入系统中。

10.3.4 MethodInterceptor

环绕型通知在功能上综合运用了前置通知和后置通知，其中最重要的区别是环绕型通知可以修改方法的返回值。利用环绕型通知还可以组织目标方法的实际执行，这就意味着可以更换目标方法的代码。在此，将通过实例4讲述环绕型通知的使用方法。

实例4：在 TestSpringAdvice 工程的 methodInterceptor 包中实现对环绕型通知的测试。运行结果如图 10-7 所示。

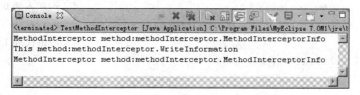

图 10-7　环绕型通知测试实例的运行结果

1. 搭建环境

在 TestSpringAdvice 的 Java 工程的 src 路径下创建名为 methodInterceptor 的包。

2. 在 methodInterceptor 包中创建 WriteInformation.java 文件

WriteInformation 类的 writeInfo()方法为该实例的目标方法,该类的代码与实例2中的同名文件的代码相同。

3. 在 methodInterceptor 包中创建 MethodInterceptorInfo.java 文件

MethodInterceptorInfo 类继承 MethodInterceptor 接口,实现环绕型通知,该类的代码如下：

```
package methodInterceptor;
import org.aopalliance.intercept.MethodInterceptor;
import org.aopalliance.intercept.MethodInvocation;
public class MethodInterceptorInfo implements MethodInterceptor{
    public Object invoke(MethodInvocation invocation)throws Throwable{
        //目标方法调用之前输出信息
        System.out.println("MethodInterceptor method:"+this.getClass().getName());
        //通过反射技术获取目标方法
        Object obj=invocation.proceed();
        //目标方法调用之后输出信息
        System.out.println("MethodInterceptor method:"+this.getClass().getName());
        return obj;
    }
}
```

4. 在 methodInterceptor 包中创建 TestMethodInterceptor.java 文件

TestMethodInterceptor 类实现对环绕型通知的测试，通知输出信息在目标方法输出信息前后显示。代码如下：

```
package methodInterceptor;
import org.aopalliance.intercept.MethodInterceptor;
import org.springframework.aop.framework.ProxyFactory;
public class TestMethodInterceptor{
    public static void main(String[] args){
        WriteInformation writeInfo=new WriteInformation();
        MethodInterceptor mi=new MethodInterceptorInfo();
        ProxyFactory pf=new ProxyFactory();              //使用 Spring 代理工厂
        pf.setTarget(writeInfo);                          //设置代理目标
        pf.addAdvice(mi);                                 //织入通知
        WriteInformation wi=(WriteInformation)pf.getProxy();
                                                          //由代理工厂生成代理对象
        wi.writeInfo();
    }
}
```

5. 运行程序

从输出结果可以看出，程序先输出通知信息"MethodInterceptor method：methodInterceptor.MethodInterceptorInfo"，接着输出目标方法要输出的信息"This method：methodInterceptor.WriteInformation"，最后输出通知消息。也就是说通知信息在目标方法调用前后输出，说明设定的环绕型通知 MethodInterceptorInfo 已经被织入系统中。

10.3.5 ThrowAdvice

异常通知跟后置通知一样是在连接点之后运行的，只不过异常通知是在方法抛出异常时才执行,而且异常通知不能对程序本身做任何改变。异常通知通常被应用于事务管理、当程序在执行过程中发生异常时,事务需要执行回滚操作,此时输出通知消息。在此,将通过实例 5 讲述异常通知的使用方法。

实例 5：构建名为 TestSpringAdvice 工程,在 throwAdvice 包中实现对抛出通知的测试。运行结果如图 10-8 所示。

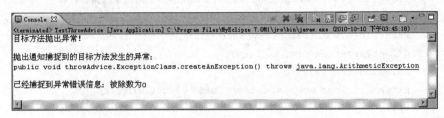

图 10-8　异常通知测试实例的运行结果

1. 搭建环境

在 MyEclipse 中创建名为 TestSpringAdvice 的 Java 工程,并在 src 路径下创建名为 throwAdvice 的包。

2. 在 throwAdvice 包中创建 ExceptionClass.java 文件

ExceptionClass 类抛出一个算术异常,具体代码如下：

```java
package throwAdvice;
public class ExceptionClass{
    public void createAnException() throws ArithmeticException{
        System.out.println("目标方法抛出异常!");
        throw new ArithmeticException("除数为 0");
    }
}
```

3. 在 throwAdvice 包中创建 ThrowsAdviceInfo.java 文件

ThrowsAdviceInfo 类继承 ThrowsAdvice 接口,实现抛出通知。该类的代码如下：

```java
package throwAdvice;
import java.lang.reflect.Method;
import org.springframework.aop.ThrowsAdvice;
public class ThrowsAdviceInfo implements ThrowsAdvice{
    public void afterThrowing(Method method,Object[] args,Object target,Exception e){
        //输出抛出异常的方法的名称以及类路径,该信息有 method 参数携带
        System.out.println("\n 抛出通知捕捉到的目标方法发生的异常：\n"+method);
    }
}
```

4. 在 throwAdvice 包中创建 TestThrowAdvice.java 文件

TestThrowAdvice 类实现对抛出通知测试的功能,通知输出信息在目标方法输出信息之后显示。代码如下：

```java
package throwAdvice;
import org.springframework.aop.ThrowsAdvice;
import org.springframework.aop.framework.ProxyFactory;
public class TestThrowAdvice{
    public static void main(String[] args){
        ExceptionClass exceptionClass=new ExceptionClass();
        ThrowsAdvice ta=new ThrowsAdviceInfo();
        ProxyFactory pf=new ProxyFactory();
        pf.setTarget(exceptionClass);
        pf.addAdvice(ta);
        ExceptionClass ec=(ExceptionClass) pf.getProxy();
        try{
            ec.createAnException();
        }catch(Exception ex){
            //信息在目标方法执行后显示,用户抓取抛出的异常
            System.out.println("\n已经捕捉到异常错误信息: "+ex.getMessage());
        }
    }
}
```

5. 运行程序

从输出结果可以看出,程序首先输出目标方法显示的信息"目标方法抛出异常!",之后输出通知信息"抛出通知捕捉到的目标方法发生的异常: public void throwAdvice. ExceptionClass.createAnException() throws java.lang.ArithmeticException",最后输出 main 方法中抓取出的异常信息"已经捕捉到异常错误信息: 除数为0"。运行结果通知信息在目标方法调用之后输出,说明设定的抛出通知 ThrowsAdviceInfo 已经被织入系统中了。

10.4 任务4 Spring AOP 的切入点

任务描述: 截至目前,已经了解到了不同类型的通知如何织入系统,以及在系统中运行的先后顺序。下面要解决的问题就是通知要在系统的什么位置织入。这就关系到 Spring AOP 的切入点。Spring 框架提供了静态切入点、动态切入点以及自定义切入点来解决这一问题。

任务目标: 重点学习 Spring AOP 提供的静态切入点和动态切入点。

10.4.1 静态切入点

Spring AOP 支持两种不同的切入点: 静态切入点和动态切入点。如果切入点是静态的,那么 Spring 会针对目标上的每一个方法调用一次 MethodMatcher 的 matches (Method,Class)方法进行匹配,其返回值会被存储起来,以便日后调用该方法时使用。这样,对于每一个方法的实用性测试只会进行一次,之后再调用该方法时不会再调用

matches()方法。如果该方法匹配成功,说明该方法需要执行通知,如果匹配不成功,则执行该方法时不执行通知。静态切入的匹配只进行一次。

10.4.2 动态切入点

如果该切入点是动态切入点,那么 Spring 仍然会在目标方法第一次调用时使用 MethodMatcher 的 matches(Method,Class)方法进行一个静态的测试匹配,来检查该方法是否适用。但是,即使该测试返回 true,即匹配成功,当每次该方法被调用时,Spring 还会再次调用 matches(Method,Class)方法。这样,一个动态的匹配可以根据一次具体的方法调用,而不仅仅是方法本身来决定切入点是否适用。

显然,静态切入点的性能要比动态切入点的性能要好得多,因为它不需要在每次调用时重新检查。不过,使用动态切入点来决定是否执行通知要比使用静态切入点更加灵活。但还是建议尽量使用静态切入点,当执行通知的开销非常大时,可以使用动静切入点来避开对不必要通知的调用。

10.4.3 静态切入点测试实例

实例 6:构建名为 TestPointCut 的工程,在 test 包中实现对静态切入点的测试。运行结果如图 10-9 所示。

1. 搭建环境

在 MyEclipse 中创建名为 TestPointCut 的 Java 工程,并在 src 路径下创建名为 test 的包。创建名为 lib 的包,将 spring.jar、commons-logging.jar、cglib-nodep-2.1_3.jar 这 3 个运行库文件加载入工程。

2. 在 test 包中创建 BeanOne.java、BeanTwo.java 文件

BeanOne 类和 BeanTwo 类的代码相同。BeanOne 的代码如下:

图 10-9 静态切入点测试实例的运行结果

```
package test;
public class BeanOne{
    public void foo(){
        System.out.println("执行 foo 方法");
    }
    public void bar(){
        System.out.println("执行 bar 方法");
    }
}
```

3. 在 test 包中创建 SimplePointCut.java

SimplePointCut 类实现了静态切入点,如果调用的方法是 BeanOne 的 foo()方法,就匹配成功。该类的代码如下:

```
package test;
```

```java
import java.lang.reflect.Method;
import org.springframework.aop.ClassFilter;
import org.springframework.aop.support.StaticMethodMatcherPointcut;
public class SimplePointCut extends StaticMethodMatcherPointcut{
    @SuppressWarnings("unchecked")
    public boolean matches(Method method, Class cls){
        //方法匹配,只有 foo()方法才执行通知
        return ("foo".equals(method.getName()));
    }
    public ClassFilter getClassFilter(){
        //类匹配,只有 BeanOne 类才能执行通知
        //因此综合考虑,BeanOne 类的 foo()方法为切入点,该方法执行前后执行通知
        return new ClassFilter(){
            @SuppressWarnings("unchecked")
            public boolean matches(Class cls){
                return (cls==BeanOne.class);
            }
        };
    }
}
```

4. 在 test 包中创建 SimpleAdvice.java

SimpleAdvice 实现的是环绕型通知,该类在方法调用的前后各输出一条消息,代码如下:

```java
package test;
import org.aopalliance.intercept.MethodInvocation;
import org.aopalliance.intercept.MethodInterceptor;
public class SimpleAdvice implements MethodInterceptor{
    public Object invoke(MethodInvocation invocation)throws Throwable{
        System.out.println(">>调用"+invocation.getMethod().getName()+"方法前的通知");
        Object retVal=invocation.proceed();
        System.out.println(">>完成"+invocation.getMethod().getName()+"方法后的通知");
        return retVal;
    }
}
```

5. 在 test 包中创建 TestPointCutExample.java

TestPointCutExample 类生成了两个代理,一个是 BeanOne 实例的代理;另一个是 BeanTwo 实例的代理,最后两个代理的 foo()和 bar()方法都被调用了一遍。由于配置了静态切入点,所以只有在执行 BeanOne 类的 foo()方法时,SimpleAdvice 才真正执行。该类的代码如下:

```java
package test;
import org.aopalliance.aop.Advice;
import org.springframework.aop.Advisor;
import org.springframework.aop.Pointcut;
import org.springframework.aop.framework.ProxyFactory;
import org.springframework.aop.support.DefaultPointcutAdvisor;
public class TestPointCutExample{
    public static void main(String[] args){
        BeanOne one=new BeanOne();
        BeanTwo two=new BeanTwo();
        BeanOne proxyOne;
        BeanTwo proxyTwo;
        //生成切入点、通知和顾问
        Pointcut pc=new SimplePointCut();
        Advice advice=new SimpleAdvice();
        Advisor advisor=new DefaultPointcutAdvisor(pc,advice);
        //生成 BeanOne 的代理
        ProxyFactory pf=new ProxyFactory();
        pf.addAdvisor(advisor);
        pf.setTarget(one);
        proxyOne=(BeanOne)pf.getProxy();
        //生成 BeanTwo 的代理
        pf=new ProxyFactory();
        pf.addAdvisor(advisor);
        pf.setTarget(two);
        proxyTwo=(BeanTwo)pf.getProxy();
        proxyOne.foo();          //执行 BeanOne 类的 foo()方法,通知执行
        proxyTwo.foo();          //不执行通知
        proxyOne.bar();          //不执行通知
        proxyTwo.bar();          //不执行通知
    }
}
```

10.5 任务5 AOP 的代理模式

任务描述:Spring AOP 是基于代理和代理工厂的原理工作的,在任务3涉及的工程 TestSpringAdvice 中多次使用到了 Spring AOP 的代理工厂 ProxyFactory,但是没有做详细的介绍。本任务就来深入介绍 Spring AOP 中的代理以及代理工厂的机制和应用。

任务目标:深入理解 Spring AOP 中的代理以及代理工厂的机制和应用。

10.5.1 理解代理

代理是一切 AOP 实现的基础。通过代理可以实现不对对象进行拦截,以便在其执行周期内的指定点织入相关通知内容,并最终获得一个添加了通知功能的代理对象返回

给客户端。Spring 中有两种代理,一种是 JDK Proxy 代理类生成的 JDK 动态代理,另一种是 CGLIB Enhancer 类生成的 CGLIB 代理。了解这两种代理之间的差异,是在应用程序中让 AOP 代码尽可能发挥作用的关键。

在 Spring 1.1 版本之前,这两种代理的实现很相似,它们的性能也差不多。之所以存在两种代理,是因为 JDK 1.3 之前的版本 Proxy 类的性能很差,为了解决这个问题,Spring 框架给出了 CGLIB 代理。因此 CGLIB 代理主要用于解决 JDK 1.3 之前的版本的 Proxy 类的性能问题。现在 CGLIB 代理经过了充分的优化,在多数情况下其性能已经大大超越了 JDK 代理。

代理的核心就是拦截方法的调用,在需要的时候执行匹配某种方法的拦截链。通知的管理和调用与代理无关,这是由 Spring AOP 负责管理的。但是代理还是需要拦截所有的方法调用,在需要的时候将该调用传递给 AOP 框架,再由 AOP 调用通知。下面讲述 Spring 提供的 JDK 动态代理和 CGLIB 代理。

(1) JDK 动态代理:该代理是 Spring 提供的最基本的代理。和 CGLIB 代理不同的是 JDK 动态代理只能代理接口,不能代理类。这样,要代理的每一个对象都必须实现至少一个接口。总地来说,使用接口是最好的设计理念,但也不总是这样,当使用第三方代码或者遗留代码时,就不能使用 JDK 动态代理,而必须使用 CGLIB 代理。使用 JDK 动态代理时,JVM 会拦截所有的方法调用,并将其传至代理的 invoke() 方法,然后 invoke() 方法再决定该方法有没有被通知,如果有,那么代理会调用通知链,然后使用反射技术调用目标方法本身。这样一来,所有的方法调用无论有无通知都要进行判断,所以 JDK 动态代理的效率不高。

(2) CGLIB 代理:这种代理类型可以生成类级别的代理对象,它是针对字节码进行代理的,不需要对每个方法都进行拦截、判断。因此,从性能上来讲,CGLIB 代理要优于 JDK 动态代理。在任务 3 讲述的实例中使用的代理均属于 CGLIB 代理。

10.5.2 ProxyFactory

在之前的实例中已经使用了 ProxyFactory,Spring AOP 的 ProxyFactory 是一种极为简单的、不依赖于 IoC 容器的控制 AOP 相关流程的方式。

在程序执行过程中,ProxyFactory 会调用另一个组件 DefaultAopProxyFactory 来真正创建代理对象。根据设置的不同,被创建的代理对象可以是 Cglib2AopProxy(CGLIB 代理),也可以是 JdkDynamicAopProxy(Java 动态代理)。通过调用 ProxyFactory 提供的不同方法,可以在程序的任意位置织入 Advisor 和 Advice。ProxyFactory 提供的几个常用方法如表 10-2 所示。

表 10-2　ProxyFactory 常用方法

方　法　名	作　用　描　述
addAdvice(Advice advice)	向应用中添加一个 Advice,被传入的参数可以是一个通知,也可以是一个针对方法的拦截器。该参数将被封装为 DefaultPointcutAdvisor 进行处理
removeAdvice(Advice arg0)	从应用中删除一个 Advice

续表

方 法 名	作 用 描 述
advisor(Advisor advisor)	向应用中添加一个 Advice，默认情况下所添加的 Advisor 将作用于所有方法的调用
removeAdvice(Advisorarg0)	从应用中删除一个 Advisor
setTarget(Object target)	设置通知织入对象
getProxy()	创建并返回目标对象的代理对象
adviceIncluded(Advice arg0)	判断某个 Advice 是否已经存在

10.5.3 ProxyFactoryBean

由于使用 ProxyFactory 的程序不与 Spring 框架的 IoC 容器直接发生关系，所以在实际应用中往往会避免使用 ProxyFactory 的编程方式来创建 AOP 代理。ProxyFactoryBean 组件可以通过声明的方式来创建代理，它能够使 AOP 应用和 IoC 容器结合在一起，这样 Spring IoC 容器不仅可以管理 AOP 组件，还可以为目标对象自动生成代理。

与 Spring 提供的大部分 Bean 一样，ProxyFactoryBean 也是一个 JavaBean，只不过 ProxyFactoryBean 是用来创建其他 JavaBean 的。通过 ProxyFactoryBean 的不同属性配置，可以方便、精确地控制切入点和通知，指定代理目标以及决定使用何种代理。ProxyFactoryBean 提供的几个关键属性如表 10-3 所示。

表 10-3　ProxyFactoryBean 的关键属性

属性名称	说　明
target	指定代理目标对象
ProxyTargetClass	指定目标的代理方式，可以是类代理也可以是接口代理。当该属性设置为 true 时，使用 CGLIB 代理
optimize	设置创建代理时进行强制优化
frozen	设置代理工厂创建后，是否禁止通知的改变。默认值为 false

10.5.4 AOP 代理模式测试实例

实例 7：构建名为 TestProxyFactory 工程，在 test 包中实现对 JDK 代理和 CGLIB 代理的测试。运行结果如图 10-10 和图 10-11 所示。

1. 搭建环境

在 MyEclipse 中创建名为 TestProxyFactory 的 Java 工程，并在 src 路径下创建名为 test 的包。创建名为 lib 的包，将 spring.jar、commons-logging.jar、cglib-nodep-2.1_3.jar 这 3 个运行库文件加载入工程。

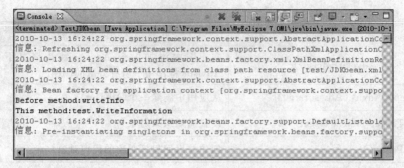

图 10-10　JDK 代理测试实例的运行结果

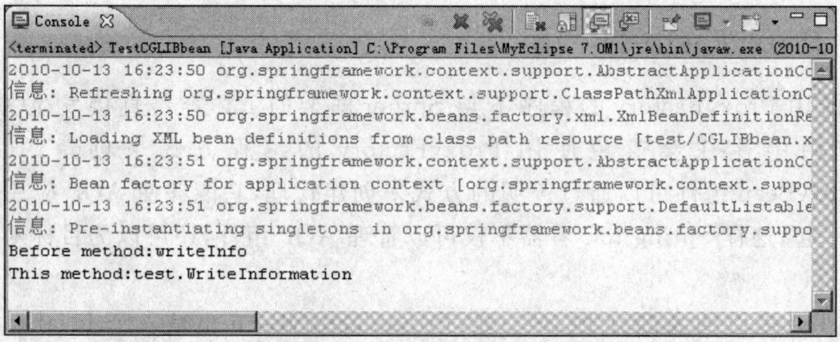

图 10-11　CGLIB 代理测试实例的运行结果

2. 在 test 包中创建 Information.java 接口程序

Information 接口程序的代码如下：

```
package test;
public interface Information{
    public void writeInfo();
}
```

3. 在 test 包中创建 WriteInformation.java 文件

WriteInformation 类实现 Information 接口，代码如下：

```
package test;
public class WriteInformation implements Information{
    public void writeInfo(){
        System.out.println("This method:"+this.getClass().getName());
    }
}
```

4. 在 test 包中创建 BeforInfo.java 文件

BeforInfo 类实现了前置通知，该类的代码如下：

```
package test;
import java.lang.reflect.Method;
```

```
import org.springframework.aop.MethodBeforeAdvice;
public class BeforInfo implements MethodBeforeAdvice{
    public void before(Method method, Object[] arg1, Object arg2)
        throws Throwable{           //该方法在目标方法调用之前被执行
        System.out.println("Before method:"+method.getName());
    }
}
```

5. 在 test 包中创建 JDKbean.xml 配置文件

JDKbean.xml 使用声明方式创建代理，以 xml 配置文件的形式给出代理目标、代理接口、通知等内容。该文件的代码如下：

```
<?xml version="1.0" encoding="UTF-8"?>
<beans xmlns="http://www.springframework.org/schema/beans"
    xmlns:xsi="http://www.w3.org/2001/XMLSchema-instance"
xmlns:p="http://www.springframework.org/schema/p"
    xmlns:context="http://www.springframework.org/schema/context"
    xsi:schemaLocation="
http://www.springframework.org/schema/beans
http://www.springframework.org/schema/beans/spring-beans-2.5.xsd
http://www.springframework.org/schema/context
http://www.springframework.org/schema/context/spring-context-2.5.xsd">
    <bean id="advice" class="test.BeforInfo"/>
    <bean id="target" class="test.WriteInformation"/>
    <bean id="JDKProxyFactoryBean" class="org.springframework.aop.framework.ProxyFactoryBean">
        <property name="proxyInterfaces">
            <value>test.Information</value>
        </property>
        <property name="interceptorNames">
            <list>
                <value>advice</value>
            </list>
        </property>
        <property name="target" ref="target"/>
    </bean>
</beans>
```

6. 在 test 包中创建 TestJDKbean.java 文件

TestJDKbean 文件通过 Spring 应用上下文获取 bean.xml 文件的内容，由 Spring IoC 容器根据配置文件内容自动创建代理对象。该文件的代码如下，运行结果如图 10-10 所示。

```
package test;
```

```
import org.springframework.context.ApplicationContext;
import org.springframework.context.support.ClassPathXmlApplicationContext;
public class TestJDKbean{
    public static void main(String[] args){
        ApplicationContext acx=new ClassPathXmlApplicationContext("test/JDKbean.xml");
        //由代理工厂生成代理对象
        Information info=(Information) acx.getBean("JDKProxyFactoryBean");
        info.writeInfo();
    }
}
```

7. 在 test 包中创建 CGLIBbean.xml

CGLIBbean.xml 文件的代码如下：

```xml
<?xml version="1.0" encoding="UTF-8"?>
<beans xmlns="http://www.springframework.org/schema/beans"
    xmlns:xsi="http://www.w3.org/2001/XMLSchema-instance"
xmlns:p="http://www.springframework.org/schema/p"
    xmlns:context="http://www.springframework.org/schema/context"
    xsi:schemaLocation="
    http://www.springframework.org/schema/beans
    http://www.springframework.org/schema/beans/spring-beans-2.5.xsd
    http://www.springframework.org/schema/context
    http://www.springframework.org/schema/context/spring-context-2.5.xsd">
    <bean id="advice" class="test.BeforInfo"/>
    <bean id="target" class="test.WriteInformation"/>
    <bean id="CGLIBProxyFactoryBean" class="org.springframework.aop.framework.ProxyFactoryBean">
        <property name="interceptorNames">
            <list>
                <value>advice</value>
            </list>
        </property>
        <property name="target" ref="target"/>
        <property name="proxyTargetClass" value="true"></property>
    </bean>
</beans>
```

8. 在 test 包中创建 TestCGLIBbean.java 文件

TestCGLIBbean 类的代码如下，运行结果如图 10-11 所示。

```
package test;
import org.springframework.context.ApplicationContext;
import org.springframework.context.support.ClassPathXmlApplicationContext;
```

```
public class TestCGLIBbean{
    public static void main(String[] args){
        ApplicationContext acx = new ClassPathXmlApplicationContext("test/
        CGLIBbean.xml");
        //由代理工厂生成代理对象
        Information info=(Information) acx.getBean("CGLIBProxyFactoryBean");
        info.writeInfo();
    }
}
```

10.6 任务6 进阶式案例——使用 Spring 框架中的 AOP 技术实现引入性案例

任务描述：通过本单元学习过的 Spring AOP 的相关知识，重新实现引入性案例的内容，在用户登录系统前后输出相应的日志信息。

任务目标：熟练掌握 Spring AOP 的编程技术。

10.6.1 解决方案

（1）在 MyEclipse 运行环境中创建名为 UserLoginLogSystem 的 Java 工程；
（2）添加 Spring 框架所需的运行库文件；
（3）创建接口文件 Login.java；
（4）创建接口实现文件 LoginImpl.java；
（5）创建 LogAdvice.java 实现通知的文件；
（6）创建 bean.xml 完成代理的配置；
（7）创建测试文件 TestLog.java；
（8）运行程序。

10.6.2 具体实现

1. 搭建环境

在 MyEclipse 运行环境中创建名为 UserLoginLogSystem 的 Java 工程，添加 Spring 框架所需的运行库文件：spring.jar、commons-logging.jar、cglib-nodep-2.1_3.jar。创建名为 log 的包。

2. 创建接口文件 Login.java

在 log 包中创建 Login.java 接口文件，该接口的代码如下：

```
package log;
public interface Login{
    public void login();
}
```

3. 创建接口实现文件 LoginImpl.java

在 log 包中创建接口实现类 LoginImpl，该类的代码如下：

```java
package log;
import java.util.logging.Logger;
public class LoginImpl implements Login{
    public void login(){
        Logger logger=Logger.getLogger(LogAdvice.class.getName());
        logger.info("==========管理员登录==========");
    }
}
```

4. 创建 LogAdvice.java 实现通知的文件

在 log 包中创建 LogAdvice 类，实现通知。该类的代码如下：

```java
package log;
import java.util.logging.Logger;
import org.aopalliance.intercept.MethodInterceptor;
import org.aopalliance.intercept.MethodInvocation;
public class LogAdvice implements MethodInterceptor{
    public Object invoke(MethodInvocation invocation) throws Throwable{
        //目标方法调用前,调用用户登录前程序,输出日志信息
        login();
        //完成目标方法的调用,该语句是固定的
        Object object=invocation.proceed();
        //目标方法调用后,调用用户登录后程序,输出日志信息
        logout();
        return object;
    }
    //横切关注点,用于实现日志输出功能
    private void logging(String msg){
        Logger logger=Logger.getLogger(LogAdvice.class.getName());
        logger.info(msg);
    }
    public void login(){        //调用 logging()方法输出用户登录前的日志信息的输出
        logging("用户登录操作执行之前的日志信息");
    }
    private void logout(){      //调用 logging()方法输出用户登录后的日志信息的输出
        logging("用户登录操作执行之后的日志信息");
    }
}
```

5. 创建 bean.xml 完成代理的配置

完成代理配置的代码如下：

```xml
<?xml version="1.0" encoding="UTF-8"?>
```

```xml
<beans xmlns="http://www.springframework.org/schema/beans"
    xmlns:xsi="http://www.w3.org/2001/XMLSchema-instance"
xmlns:p="http://www.springframework.org/schema/p"
    xmlns:context="http://www.springframework.org/schema/context"
    xsi:schemaLocation="
http://www.springframework.org/schema/beans
http://www.springframework.org/schema/beans/spring-beans-2.5.xsd
http://www.springframework.org/schema/context
http://www.springframework.org/schema/context/spring-context-2.5.xsd">
    <bean id="advice" class="log.LogAdvice"/>
    <bean id="target" class="log.LoginImpl"/>
    <bean id="CGLIBProxyFactoryBean" class="org.springframework.aop.framework.ProxyFactoryBean">
        <property name="interceptorNames">
            <list>
                <value>advice</value>
            </list>
        </property>
        <property name="target" ref="target"/>
        <property name="proxyTargetClass" value="true"></property>
    </bean>
</beans>
```

6. 创建测试文件 TestLog.java

TestLog 类的代码如下：

```java
package log;
import org.springframework.context.ApplicationContext;
import org.springframework.context.support.ClassPathXmlApplicationContext;
public class TestLog{
    public static void main(String[] args){
        ApplicationContext acx=new ClassPathXmlApplicationContext("log/bean.xml");
        Login login=(Login) acx.getBean("CGLIBProxyFactoryBean");
                                        //由代理工厂生成代理对象
        login.login();
    }
}
```

7. 运行程序

运行 TestLog.java，查看运行结果。

10.6.3 运行效果

TestLog 的运行结果如图 10-12 所示。

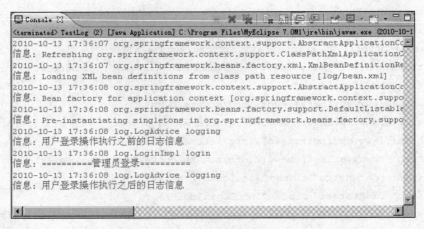

图 10-12　TestLog 的运行结果

单 元 总 结

本单元首先通过引入性案例给出了 OOP 方式解决日志信息输出的问题,在已有的解决方案中将输出日志信息的功能和实现业务逻辑的类放在一起实现,增加了维护的开销,降低了代码的可重用性。提出使用 Spring 框架中的 AOP 技术解决该类问题的思路。

在任务 2 中全方位地介绍了什么是 AOP。读者应了解 OOP 和 AOP 的关系、AOP 的相关概念,以及支撑 AOP 的技术,即 Java 动态代理技术。任务 3、任务 4、任务 5 分别介绍了 Spring AOP 中的通知、切入点、代理等相关技术,并通过实例阐述了它们的使用方法。

任务 6 使用了已学过的 Spring 框架中的 AOP 技术对引入性案例进行修改,实现了引入性案例的用户登录前后日志信息的输出,对本单元学过的知识点进行总结,实现知识的进阶。

习　　题

(1) 简述 OOP 和 AOP 的关系,并叙述 AOP 的作用。
(2) 叙述连接点、通知、切入点、代理、织入这些和 AOP 相关的概念的关系,以及这些概念在 Spring AOP 中的定义。
(3) Spring AOP 中的通知类型有几种?分别是什么?
(4) Spring AOP 的切入点有几种?分别是什么?有什么区别?
(5) Spring AOP 的代理模式有哪些?分别是什么?有何区别?
(6) 上机调试本单元中任务 1 的引入性案例和任务 5 的进阶式案例。
(7) 上机调试本单元中任务 2 到任务 5 中的实例,理解各个程序代码间的关系。

实训10　使用 Spring AOP 技术模拟图书管理系统中到期提醒信息的输出

1．实训目的

（1）了解 AOP 技术的基本概念。
（2）了解 Spring 框架中 AOP 技术的简介。
（3）掌握 Spring 的 4 种通知方式。
（4）掌握 Spring 的切入点的使用方法。
（5）理解 Spring AOP 的代理模式。

2．实训内容

根据本单元已学知识实现图书管理系统中到期提醒信息的输出，具体要求和步骤如下。

（1）在 MyEclipse 运行环境中创建名为 UserInformationSystem 的 Java 工程。
（2）添加 Spring 框架所需的运行库文件。
（3）创建接口文件 Login.java。
（4）创建接口实现文件 LoginImpl.java，用户登录后进行判断，如果有到期未还的图书则调用 notice()方法。
（5）创建静态切入点 SimplePointCut.java 文件，该文件对 LoginImpl 类中的 notice()方法进行匹配，仅当该类该方法执行时输出后置通知消息。
（6）创建 LogAdvice.java 实现到期提醒的通知信息的输出。
（7）创建测试文件 TestLog.java，在该类中生成切入点、通知、顾问、代理，完成测试功能。
（8）运行 TestLog 程序。

3．操作步骤

参考本单元任务 2 至任务 5 中讲述的内容完成实训内容，实现其功能。

4．实训小结

对相关内容写出实训总结。

第 11 单元

Spring、Struts、Hibernate 框架整合技术

单元描述：

Spring 框架是一个轻量级的容器，能够管理自身的组件以及 Struts、Hibernate、Struts 2 的组件。Spring 框架一般不会被单独使用，其定位目标是 Java EE Application Framework，也就是为快速 Web 应用开发提供基础的技术架构。Spring 与 Struts 2 和 Hibernate 等框架结合后，会极大提升开发效率。本单元的目标是介绍 Spring、Struts、Hibernate(SSH)框架的整合技术。

单元目标：

- 掌握 Spring 与 Struts 的整合方式；
- 了解 Spring 与 Java EE 持久化数据访问技术；
- 掌握 Spring 与 Hibernate 的整合方式；
- 了解构建 SSH 整合框架体系的过程。

11.1 任务 1 引入性案例

任务描述： 对第 8 单元的进阶式案例进行修改，使用 SSH 框架整合技术，查询所有用户购物车中商品的详细信息，查询结果如图 11-1 所示。

任务目标： 对现有已经掌握的技术进行分析，掌握目前的知识体系结构，分析出需要解决的问题，以及解决该问题还应掌握的技术。

通过以前学习的内容，截至目前，我们已经掌握了 Servlet 技术、JSP 技术、JDBC 技术、Struts 框架技术、Spring 框架技术、Hibernate 框架技术等在实际开发中的应用方法。如果想要实现在网上购物系统中对所有用户购物车中商品详细信息的查询功能，首先要进行需求分析。

为了实现这个功能，需要进行前台页面设计、中间业务层设计以及后台数据库的设计等相关操作。因此需要采取表示层、业务逻辑层、数据持久层、数据库层 4 层模式进行设计。现在将各个层次上需要的技术做如下分析。

(1) 表示层：可以使用传统的 Servlet、JSP 技术实现，也可以使用 Struts 1、Struts 2、或者 Spring MVC 框架等众多表示层技术实现。

(2) 业务逻辑层：可以使用 Spring 框架技术实现。

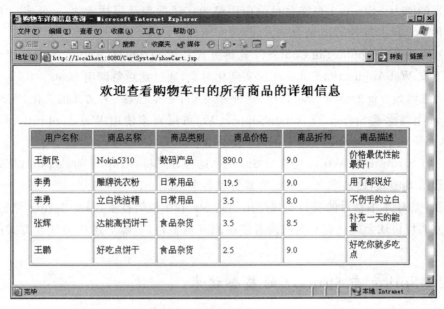

图 11-1　对所有用户购物车中商品的详细信息的查询结果

（3）数据持久层：可以使用 JDBC 或 Hibernate 框架技术实现。

（4）数据库层：可以使用 MySQL、SQL Server、Oracle 等众多数据库技术实现。本书重点介绍的是 MySQL 数据库，针对网上购物系统，已完成了后台数据库的设计工作。

通过上面的分析以及之前的介绍，读者可以给出各个层的具体解决方案，但是本案例只有在各层能够有机结合起来才能实现。

由之前的讲述得知，Struts 框架是完成表示层设计的最佳解决方案；Spring 框架是解决业务逻辑层的最好方法；Hibernate 框架是处理数据持久层的首选。下面要解决的问题是如何将这 3 个框架有机地整合在一起，使用 SSH 整合框架体系开发 Java EE 应用程序。

11.2　任务 2　Spring 与 Struts 的整合

任务描述：尽管 Struts 2 延续了 Struts 1 的名称，但 Struts 2 是由 WebWork 2 发展而来的，因此 Struts 2 与 Struts 1 并无直接联系。在一个系统中，Struts 2 能够与 Struts 1 共存。本任务介绍 Spring 与 Struts 1 整合的 3 种方式，并通过实例讲解 Spring 与 Struts 2 的整合技术。

任务目标：掌握 Spring 与 Struts 的整合技术。

11.2.1　Spring 与 Struts 1 的整合方式

Spring MVC 是 Spring 框架已有的表示层解决方案，但是作为一个以 Java EE Application Framework 为定位目标的框架技术，Spring 具有与其他表示层技术结合进行项目开发的能力。Struts 1 框架是目前应用最为广泛的表示层技术之一，Spring 框架提供了 3 种 Struts 1 与 Spring 结合的方式，现介绍如下。

（1）使用 WebApplicationContext：这种方式是在 Struts 的 Action 类中获取 Spring 应用上下文 WebApplicationContext 的实例化对象，通过此对象调用 Bean。

（2）继承 Spring 的 ActionSupport：这种方式实际上是对第一种方式的简化，当 Struts 1 的 Action 类继承了 Spring 的 ActionSupport 后，可以直接使用 WebApplicationContext 对象，从而简化了对 Spring 应用上下文的操作。

（3）将 Struts 1 的 Action 托管给 Spring：这种方式将 Struts 1 的 Action 以 Bean 的形式托管给 Spring，通过 Spring IoC 容器管理各个 Action。

注意：由于本书最后的项目实现使用的是 Struts 2 框架技术，因此 Spring 与 Struts 1 的整合方式仅讲述至此。有兴趣的读者请参阅其他书籍，了解上述 3 种整合方式的具体实现。

11.2.2　Spring 与 Struts 2 的整合技术

在任务描述中指出，Struts 1 与 Struts 2 能够共存于同一个 Web 系统中。Struts 2 的默认后缀是".action"，Struts 1 的默认后缀是".do"，因此在 URL 上不会产生冲突，Spring 框架能够同时与这两个框架整合。对于 Spring 与 Struts 2 的整合技术将通过实例讲解。

实例 1：对第 4 单元中的进阶式案例进行修改，在 Spring 框架中使用 Struts 2 完成表示层设计，实现 Spring 与 Struts 2 的整合。实现的功能与第 4 单元的进阶式案例相同，即当输入的用户名为 ZhaoYan 并且密码是 123456 时，显示成功登录页面，否则显示登录失败。

（1）创建名为 loginSpringStruts2 的 Web 工程，该工程的文件目录结构图如图 11-2 所示。

（2）在该工程的\WebRoot\WEB-INF\lib 路径下添加 Struts 2 的常用 JAR 包，这些文件与第 4 单元的进阶式案例中的相同。同时添加名为 spring.jar、commons-logging.jar、cglib-nodep-2.1_3.jar 及 struts2-spring-plugin-2.0.11.jar 的 4 个 Spring 运行库文件。

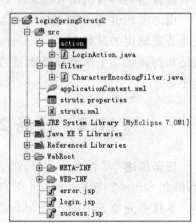

图 11-2　工程文件结构图

（3）LoginAction.java、error.jsp、login.jsp、success.jsp、struts.xml 这 5 个文件的代码与第 4 单元中的进阶式案例保持一致。目前为止有关 Struts 2 部分的内容保持不变。

（4）配置 applicationContext.xml，该文件的代码如下，该文件主要是配置 Struts 2 中的 LoginAction 对象。

```xml
<?xml version="1.0" encoding="UTF-8"?>
<beans xmlns="http://www.springframework.org/schema/beans"
    xmlns:xsi="http://www.w3.org/2001/XMLSchema-instance"
    xsi:schemaLocation="http://www.springframework.org/schema/beans
http://www.springframework.org/schema/beans/spring-beans-2.0.xsd">
    <!--配置Struts 2里的Action对象-->
    <bean id="login" class="action.LoginAction"></bean>
</beans>
```

（5）修改第4单元进阶式案例中的消息包文件struts.properties，在该文件中加入"struts.objectFactory=spring"语句，使得Struts 2类的生成交给Spring完成。

（6）配置web.xml，该文件的代码如下。在该文件中需要添加Spring的Web监听，并通过<context-param>标签来配置applicationContext.xml文件的位置。

```xml
<?xml version="1.0" encoding="UTF-8"?>
<web-app version="2.5"
    xmlns="http://java.sun.com/xml/ns/javaee"
    xmlns:xsi="http://www.w3.org/2001/XMLSchema-instance"
    xsi:schemaLocation="http://java.sun.com/xml/ns/javaee
    http://java.sun.com/xml/ns/javaee/web-app_2_5.xsd">
<welcome-file-list>
    <welcome-file>login.jsp</welcome-file>
</welcome-file-list>
<filter>
    <filter-name>struts</filter-name>
    <filter-class>org.apache.struts2.dispatcher.FilterDispatcher</filter-class>
    <init-param>
        <param-name>struts.action.extension</param-name>
        <param-value>action</param-value>
    </init-param>
</filter>
    <filter-mapping>
        <filter-name>struts</filter-name>
        <url-pattern>/*</url-pattern>
    </filter-mapping>
    <!--省略过滤器文件characterEncodingFilter.java的配置,该文件实现字符集的转换-->
    <!--characterEncodingFilter.java的配置与第4单元中的进阶式案例相同-->
<listener>
    <listener-class>org.springframework.web.context.ContextLoaderListener
    </listener-class>
</listener>
<context-param>
    <param-name>contextConfigLocation</param-name>
```

```
        <param-value>/WEB-INF/classes/applicationContext.xml</param-value>
    </context-param>
</web-app>
```

(7) 代码修改完成后,启动 Tomcat 发布工程,查看运行结果。用户登录页面如图 11-3 所示,成功登录后的页面如图 11-4 所示。

图 11-3　用户登录页面

图 11-4　成功登录页面

11.3　任务3　Spring 与 Java EE 持久化数据访问技术

任务描述：Spring 框架整合了各种各样的数据访问技术,有助于程序员摆脱持久化代码中烦琐的数据访问。在讲述 Spring 与 Hibernate 的整合技术之前,应当首先了解 Spring 的 DAO 模块提供的、对 JDBC 技术的支持,因为 JDBC 完全建立在 SQL 基础之上,用户可以灵活使用数据库的所有特性。

任务目标：了解 Spring 的数据访问模板,能够使用 Spring JDBC 技术实现简单的应用程序。

11.3.1　获取 DataSource 的方法

通过 Spring 操作数据库之前,需要建立一个 javax.sql.DataSource 对象。在 Spring 框架中存在 3 种获得 DataSource 对象的方法,分别是从 JNDI 获得 DataSource,从第三方的连接池获得 DataSource 和使用 DriverManagerDataSource 获得 DataSource。下面做具体介绍。

1. 通过 JNDI 获得 DataSource

要使用这种方法获得 DataSource,程序必须运行在支持 JNDI 服务的容器中,如 Tomcat、WebLogic 等。想要从 JNDI 获得 DataSource,需要在装配文件中装配 JndiObjectFactoryBean,代码如下:

```
<bean id="datasource" class="org.springframework.jndi.JndiObjectFactoryBean">
    <property name="jndiName" value="java:/comp/env/jdbc/webdb"></property>
</bean>
```

在 JndiObjectFactoryBean 类中有一个 jndiName 属性,表示在容器中配置的 JNDI 名。在 Web 程序中可以使用如下代码来获取 DataSource 对象。

```
ApplicationContext context=new FileSystemXmlApplicationContext(this.
getServletContext().getRealPath ("\\WEB-INF\\classes\\applicationContext.
xml"));
javax.sql.DataSource= (javax.sql.DataSource)context.getBean("datasource");
```

在一般情况下,并不需要在程序中获得 DataSource 对象,而是要在装配文件中使用 <ref>标签来装配所需的 DataSource 对象的属性。

2. 从第三方连接池获得 DataSource

由于 Spring 框架的程序不一定都是运行在支持 JNDI 的环境中,如控制台程序就无法直接从 JNDI 中获得 DataSource。在这种情况下,就只能使用第三方连接池来获得 DataSource。Jakarta Commons DBCP 是一个开源的连接池,读者可以到 http://commons.apache.org/pool 下载最新版本。DBCP 中 BasicDataSource 类实现了 DataSource 接口,因此,需要装配这个 Bean。代码如下:

```
<bean id="dataSource" class="org.apache.commons.dbcp.BasicDataSource" destroy
-method="close">
    <!--指定连接数据库驱动-->
    <property name="driverClassName" value="com.mysql.jdbc.Driver"/>
    <!--指定连接数据库 URL-->
    <property name="url" value="jdbc:mysql://localhost:3306/shopping"/>
    <!--指定连接数据库用户名,密码为空 -->
    <property name="username" value="root"/>
    <property name="password" value="123456"/>
</bean>
```

注意:以上代码装配了 BasicDataSource 类的 4 个属性,无论是使用<value>标签装配 url 属性,还是使用<property>标签的 value 属性装配 url 属性,url 前后不能有空格、回车、tab 等字符,否则将无法成功连接数据库。

3. 使用 DriverManagerDataSource

为了更方便地获得 DataSource,Spring 提供了一个轻量级的 DataSource 接口 DriverManagerDataSource。可以使用如下代码来装配 DriverManagerDataSource。

```
<bean id="dataSource" class="org.springframework.jdbc.datasource.
DriverManagerDataSource" destroy-method="close">
    <!--指定连接数据库驱动-->
    <property name="driverClassName"value="com.mysql.jdbc.Driver"/>
    <!--指定连接数据库 URL-->
    <property name="url" value="jdbc:mysql://localhost:3306/shopping"/>
    <!--指定连接数据库用户名,密码为空-->
    <property name="username" value="root"/>
```

```
        <property name="password" value="123456"/>
</bean>
```

注意：在装配 DriverManagerDataSource 类时，url 属性值前后可以有空格、回车、tab 等字符。读者可以根据自己的需要选择使用其中一种或几种获取 DataSource 的方法。

11.3.2 Spring 对 JDBC 的支持

目前存在很多操作数据库的 ORM 框架，如 Hibernate、JDO 等，但是人们仍然会选用 JDBC 来完成数据库操作，原因就是 JDBC 建立在原始 SQL 基础上，使得程序员能够更好地发挥自身在 SQL 方面的潜质。尽管使用 JDBC 来操作数据库并不复杂，但是基于 JDBC 的程序却存在大量的代码冗余。为此，Spring 对 JDBC 进行了封装，目的就是尽可能减少代码冗余。下面分 3 个方面来介绍 Spring 对 JDBC 的支持。

1. 使用 JdbcTemplate 的原因

通过对本书第 3 单元数据库访问技术的学习，得知在一般状态下需要使用 JDBC 提供的 API 访问数据库、操作数据库中的数据。但是这种方法需要程序员关注数据库的各项，包括数据库的设计、数据资源的管理和异常处理等。使用 JDBC 完成操作数据库的操作需要大量具有固定模式的代码（请参看第 3 单元中的进阶式案例），如打开和关闭数据库资源连接以及异常的处理等，只有少数的代码要根据需要的不同进行改变。Spring 框架将这些固定格式的代码进行封装，以模板的形式提供给开发人员。应用 Spring 的模板，使开发人员能够将精力更多的用在数据访问的具体逻辑上，同时也使代码更加简洁。

JdbcTemplate 是 Spring 提供的借助 JDBC 操作数据库的模板类。它能够自动管理数据库连接资源的打开和关闭操作，并且提供了 JDBC 相关的一些基础操作，因此可以简化 JDBC 的使用，并在一定程度上减少错误的发生。

使用 JdbcTemplate 完成第 3 单元进阶式案例中的 add() 方法，实现向 user 表插入一条用户信息的操作的代码如下：

```
public class AddUser{
    //省略其他方法
    public void add(){
        JdbcTemplate jt=newJdbcTemplate();          //创建 JdbcTemplate 实例
        //插入语句
        String sql =" insert into user (userName, passWord, age, telNum, e_Mail)
        values(\"王新民\",\"123456\",33,\"13895251191\",\"wxm@163.com\");";
        jt.update(sql);                             //通过 JdbcTemplate 执行操作
    }
}
```

在这段代码中，省去了连接数据库资源、关闭数据库资源、事务处理等代码，使程序员将精力放在要编写的向数据库插入数据的 SQL 语句上。

在 Spring 框架中存在支持 JdbcTemplate 模板的 JdbcDaoSuppport 类,使用该类可以更加简化 JDBC 的操作。在 JdbcDaoSuppport 类中已经提供了 JdbcTemplate 变量,只要定义的类继承了 JdbcDaoSupport,就可以直接调用 JdbcTemplate 的相关方法。使用 JdbcDaoSupport 类对上述代码进行修改,完成插入一条用户信息的操作。

```
public class AddUser extends JdbcDaoSupport{
    //省略其他方法
    public void add(){
        //插入语句
        String sql=" insert into user (userName, passWord, age, telNum, e_Mail)
        values(\"王新民\",\"123456\",33,\"13895251191\",\"wxm@163.com\");";
        getJdbcTemplate.update(sql);              //通过 JdbcTemplate 执行操作
    }
}
```

注意:在实际开发过程中,需要将对数据库进行的相关操作放入持久化层统一进行管理。以上述插入一条用户信息的操作为例,具体的实施步骤如下。

(1) 首先需要定义接口 UserDao.java,该接口包含对 user 表进行各种操作的方法,如 addUser()方法。

(2) 定义实现类 UserDaoImpl.java,该类需要实现 UserDao 接口并继承 JdbcDaoTemplate 类。在实现 UserDao 接口的 addUser()方法时,调用 JdbcTemplate 的 update()方法完成数据插入操作。

本书后续章节中的案例开发将采用该步骤进行。

2. 装配 JdbcTemplate 类

Spring 框架提供的 JdbcTemplate 类实现了对所有基于 JDBC 程序要用到的功能的封装,程序员只要编写和业务有关的代码就可以了。JdbcTemplate 类需要在 Spring 框架中进行装配,下面就是装配 JdbcTemplate 类的代码。

```
<bean id="jdbcTemplate" class="org.springframework.jdbc.core.JdbcTemplate">
    <property name="dataSource" ref="dataSource"/>
</bean>
```

其中 ref 属性所引用的 dataSource 是 11.3.1 节中装配的 DataSource。程序员可以使用下面的代码获取 JdbcTemplate 对象实例。

```
ApplicationContext context=new FileSystemXmlApplicationContext(this.
getServletContext().getRealPath ("\\WEB-INF\\classes\\applicationContext.
xml"));
JdbcTemplate jdbcTemplate=(JdbcTemplate)context.getBean("jdbcTemplate ");
```

3. JdbcTemplate 提供的方法

JdbcTemplate 提供了对数据的增、删、改、查的操作方法,通过调用这些方法就可以轻松实现对数据库中数据的相关操作。JdbcTemplate 提供的数据库操作方法主要包括以下几个。

（1）update()：通过调用该方法可以实现添加、修改、删除数据的操作。该方法的使用方式如表 11-1 所示。

表 11-1　update()方法的使用方式

使用形式	说　明
int update(String sql)	直接使用不带占位符的 SQL 语句
int update(String sql, Object[] args, int[] argTypes)	使用带占位符的 SQL 语句，通过 args 参数指定各占位符对应元素，通过 argsTypes 参数指定各元素类型
int update(String sql, PreparedStatementSetter pss)	使用 SQL 语句创建 PreparedStatement 实例后，调用 PreparedStatementSetter 回调接口执行参数绑定
int update(PreparedStatementCreator psc)	查询过程中使用 PreparedStatementCreator 回调接口，该接口用于创建 PreparedStatement 实例
int update(PreparedStatementCreator psc, KeyHolder generatedKeyHolder)	用于返回数据库表的主键

（2）batchUpdate()：使用该方法可以批量执行 SQL 语句，该方法有两种形式，如表 11-2 所示。

表 11-2　batchUpdate()方法的使用方式

使用形式	说　明
int[] batchUpdate(String[] sql)	多条 SQL 语句组成数组并批量执行
int[] batchUpdate(String sql, BatchPreparedStatementSetter pss)	批量执行多条 SQL 语句，并通过 BatchPreparedStatementSetter 回调接口进行批量参数绑定

（3）processRow()：该方法由 RowCallBackHandler 接口提供，用于获取查询结果集。使用该方法后不需要再调用查询结果 ResultSet 的 next()方法，Spring 会自动遍历结果集。

（4）mapRow()：该方法由 RowMapper 接口提供，也是用于获取查询结果集。

11.4　任务 4　Spring 与 Hibernate 的整合

任务描述：Spring 除了对 JDBC 提供了支持外，还对 Hibernate 提供了良好的支持。使用 Spring 与 Hibernate 的整合技术进行开发，能够极大地发挥各项技术的优势，提高整个开发项目的效率。

任务目标：了解并掌握 Spring 与 Hibernate 整合的相关技术。

11.4.1　Spring 对 Hibernate 的支持

Spring 对 Hibernate 的支持主要体现在 4 个方面，表 11-3 做了具体说明。

表 11-3　Spring 对 Hibernate 的支持

Spring 对 Hibernate 的支持方面	说　明
对 Hibernate 异常的支持	Spring 能够将 Hibernate 在运行时抛出的专有异常转换为 SpringDAO 异常
对 Hibernate 事务的支持	Spring 能够通过 HibernateTransactionManager 事务管理器间接对 Hibernate 自身的事务进行管理
对 Hibernate 基础设施的支持	Spring 的 FactoryBean 支持 Hibernate 自身具有的数据源和 SessionFactory 这两大基础设施
对 Hibernate 和其他持久化技术共存的支持	由于 Spring 框架是对各种持久化技术的高层次封装，所以在具体的应用中无须考虑底层的实现，从而达到 Hibernate 与其他持久化技术共存的目的

11.4.2　Spring 对 SessionFactory 的管理

在讲解 Spring 对 SessionFactory 的管理之前，首先总结一下 Hibernate 的使用流程。程序员对 Hibernate 的使用分如下 3 个步骤，具体的使用方法请读者参阅本书第 6~8 单元讲述的内容。

(1) 编写持久化类对应的对象关系映射文件，如 productinfovo.hbm.xml。

(2) 编写 Hibernate 配置文件 hibernate.cfg.xml 或 hibernate.properties，用于配置 SessionFactory 的数据源。

(3) 添加配置文件后，就可以在业务类中应用 SessionFactory 的实例对象进行相关操作。

通过以上 3 个步骤，可以使用 Hibernate 框架完成数据持久化操作。当使用 Spring 框架管理 Hibernate 的 SessionFactory，执行上述过程的步骤(2)时，在 hibernate.cfg.xml 或 hibernate.properties 文件中配置 SessionFactory 数据源的信息将全部转移到 Spring 的配置文件 applicationContext.xml 中，并由 Spring IoC 容器对 SessionFactory 的使用进行管理。在 applicationContext.xml 文件中对 SessionFactory 的具体配置如下：

```xml
<bean id="datasource" class="org.apache.commons.dbcp.BasicDataSource">
    <property name="driverClassName" value="com.mysql.jdbc.Driver"></property>
    <property name="url" value="jdbc:mysql://localhost:3306/test"></property>
    <property name="username" value="root"></property>
    <property name="password" value="123456"></property>
</bean>
< bean id =" sessionFactory" class =" org. springframework. orm. hibernate3. LocalSessionFactoryBean">
    <property name="dataSource" ref="datasource"/>
    <property name="hibernateProperties">
        < props > < prop key =" hibernate. dialect " > org. hibernate. dialect. MySQLDialect</prop></props>
    </property>
    <property name="mappingResources"><list><value>./User.hbm.xml</value>
```

```
        </list></property>
    </bean>
```

通过观察上述代码不难发现，数据源、映射文件以及 Hibernate 属性的相关配置都被放到了 Spring 的配置文件中，因此不再需要 hibernate.cfg.xml 或 hibernate.properties 配置文件。在运行时，Spring 容器会利用 LocalSessionFactoryBean 自动创建一个本地的 SessionFactory，负责读取 Hibernate 的相关配置信息，并管理 Hibernate 的相关操作。

11.4.3 Hibernate 的 DAO 实现

在 11.4.2 节中已经将 SessionFactory 的配置加入 Spring 的配置文件中，所以在设计 Hibernate 的 DAO 时只需将 SessionFactory 的实例注入 DAO 中即可。在 Hibernate 中完成 DAO 的实现要分两步进行。

（1）在 Spring 配置文件中添加 Hibernate 的 DAO 配置信息。代码如下：

```xml
<bean id="userDAO" class="src.dao.UserDaoImpl">
    <property name="sessionFactory" ref="sessionFactory"/>
</bean>
```

（2）在 DAO 的实现类中使用 setter 注入方式，将 SessionFactory 注入。代码如下：

```java
public class UserDAOImpl implements UserDAO{
//省去其他代码,仅罗列了与SessionFactory注入有关的代码
    private SessionFactory sessionFactory;
    public void setSessionFactory(SessionFactory sessionFactory){
        this.sessionFactory=sessionFactory;
    }
    public SessionFactory getSessionFactory(){
        return this.sessionFactory;
    }
}
```

在实际应用中，往往要使用 Spring 框架提供的 HibernateDaoSupport 类，该类提供了 getSessionFactory() 方法来简化上述操作。当程序员编写的 DAO 类继承于 HibernateDaoSupport 类之后，可以通过调用 getSessionFactory() 方法来直接获取一个 SessionFactory 对象。对上述代码进行修改，使其继承于 HibernateDaoSupport 类，代码如下：

```java
public class UserDAOImpl extends HibernateDaoSupport implements UserDAO{
//省去其他代码,仅罗列了与SessionFactory有关的代码
    SessionFactory sessionFactory=getSessionFactory();
}
```

11.4.4 使用 HibernateTemplate

使用 Hibernate 框架对数据库中存储的数据进行增、删、改、查时，都需要通过实例化

Configure 类、添加持久化类、建立 SessionFactory、开启 Session、定义事务处理对象、开始事务等步骤,当执行完对数据库中数据的操作后,还要执行操作完毕后的事务处理以关闭 Session。在开发过程中,除了需要处理正常业务逻辑之外,上述步骤都是约定成俗的。有没有一种方法可以简化 Hibernate 的操作,免去这些每次都要出现的约定成俗的步骤呢?答案就是使用 HibernateTemplate。

Spring 框架对其所支持的各种持久化技术,提供了通用的数据访问模板。对于 Hibernate 而言,Spring 提供的模板类就是 HibernateTemplate。在实际开发过程中,可以调用 getHibernateDaoSupport() 方法来获取 HibernateTemplate 模板的实例对象,并通过此方法调用相关数据操作方法,从而简化 Hibernate 的使用方法。HibernateTemplate 提供的一些常用方法如表 11-4 所示。

表 11-4 HibernateTemplate 的常用方法

方 法 名	说 明
Serializable save(Object obj)	保存实体对象并返回主键
void update(Object obj)	更新实体对象
void saveOrUpdate(Object obj)	保存或更新实体对象
void delete(Object obj)	删除实体对象
List find(String qString)	执行 HQL 查询并返回 List 类型的结果集
List findByNamedQuery(String qName)	执行命令查询并返回 List 类型的结果集

11.4.5 管理 Hibernate 事务

Spring 对 Hibernate 事务的管理分为声明式事务管理、编程式事务管理及标注式事务管理,在实际应用开发中,程序员可根据具体情况选择合适的事务管理方式。本书将以声明式事务管理方式为例,讲述如何使用 Spring 管理 Hibernate 事务。

Spring 框架针对 Hibernate 事务,提供了 HibernateTransactionManager 这个类用于处理 Hibernate 事务。使用声明式事务管理模式,必须在 Spring 的配置文件中,对 HibernateTransactionManager 及需要进行事务处理的相关类进行声明。接下来通过实例 2 讲述声明式事务管理方式的处理。

实例 2:以用户信息处理为例,采用声明式事务管理方式完成 Spring 框架对 Hibernate 事务的处理。

(1)声明 Hibernate 事务管理器的代码如下:

```
<!--定义 Hibernate 事务管理器-->
<bean id="transactionManager"
    class="org.springframework.orm.hibernate3.HibernateTransactionManager">
    < property name =" sessionFactory" ref =" sessionFactory"/> <!-- 配 置
    SessionFactory-->
</bean>
```

(2) 声明事务拦截器的代码如下：

```xml
<!--定义事务管理拦截器-->
<bean id="transactionInterceptor"
    class="org.springframework.transaction.interceptor.TransactionInterceptor">
    <property name="transactionManager" ref="transactionManager"/>
    <property name="transactionAttributes">
        <props>
            <!--声明事务管理策略,给所有的get方法都加上只读型事务-->
            <prop key="get*">PROPAGATION_REQUIRED,readOnly</prop>
            <!--声明事务类型,给所有方法都加上事务-->
            <prop key="*">PROPAGATION_REQUIRED</prop>
        </props>
    </property>
</bean>
```

注意：上述代码中的 get * 表示指定方法名称以 get 开头的全部纳入事务管理，也可以指定方法全名，如果在方法执行过程中发生错误，则所有先前的操作自动撤回，否则正常提交。在 insert * 等方法上指定 PROPAGATION_REQUIRED，表示在目前的事务执行过程中，如果事务不存在就创建一个新的，相关意义可以在 API 文件 TransactionDefinition 接口中找到。也可以加上多个事务定义，中间使用","隔开。上述代码中加上了只读。也可以在后面加上某个指定的异常，指出在某个特定的异常出现时发生的操作。例如"PROPAGATION_REQUIRED，readOnly，－MyException"，MyException 前加上－表示在发生指定异常时执行撤销操作，如果加上＋表示发生异常时立即提交。

(3) 声明代理创建者的代码如下：

```xml
<!--定义代理自动管理事务-->
<bean id="ProxyCreator"
    class="org.springframework.aop.framework.autoproxy.BeanNameAutoProxyCreator">
    <!--指定需要Spring管理事务的Bean的名称-->
    <property name="beanNames">
        <list><value>userDAO</value></list>
    </property>
    <!--调用事务管理拦截器-->
    <property name="interceptorNames">
        <list><value>transactionInterceptor</value></list>
    </property>
</bean>
```

系统开发的过程中，在 Spring 配置文件添加上述配置信息后，userDAO 中的方法被调用时，Spring IoC 会自动将事务管理功能植入。

11.5 任务5 构建 SSH 整合框架体系

任务描述：MyEclipse 对 Spring、Struts、Hibernate 都提供了良好的支持,使用 MyEclipse 进行 SSH 开发设计可以大大提高开发速度。本任务将详细介绍在 MyEclipse 开发平台中构建 SSH 整合框架体系的具体步骤,并用实例展示基于 SSH 整合框架体系的用户登录模块的开发。

任务目标：学会并熟练掌握 SSH 整合框架体系的构建。

在 MyEclipse 中构建 SSH 整合框架体系可以按照如下几个步骤进行。

(1) 创建 Web 工程；

(2) 添加对 Struts 框架的支持；

(3) 创建数据库连接；

(4) 添加对 Hibernate 框架的支持；

(5) 添加对 Spring 框架的支持。

下面通过实例讲解构建整合框架体系的过程。

实例3：构建 SSH 整合框架体系,并在该体系上完成用户登录模块的开发。

1. 构建 SSH 整合框架体系

(1) 创建 Web 工程。

启动 MyEclipse,创建一个名为 SSHUserLogin 的 Web 工程。

(2) 添加对 Struts 框架的支持。

选择工程 SSHUserLogin,在 MyEclipse 菜单栏中依次选择 MyEclipse→Project Capabilities→Add Struts Capabilities 命令,如图 11-5 所示。

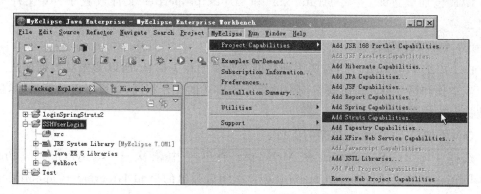

图 11-5 在 MyEclipse 中自动添加 Struts 支持

在随后弹出的 Add Struts Capabilities 对话框中,对 Struts 的配置信息进行设置。在 MyEclipse 7.0 的系统中,只能自动添加 Struts 1 框架,不支持 Struts 2 框架的自动添加,因此图 11-6 的对话框展示的是对 Struts 1 框架的配置,包括 struts-config.xml 配置文件的路径、Struts 版本、URL 匹配模式以及 Struts 文件路径。设置完毕单击 Finish 按钮,完成Struts支持功能的添加。

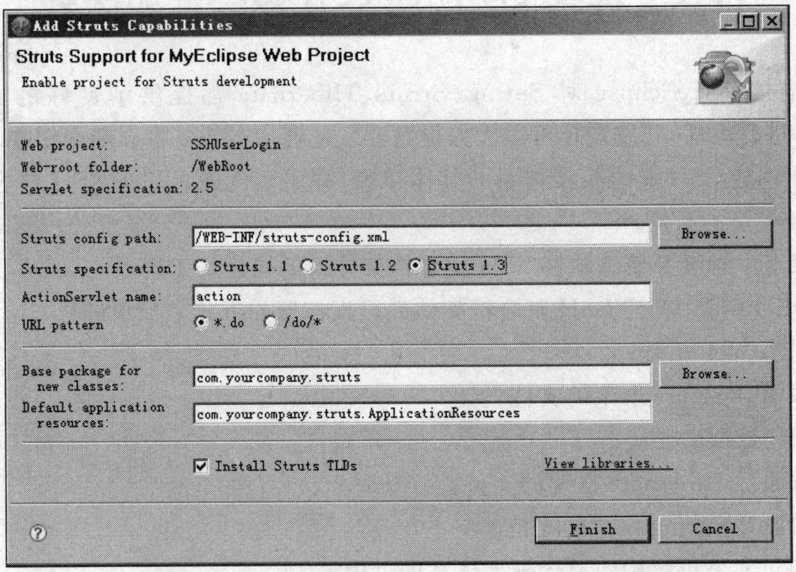

图11-6　在MyEclipse中设置Struts 1配置信息

由于本书最后的项目采用Struts 2框架，在MyEclipse 7.0中需要使用手动添加的方式实现对Struts 2框架的支持。MyEclipse 8.5以上的版本支持Struts 2的自动添加功能，读者可以使用MyEclipse 8.5以上的版本，按照上述步骤在弹出的Add Struts Capabilities对话框中完成对Struts 2的配置。

Struts 2框架的手动添加，与第4单元进阶式案例中讲述的步骤相同，只需将Struts 2的JAR包加载进来，并将struts.xml和struts.properties文件放置于src文件夹下即可。

（3）创建数据库连接。

由于添加Hibernate时，需要用到数据库资源的相关信息，所以要先对数据库进行配置。该步骤和第3单元进阶式案例中的第1步讲述的操作相同，这里不再重复讲述，创建的数据库连接名为mysql。

（4）添加对Hibernate框架的支持。

选择工程SSHUserLogin，在MyEclipse菜单栏中依次选择MyEclipse→Project Capabilities→Add Hibernate Capabilities。在随后弹出的Add Hibernate Capabilities对话框中对Hibernate配置信息进行设置。设置内容包括Hibernate版本、Hibernate所需的运行库文件等，具体配置如图11-7所示。

设置完毕单击Next按钮，进入下一个设置对话框。在下一个对话框中设置Hibernate的配置文件hibernate.cfg.xml的路径，根据本单元11.4.2节中讲述的内容，该文件中的信息需要全部转移到applicationContext.xml中，因此该文件是不需要的。但是为了让读者知道这一过程，在这里将该文件的路径设置在src根目录下，如图11-8所

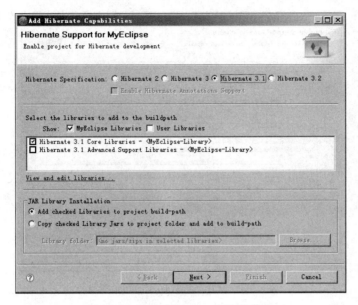

图 11-7　设置 Hibernate 的配置信息

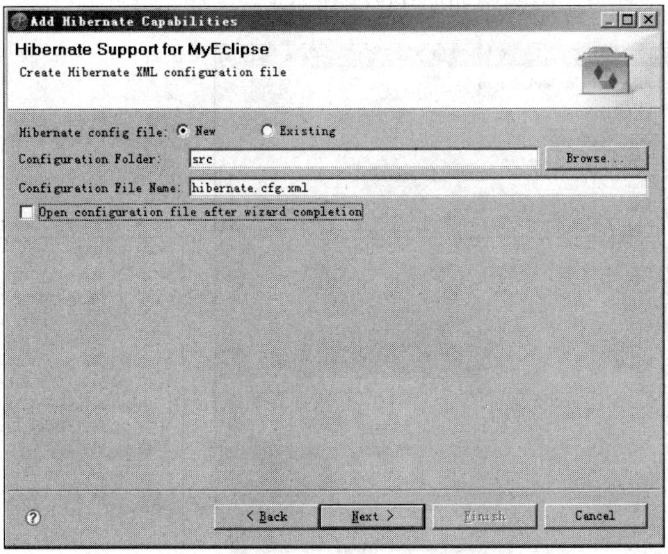

图 11-8　设置 Hibernate 配置文件路径

示。单击 Next 按钮，进入下一个设置对话框。在新对话框中完成对 Hibernate 连接数据库相关信息的配置，如图 11-9 所示。

在 DB Driver 下拉列表框中，选择在第 3 步操作中已经创建的数据库连接驱动 mysql，此时余下的信息 MyEclipse 会自动检索到。单击 Next 按钮，进行下一步的设置。

在弹出的新对话框中需要设置 Hibernate 的 SessionFactory 类，由于在 SSH 整合框架体系中，需要使用 Spring 管理 Hibernate，因此这里将不需要创建该类，将 Create SessionFactory class 前的勾选取消即可，如图 11-10 所示。单击 Finish 按钮，完成对

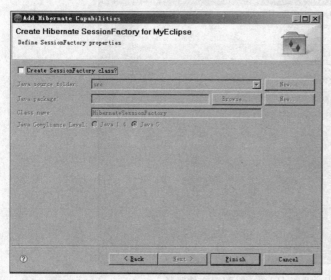

图 11-9　设置连接数据库的相关信息

Hibernate 框架的自动添加工作。

添加完后的工程目录结构图如图 11-11 所示。

图 11-10　完成对 SessionFactory 类的设置　　图 11-11　添加 Hibernate 后的工程结构

(5) 添加对 Spring 框架的支持。

选择工程 SSHUserLogin，在 MyEclipse 菜单栏中依次选择 MyEclipse→Project Capabilities→Add Spring Capabilities。在随后弹出的 Add Spring Capabilities 对话框中对 Spring 配置信息进行设置。需要设置的内容包括 Spring 版本以及 Spring 所需要的运行库文件，如图 11-12 所示。单击 Next 按钮，进行下一步设置。在新弹出的窗口中，设置

Spring 的配置文件 applicationContext.xml 的路径,在这里选择默认路径存放该配置文件,如图 11-13 所示。单击 Next 按钮,完成 Spring 对 Hibernate 的 SessionFactory 的设置,如图 11-14 所示。之后单击 Finish 按钮,完成对 Spring 框架的自动添加工作。

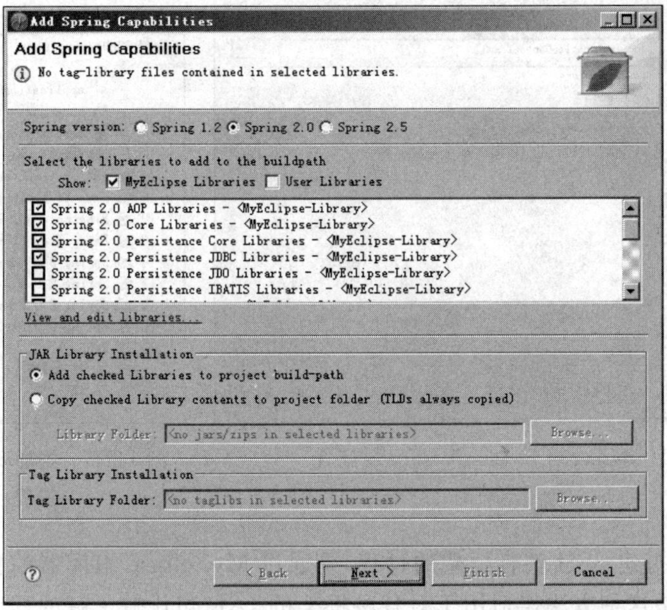

图 11-12　Spring 的配置

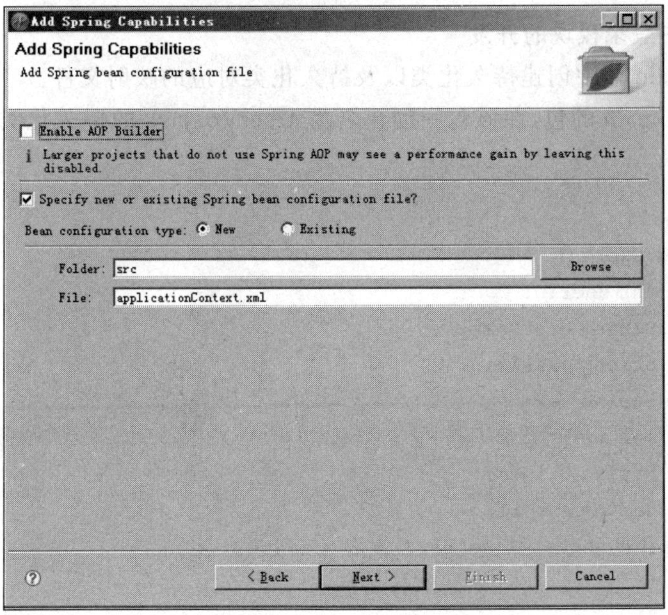

图 11-13　Spring 的配置文件的设置

(6) 设置完毕的工程目录结构图如图 11-15 所示。

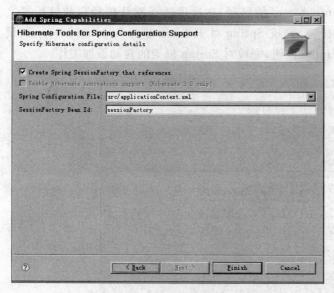
图 11-14 Spring 对 SessionFactory 的配置

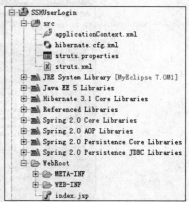
图 11-15 添加 Spring 框架后的工程目录结构图

注意：上述搭建 SSH 整合框架的过程，是通过 MyEclipse 编译器的自动添加框架的功能实现的，但是这种方法仅适用于对各种框架的 JAR 包比较了解的程序员。如果对各种 JAR 包的作用不是非常熟悉，建议手动添加 SSH 整合框架的 JAR 包，以免产生 JAR 包冲突。

2. 完成用户登录模块的开发

（1）在 domain 包中创建持久化类以及持久化类对应的映射文件。

新建名为 domain 的包，在该包中创建名为 UserVo.java 的持久化类文件，该文件的代码如下：

```
package domain;
public class UserVo{
    private int userID;
    private String userName;
    private String passWord;
    private String sex;
    private int age;
    private String telNum;
    private String e_Mail;
    //省去所有的 getter()、setter()方法
}
```

在 domain 包中创建名为 uservo.hbm.xml 的持久化类对应的映射文件，该文件的代码如下：

```
<?xml version="1.0"?>
```

```xml
<!DOCTYPE hibernate-mapping PUBLIC "-//Hibernate/Hibernate Mapping DTD 3.3//EN"
"http://hibernate.sourceforge.net/hibernate-mapping-3.0.dtd">
<hibernate-mapping>
    <class name="domain.UserVo" table="user" >
        <id name="userID" type="java.lang.Integer"><column name="userID"/></id>
        <property name="userName" type="java.lang.String">
            <column name="userName" length="30"/>
        </property>
        <property name="passWord" type="java.lang.String">
            <column name="passWord" length="30"/>
        </property>
        <property name="sex" type="java.lang.String"><column name="sex" length="4"/></property>
        <property name="age" type="java.lang.Integer"><column name="age"/>
        </property>
        <property name="telNum" type="java.lang.String"><column name="telNum" length="15"/>
        </property>
        <property name="e_Mail" type="java.lang.String"><column name="e_Mail" length="50"/>
        </property>
    </class>
</hibernate-mapping>
```

（2）在 dao 包中创建持久化层的接口以及该接口的实现类。持久化层将通过 HibernateTemplate 模板技术实现按照用户名和密码检索用户信息的功能。

创建 dao 包，在该包中创建接口类 UserDAO.java，该类的源代码如下：

```java
package dao;
import java.util.List;
import domain.UserVo;
public interface UserDAO{
    public List<UserVo> findByProperty(String userName,String userPsw);
}
```

在 dao 包中创建 UserDAO 接口的实现类 UserDAOImpl.java，该类的源代码如下：

```java
package dao;
import java.util.List;
import org.springframework.orm.hibernate3.support.HibernateDaoSupport;
import domain.UserVo;
public class UserDAOImpl extends HibernateDaoSupport implements UserDAO{
    @SuppressWarnings("unchecked")
    public List<UserVo> findByProperty(String userName,String userPsw){
```

```
            String sql=" from UserVo u where u.userName = '" + userName +"' and u.
            passWord='"+userPsw+"'";
            List<UserVo>list=(List<UserVo>) getHibernateTemplate().find(sql);
            return list;
        }
    }
```

（3）在 service 包中创建业务层的接口以及该接口的实现类，业务逻辑层负责具体的业务逻辑操作，其中包括将持久层检索出来的用户信息传递给表示层。

创建 service 包，在该包中创建名为 UserService.java 的接口，该文件的代码如下：

```
package service;
import domain.UserVo;
public interface UserService{
    public UserVo validateUser(String userName,String userPsw);
}
```

在 service 包中创建 UserService 接口的实现类 UserServiceImpl.java，该文件的代码如下：

```
package service;
import dao.UserDAO;
import domain.UserVo;
public class UserServiceImpl implements UserService{
    private UserDAO userDAO;
    public UserDAO getUserDAO(){
        return userDAO;
    }
    public void setUserDAO(UserDAO userDAO){
        this.userDAO=userDAO;
    }
    public UserVo validateUser(String userName, String userPsw){
        //TODO Auto-generated method stub
        if(userDAO.findByProperty(userName, userPsw).size()!=0){
            return userDAO.findByProperty(userName, userPsw).get(0);
        }
        return null;
    }
}
```

（4）在 action 包中创建用户登录模块的 Action 类 LoginAction.java。Action 类属于表示层中的控制器部分，主要负责对页面的请求处理，该文件的代码如下：

```
package action;
import service.UserService;
```

```java
import com.opensymphony.xwork2.ActionSupport;
import domain.UserVo;
public class LoginAction extends ActionSupport{
    private static final long serialVersionUID=1L;

    private UserVo user;
    private UserService userService;
    public UserVo getUser(){
        return user;
    }
    public void setUser(UserVo user){
        this.user=user;
    }
    public UserService getUserService(){
        return userService;
    }
    public void setUserService(UserService userService){
        this.userService=userService;
    }
    public String execute() throws Exception{
        UserVo u=userService.validateUser(user.getUserName(),user.getPassWord());
        if(u!=null){
            return SUCCESS;
        }
        else{
            return ERROR;
        }
    }
}
```

(5) 为解决中文乱码问题，创建过滤器 Servlet：CharacterEncodingFilter. java，该文件的代码和第 4.1.2 节案例中的代码相同。

(6) Struts 2 的配置文件是 struts. xml 和 struts. properties，Spring 的配置文件是 applicationContext. xml。

struts. xml 文件的代码如下，主要完成 Action 的配置。

```xml
<?xml version="1.0" encoding="UTF-8" ?>
<!DOCTYPE struts PUBLIC
    "-//Apache Software Foundation//DTD Struts Configuration 2.0//EN"
    "http://struts.apache.org/dtds/struts-2.0.dtd">
<struts>
    <include file="struts-default.xml"/>
    <package name="main" extends="struts-default">
```

```xml
        <action name="login" class="action.LoginAction">
           <result name="error">/error.jsp</result>
           <result name="success">/success.jsp</result>
        </action>
    </package>
</struts>
```

struts.properties 的代码如下：

```
struts.objectFactory=spring
struts.action.extension=action
struts.locale=en_GB
```

applicationContext.xml 文件的代码如下，主要完成数据源、事务以及各种 Bean 的配置。

```xml
<?xml version="1.0" encoding="UTF-8"?>
<beans xmlns="http://www.springframework.org/schema/beans"
    xmlns:xsi="http://www.w3.org/2001/XMLSchema-instance"
    xsi:schemaLocation="http://www.springframework.org/schema/beans
http://www.springframework.org/schema/beans/spring-beans-2.0.xsd">
    <bean id="datasource" class="org.apache.commons.dbcp.BasicDataSource">
        <property name="driverClassName" value="com.mysql.jdbc.Driver"></property>
        <property name="url" value="jdbc:mysql://localhost:3306/shopping">
        </property>
        <property name="username" value="root"></property>
        <property name="password" value="123456"></property>
    </bean>
    <bean id="sessionFactory"
        class="org.springframework.orm.hibernate3.LocalSessionFactoryBean">
        <property name="dataSource"><ref bean="datasource"/></property>
        <property name="hibernateProperties">
            <props>
                <prop key="hibernate.dialect">org.hibernate.dialect.MySQLDialect
                </prop>
            </props>
        </property>
        <property name="mappingResources">
            <list><value>domain/uservo.hbm.xml</value></list>
        </property>
    </bean>
    <bean id="userDAO" class="dao.UserDAOImpl">
        <property name="sessionFactory"><ref local="sessionFactory"/></property>
    </bean>
    <bean id="userService" class="service.UserServiceImpl">
        <property name="userDAO"><ref bean="userDAO"/></property>
```

```
        </bean>
        <bean id="login" class="action.LoginAction">
            <property name="userService"><ref bean="userService"/></property>
        </bean>
</beans>
```

(7) 在 web.xml 文件中配置 Spring、Struts 2 的监听，指定 applicationContext.xml、struts.xml 和过滤器文件。web.xml 文件的代码如下：

```
<?xml version="1.0" encoding="UTF-8"?>
<web-app version="2.5"
    xmlns="http://java.sun.com/xml/ns/javaee"
    xmlns:xsi="http://www.w3.org/2001/XMLSchema-instance"
    xsi:schemaLocation="http://java.sun.com/xml/ns/javaee
    http://java.sun.com/xml/ns/javaee/web-app_2_5.xsd">
  <welcome-file-list>
    <welcome-file>login.jsp</welcome-file>
  </welcome-file-list>
    <filter>
        <filter-name>struts</filter-name>
        <filter-class>org.apache.struts2.dispatcher.FilterDispatcher</filter-class>
        <init-param>
            <param-name>struts.action.extension</param-name>
            <param-value>action</param-value>
        </init-param>
    </filter>
    <filter-mapping>
        <filter-name>struts</filter-name>
        <url-pattern>/*</url-pattern>
    </filter-mapping>
    <filter>
        <filter-name>characterEncodingFilter</filter-name>
        <filter-class>filter.CharacterEncodingFilter</filter-class>
        <init-param>
            <param-name>characterEncoding</param-name>
            <param-value>UTF-8</param-value>
        </init-param>
        <init-param>
            <param-name>enable</param-name>
            <param-value>true</param-value>
        </init-param>
    </filter>
    <filter-mapping>
        <filter-name>characterEncodingFilter</filter-name>
```

```xml
            <url-pattern>/*</url-pattern>
        </filter-mapping>
        <listener>
            <listener-class>org.springframework.web.context.ContextLoaderListener</listener-class>
        </listener>
        <context-param>
        <param-name>contextConfigLocation</param-name>
        <param-value>/WEB-INF/classes/applicationContext.xml</param-value>
        </context-param>
</web-app>
```

(8) 在用户登录模块中存在 3 个页面,分别是 login.jsp、success.jsp 以及 error.jsp,分别用于实现用户登录、用户成功登录后的信息显示以及错误登录后的信息显示。具体代码如下。

login.jsp 文件的代码如下:

```jsp
<%@page language="java" contentType="text/html; charset=UTF-8"%>
<%@taglib uri="/struts-tags" prefix="struts"%>
<html>
    <head><title>登录页面</title></head>
    <body>
        <center>
            <h2>用户登录</h2><p>
            <struts:form action="login" method="post">
                <struts:textfield name="user.userName" label="账号"/>
                <struts:password name="user.passWord" label="密码"/>
                <struts:submit value="登录"></struts:submit>
            </struts:form>
        </center>
    </body>
</html>
```

success.jsp 文件的代码如下:

```jsp
<%@page contentType="text/html;charset=gb2312" %>
<%@taglib prefix="s" uri="/struts-tags" %>
<html>
    <body>
        <h2>您好!用户<s:property value="user.userName"/>欢迎您登录成功</h2>
    </body>
</html>
```

error.jsp 文件的代码如下:

```jsp
<%@page contentType="text/html;charset=gb2312" %>
```

```
<%@ taglib prefix="s" uri="/struts-tags" %>
<html>
    <body>
        <h2>登录失败</h2>
    </body>
</html>
```

（9）当所有代码书写完成后，启动 Tomcat，发布工程，然后在浏览器窗口查看运行效果，如图 11-16 所示。

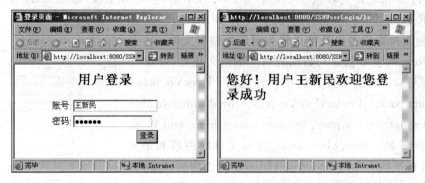

图 11-16　基于 SSH 整合框架体系的登录模块的运行效果

11.6　任务 6　进阶式案例——使用 SSH 框架体系实现购物车模块的开发

任务描述：对第 8 单元中的进阶式案例进行修改，使用 SSH 整合框架体系对引入性案例提出的要求进行实施，实现购物车模块的开发。主要功能是查询所有用户购物车中的商品的详细信息。

任务目标：能够熟练掌握基于 SSH 整合技术开发、测试和维护 Web 应用系统的方法。

11.6.1　解决方案

（1）在 MyEclipse 运行环境中创建名为 CartSystem 的 Web 工程。
（2）添加 SSH 整合框架的 JAR 包。
（3）在 domain 包中创建持久化类以及持久化类对应的映射文件。
（4）在 dao 包中创建持久化层的接口以及该接口的实现类。
（5）在 service 包中创建业务层的接口以及该接口的实现类。
（6）在 action 包中创建查询所有用户购物车中商品的详细信息的 Action 类 CartProductSelect.java。
（7）为解决中文乱码问题，创建过滤器 Servlet：CharacterEncodingFilter.java。
（8）完成 Struts 2 的配置文件 struts.xml 和 struts.properties 的配置。

(9) 完成 Spring 的配置文件 applicationContext.xml 的配置。

(10) 完成 web.xml 文件的配置。

(11) 完成该模块中两个页面 showCart.jsp、error.jsp 的设计。

(12) 运行程序,展示运行效果。

11.6.2 具体实现

1. 搭建环境

在 MyEclipse 运行环境中创建名为 CartSystem 的 Web 工程,添加 SSH 整合框架所需的 JAR 包。工程目录结构图如图 11-17 所示。

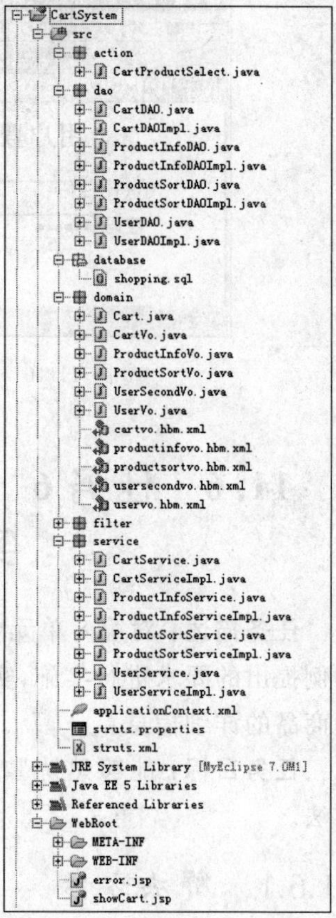

2. 创建持久化类以及持久化类对应的映射文件

在 domain 包中创建与数据表对应的持久化类,以及与持久化类对应的映射文件。这些文件包括:UserVo.java、uservo.hbm.xml、ProductInfoVo.java、productinfovo.hbm.xml、ProductSortVo.java、productsortvo.hbm.xml 以及 CartVo.java 和 cartvo.hbm.xml。这些文件的内容和第 8 单元进阶式案例所在的 ShoppingHibernate 工程的 domain 中对应的文件相同,但是为了方便使用 HibernateTemplate 查询数据,去掉了与所有的表之间关联的代码,仅包含与属性相对应的部分。现以 ProductInfoVo.java 和 productinfovo.hbm.xml 文件为例进行说明,这两个文件的代码如下:

```
package domain;
public class ProductInfoVo{
    private int id;
    private int sortId;
    private String productName;
    private float price;
    private float discount;
    private int inventory;
    private String discription;
//省略所有的 getter()、setter()方法
}
```

图 11-17 CartSystem 的工程目录结构图

```
<?xml version="1.0"?>
<!DOCTYPE hibernate-mapping PUBLIC "-//Hibernate/Hibernate Mapping DTD 3.3//EN"
"http://hibernate.sourceforge.net/hibernate-mapping-3.0.dtd">
<hibernate-mapping>
    <class name="domain.ProductInfoVo" table="productInfo">
        <id name="id" type="java.lang.Integer">
            <column name="id"/>
        </id>
```

```xml
        <property name="sortId" type="java.lang.Integer">
            <column name="sortId"  />
        </property>
        <property name="productName" type="java.lang.String">
            <column name="productName" length="50"/>
        </property>
        <property name="price" type="java.lang.Float">
            <column name="price"/>
        </property>
        <property name="discount" type="java.lang.Float">
            <column name="discount"/>
        </property>
        <property name="inventory" type="java.lang.Integer">
            <column name="inventory"/>
        </property>
        <property name="discription" type="java.lang.String">
            <column name="discription" length="500"/>
        </property>
    </class>
</hibernate-mapping>
```

除此之外,当检索出所有用户的购物车中的商品的详细信息后,需要在浏览器中显示这些信息,所以要在显示之前保存这些信息。因此,在 domain 包中存在 Cart 类,用于保存购物车中商品的详细信息。该类的代码如下:

```java
package domain;
public class Cart{
    private String userName;
    private String productName;
    private String sortName;
    private float price;
    private float discount;
    private String discription;
//省略所有的 getter()和 setter()方法
}
```

3. 创建持久化层的接口以及该接口的实现类

在 dao 包中,创建持久化层的接口以及该接口的实现类。

(1) 创建 dao 包,在该包中创建接口类 UserDAO.java,该接口的实现类是 UserDAOImpl.java。源代码如下:

```java
package dao;
import domain.UserVo;
public interface UserDAO{
```

```java
    public UserVo findByID(int userID);
}

package dao;
import org.springframework.orm.hibernate3.support.HibernateDaoSupport;
import domain.UserVo;
public class UserDAOImpl extends HibernateDaoSupport implements UserDAO{
    public UserVo findByID(int userID){
        UserVo user= (UserVo) getHibernateTemplate().get(UserVo.class,userID);
        return user;
    }
}
```

（2）创建接口类 ProductInfoDAO.java，该接口的实现类是 ProductInfoDAOImpl.java，源代码如下：

```java
package dao;
import domain.ProductInfoVo;
public interface ProductInfoDAO{
    public ProductInfoVo findByID(int id);
}

package dao;
import domain.ProductInfoVo;
import org.springframework.orm.hibernate3.support.HibernateDaoSupport;
public class ProductInfoDAOImpl extends HibernateDaoSupport implements ProductInfoDAO{
    public ProductInfoVo findByID(int id){
        ProductInfoVo pi= (ProductInfoVo) getHibernateTemplate().get(ProductInfoVo.class,id);
        return pi;
    }
}
```

（3）创建接口类 ProductSortDAO.java，该接口的实现类是 ProductSortDAOImpl.java，源代码如下：

```java
package dao;
import domain.ProductSortVo;
public interface ProductSortDAO{
    public ProductSortVo findByID(int id);
}

package dao;
import org.springframework.orm.hibernate3.support.HibernateDaoSupport;
import domain.ProductSortVo;
public class ProductSortDAOImpl extends HibernateDaoSupport implements ProductSortDAO{
```

```java
    public ProductSortVo findByID(int id){
        ProductSortVo ps=(ProductSortVo)getHibernateTemplate().get(ProductSortVo.
        class,id);
        return ps;
    }
}
```

（4）创建接口类 CartDAO.java，该接口的实现类是 CartDAOImpl.java，源代码如下：

```java
package dao;
import java.util.List;
import domain.CartVo;
public interface CartDAO{
    public List<CartVo>findALL();
}

package dao;
import java.util.List;
import org.springframework.orm.hibernate3.support.HibernateDaoSupport;
import domain.CartVo;
public class CartDAOImpl extends HibernateDaoSupport implements CartDAO{
    public List<CartVo>findALL(){
        String sql="from CartVo";
        List<CartVo>list=(List<CartVo>)getHibernateTemplate().find(sql);
        return list;
    }
}
```

4. 在 service 包中创建业务层的接口以及该接口的实现类

创建 service 包，在该包中创建业务逻辑层的接口以及该接口的实现类。

（1）创建接口类 UserService.java，该接口的实现类是 UserServiceImpl.java，代码如下：

```java
package service;
import domain.UserVo;
public interface UserService{
    public UserVo findByID(int userID);
}

package service;
import dao.UserDAO;
import domain.UserVo;
public class UserServiceImpl implements UserService{
    private UserDAO userDAO;
```

//省略关于 userDAO 属性的 getter()、setter()方法
```
public UserVo findByID(int userID){
    return userDAO.findByID(userID);
}
}
```

(2) 创建接口类 ProductInfoService.java，该接口的实现类是 ProductInfoServiceImpl.java，代码如下：

```
package service;
import domain.ProductInfoVo;
public interface ProductInfoService{
    public ProductInfoVo findByID(int id);
}


package service;
import dao.ProductInfoDAO;
import domain.ProductInfoVo;
public class ProductInfoServiceImpl implements ProductInfoService{
    private ProductInfoDAO productInfoDAO;
    //省略关于 productInfoDAO 属性的 getter()、setter()方法
    public ProductInfoVo findByID(int id){
        return productInfoDAO.findByID(id);
    }
}
```

(3) 创建接口类 ProductSortService.java，该接口的实现类是 ProductSortServiceImpl.java，代码如下：

```
package service;
import domain.ProductSortVo;
public interface ProductSortService{
    public ProductSortVo findByID(int id);
}


package service;
import dao.ProductSortDAO;
import domain.ProductSortVo;
public class ProductSortServiceImpl implements ProductSortService{
    private ProductSortDAO productSortDAO;
    //省略关于 productSortDAO 属性的 getter()、setter()方法
    public ProductSortVo findByID(int id){
        return productSortDAO.findByID(id);
    }
}
```

(4) 创建接口类 CartService.java,该接口的实现类是 CartServiceImpl.java,代码如下:

```java
package service;
import java.util.List;
import domain.CartVo;
public interface CartService{
    public List<CartVo>  showCart();
}
```

```java
package service;
import java.util.List;
import domain.CartVo;
import dao.CartDAO;
public class CartServiceImpl implements CartService{
    private CartDAO cartDAO;
    //省略关于 cartDAO 属性的 getter()、setter()方法
    //显示购物车中的全部信息
    public List<CartVo>showCart(){
        if(cartDAO.findALL().size()>0){
            return cartDAO.findALL();
        }
        else{
            return null;
        }
    }
}
```

5. 在 action 包中创建查询所有用户购物车中商品详细信息的 Action 类

在 action 包中,CartProductSelect.java 实现了对所有用户购物车中商品详细信息的查询,该文件的源代码如下:

```java
package action;
import java.util.ArrayList;
import java.util.List;
import java.util.Map;
import service.CartService;
import service.ProductInfoService;
import service.ProductSortService;
import service.UserService;
import domain.CartVo;
import domain.ProductInfoVo;
import domain.ProductSortVo;
import domain.UserVo;
import domain.Cart;
```

```java
import com.opensymphony.xwork2.ActionContext;
import com.opensymphony.xwork2.ActionSupport;
public class CartProductSelect extends ActionSupport{
    private static final long serialVersionUID=1L;
    private UserService userService;
    private UserVo uservo;
    private ProductInfoVo productInfovo;
    private ProductInfoService productInfoService;
    private ProductSortVo productsortvo;
    private ProductSortService productSortService;
    private CartVo cart;
    private CartService cartService;
    //省去所有属性的 getter()、setter()方法
    @SuppressWarnings("unchecked")
    public String execute() throws Exception{
        List<Cart> cart=new ArrayList<Cart>();
        List<CartVo> cartvo=cartService.showCart();
        for(int i=0;i<cartvo.size();i++){
            Cart newCart=new Cart();
            int userID=cartvo.get(i).getUserId();
            int productId=cartvo.get(i).getProductId();
            ProductInfoVo pi=productInfoService.findByID(productId);
            newCart.setProductName(pi.getProductName());
            newCart.setPrice(pi.getPrice());
            newCart.setDiscount(pi.getDiscount());
            newCart.setDiscription(pi.getDiscription());
            int productSortId=pi.getSortId();
            ProductSortVo ps=productSortService.findByID(productSortId);
            newCart.setSortName(ps.getSortName());
            UserVo user=userService.findByID(userID);
            newCart.setUserName(user.getUserName());
            cart.add(newCart);
        }
        if(cart!=null){
            Map request= (Map)ActionContext.getContext().get("request");
            request.put("cart",cart);
            return SUCCESS;
        }
        else{
            return ERROR;
        }
    }
}
```

6. 创建过滤器 Servlet：CharacterEncodingFilter.java

CharacterEncodingFilter.java 文件的代码和 4.1.2 节案例中的代码相同，这里不再叙述。

7. 完成 Struts 2 的配置文件 struts.xml 和 struts.properties 的配置

其中 struts.xml 的配置如下：

```xml
<struts>
    <include file="struts-default.xml"/>
    <package name="main" extends="struts-default">
        <action name="showCart" class="action.CartProductSelect">
            <result name="error">/error.jsp</result>
            <result name="success">/showCart.jsp</result>
        </action>
    </package>
</struts>
```

struts.properties 的配置和任务 5 中的配置相同，这里不再重复讲述。

8. 完成 Spring 的配置文件 applicationContext.xml 的配置

applicationContext.xml 的配置代码如下：

```xml
<bean id="datasource" class="org.apache.commons.dbcp.BasicDataSource">
    <property name="driverClassName" value="com.mysql.jdbc.Driver"></property>
    <property name="url" value="jdbc:mysql://localhost:3306/shopping"></property>
    <property name="username" value="root"></property>
    <property name="password" value="123456"></property></bean>
<bean id="sessionFactory" class="org.springframework.orm.hibernate3.LocalSessionFactoryBean">
    <property name="dataSource"><ref bean="datasource"/></property>
    <property name="hibernateProperties">
        <props><prop key="hibernate.dialect">org.hibernate.dialect.MySQLDialect
        </prop></props>
    </property>
    <property name="mappingResources">
        <list><value>domain/uservo.hbm.xml</value><value>domain/usersecondvo.
            hbm.xml</value>
            <value>domain/cartvo.hbm.xml</value><value>domain/productinfovo.
            hbm.xml</value>
            <value>domain/productsortvo.hbm.xml</value></list>
    </property>
</bean>
<bean id="userDAO" class="dao.UserDAOImpl">
    <property name="sessionFactory"><ref local="sessionFactory"/></property>
</bean>
<bean id="userService" class="service.UserServiceImpl">
    <property name="userDAO"><ref bean="userDAO"/></property>
```

```xml
    </bean>
    <bean id="productInfoDAO" class="dao.ProductInfoDAOImpl">
        <property name="sessionFactory"><ref local="sessionFactory"/></property>
    </bean>
    <bean id="productInfoService" class="service.ProductInfoServiceImpl">
        <property name="productInfoDAO"><ref bean="productInfoDAO"/></property>
    </bean>
    <bean id="productSortDAO" class="dao.ProductSortDAOImpl">
        <property name="sessionFactory"><ref local="sessionFactory"/></property>
    </bean>
    <bean id="productSortService" class="service.ProductSortServiceImpl">
        <property name="productSortDAO"><ref bean="productSortDAO"/></property>
    </bean>
    <bean id="cartDAO" class="dao.CartDAOImpl">
        <property name="sessionFactory"><ref local="sessionFactory"/></property>
    </bean>
    <bean id="cartService" class="service.CartServiceImpl">
        <property name="cartDAO"><ref bean="cartDAO"/></property>
    </bean>
    <bean id="showCart" class="action.CartProductSelect">
        <property name="cartService"><ref bean="cartService"/></property>
        <property name="userService"><ref bean="userService"/></property>
        <property name="productInfoService"><ref bean="productInfoService"/>
        </property>
        <property name="productSortService"><ref bean="productSortService"/>
        </property>
    </bean>
```

9. 完成 web.xml 文件的配置

web.xml 的配置和任务 5 中的配置相同，这里不再重复讲述。

10. 完成该模块中两个页面 showCart.jsp、error.jsp 的设计

（1）showCart.jsp 页面的设计。代码如下：

```jsp
<%@page language="java" contentType="text/html; charset=UTF-8"%>
<%@taglib uri="/struts-tags" prefix="struts"%>
<html>
    <head><title>购物车详细信息查询</title></head>
    <body><center><br/>
            <h2>欢迎查看购物车中所有商品的详细信息</h2><br/><hr>
            <TABLE id=tb cellSpacing=2 cellPadding=5 width="95%" align=center
                border=2>
                <tr>
                    <TD bgcolor=#0078B7 align="center" width="15%">用户名称</TD>
                    <TD bgcolor=#0078B7 align="center" width="15%">商品名称</TD>
                    <TD bgcolor=#0078B7 align="center" width="15%">商品类别</TD>
```

```
            <TD bgcolor=#0078B7 align="center" width="15%">商品价格</TD>
            <TD bgcolor=#0078B7 align="center" width="15%">商品折扣</TD>
            <TD bgcolor=#0078B7 align="center" width="15%">商品描述</TD>
        </tr>
        <struts:action name="showCart" executeResult="false"/>
        <struts:iterator value="#request['cart']" id="cart">
            <tr>
                <td><struts:property value="#cart.userName"/></td>
                <td><struts:property value="#cart.productName"/></td>
                <td><struts:property value="#cart.sortName"/></td>
                <td><struts:property value="#cart.price"/></td>
                <td><struts:property value="#cart.discount"/></td>
                <td><struts:property value="#cart.discription"/></td>
            </tr>
        </struts:iterator>
    </table>
    </center></body>
</html>
```

(2) error.jsp 页面的设计。代码如下：

```
<%@page contentType="text/html;charset=gb2312" %>
<%@taglib prefix="s" uri="/struts-tags" %>
<html><body><h2>购物车中没有查找到商品</h2></body></html>
```

11.6.3 运行效果

当所有代码书写完成后，启动 Tomcat，发布工程，然后在浏览器窗口查看运行效果，如图 11-1 所示。

单 元 总 结

本单元在引入性案例中给出了有待解决的问题。通过对现有技术和知识体系结构进行分析，提出了使用 SSH 框架整合技术解决该类问题的方案，并通过任务 2 至任务 5 逐层展开对该技术相关知识点的讲述。

在任务 2 中，重点介绍了 Spring 框架与 Struts 1 和 Struts 2 框架的整合技术，由于本书以后的案例都将使用 Struts 2 框架，所以在讲述 Spring 与 Struts 2 的整合技术时提供了详细的例子。为了使读者能够更容易接受 Spring 与 Hibernate 的整合，首先通过任务 3 讲述了 Spring 与 Java EE 持久化数据访问技术，之后的任务 4 重点介绍了 Spring 与 Hibernate 的整合以及相关配置。任务 5 重点介绍了如何构建 SSH 整合框架体系，并给出了相关案例。

任务 6 使用了刚学过的 SSH 框架体系实现引入性案例中提出的问题，完成了购物车模块的开发，并对本单元学过的知识点进行总结，实现知识的进阶。

习 题

(1) 简述 Spring 与 Struts 1 框架的整合方式。
(2) 上机调试任务 2 中的实例 1，理解并掌握 Spring 与 Struts 2 的整合技术。
(3) 简述获取 DataSource 的方法。
(4) 叙述 Spring 对 JDBC 的支持。
(5) 简述 Spring 对 SessionFactory 的管理。
(6) 如何在 Hibernate 中实现 DAO？
(7) 叙述构建 SSH 整合框架体系的过程。
(8) 上机调试本单元中任务 1 的引入性案例和任务 6 的进阶式案例。
(9) 上机调试本单元中任务 2 到任务 5 中的实例，理解各个程序代码间的关系。

实训 11　使用 SSH 框架体系实现图书管理系统中图书添加和查阅模块

1. 实训目的

(1) 掌握 Spring 与 Struts 的整合方式。
(2) 了解 Spring 与 Java EE 持久化数据访问技术。
(3) 掌握 Spring 与 Hibernate 的整合方式。
(4) 了解构建 SSH 整合框架体系的过程。

2. 实训内容

根据本单元已学知识实现图书管理系统中的图书添加和查阅模块，具体要求和步骤如下。

(1) 在 MyEclipse 运行环境中创建名为 BookSystem 的 Web 工程。
(2) 添加 SSH 整合框架的 JAR 包。
(3) 在 domain 包中创建持久化类以及持久化类对应的映射文件。
(4) 在 dao 包中创建持久化层的接口以及该接口的实现类。
(5) 在 service 包中创建业务层的接口以及该接口的实现类。
(6) 在 action 包中创建添加图书和查询所有图书详细信息的 Action 类 BookSelect.java。
(7) 为解决中文乱码问题，创建过滤器 Servlet：CharacterEncodingFilter.java。
(8) 完成 Struts 2 的配置文件 struts.xml、struts.properties 的配置。
(9) 完成 Spring 的配置文件 applicationContext.xml 的配置。
(10) 完成 web.xml 文件的配置。
(11) 完成该模块中两个页面 showBook.jsp、error.jsp 的设计。

3. 操作步骤

参考本单元任务 2 至任务 6 中讲述的内容完成实训内容，实现其功能。

4. 实训小结

对相关内容写出实训总结。

第三篇

系统开发篇

第三篇

系统无关算

第 12 单元 网上购物系统

单元描述：

本单元主要探讨基于 Java EE 的 Web 应用系统的开发，将通过网上购物系统讲述使用 Java EE 框架技术开发 Web 系统的过程。在描述该系统时，引入软件工程的概念，采用项目开发的顺序一步一步展开，使学生在按照该案例进行操作的同时，提前体验以后软件开发岗位的工作。该系统采用 B/S 模式的四层开发模型进行设计，其数据库层由 MySQL 实现，表示层由 Struts 2 框架实现，业务逻辑层由 Spring 框架实现，数据持久化层由 Hibernate 框架实现。

单元目标：

- 掌握系统开发的主要步骤；
- 能够完成系统的需求分析和功能解析；
- 了解系统数据库设计的过程；
- 掌握数据库层、数据持久化层、业务逻辑层、表示层的开发步骤。

12.1 步骤 1 网上购物系统需求分析

根据网上购物的基本特点，网上购物系统应具有如下基本功能：
(1) 用户管理，即用户登录、注册、注销操作；
(2) 商品浏览，即按照商品类别进行商品分类查询和浏览；
(3) 购物车管理，即将用户选购的商品加入购物车，实现购物车的查询和更新；
(4) 订单管理，即对用户选购的商品生成订单。
根据上述系统功能分析，设计网上购物系统的功能模块图如图 12-1 所示。

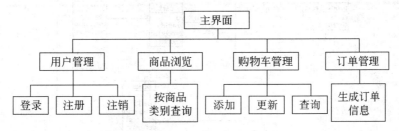

图 12-1 网上购物系统功能模块图

12.2 步骤 2 网上购物系统数据库设计

网上购物系统应包含用户、商品、商品分类信息，因此该系统的 E-R 图如图 12-2 所示。

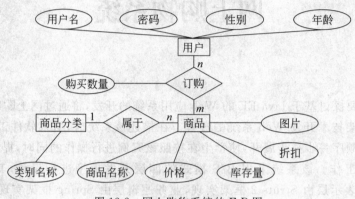

图 12-2 网上购物系统的 E-R 图

（1）用户：代表一个用户实体，主要包括用户信息，如用户名、密码、性别、年龄等。

（2）商品分类：代表网上购物系统中已有商品的分类信息，如精品图书、数码产品等。

（3）商品信息：代表具体商品的详细信息，如商品名称、价格、折扣、图片等。

各个实体之间存在的对应关系如下。

（1）商品分类与商品的关系：一种商品属于一种商品分类，一种商品分类包含多种商品，因此该关系是一对多的关系。

（2）用户与商品的关系：一个用户可以订购多种商品，一种商品可以被多个用户订购，因此该关系是多对多的关系。

当用户购买商品时，系统要将购买信息记载入购物车中，产生临时购买信息，并记载需要购买的数量；当用户确定要对自己所选择的商品下订单时，将产生对应的订单信息。因此该系统需要 5 张表，分别为用户表、商品信息表、商品分类表、购物车表以及订单表。各表之间的关系如图 12-3 所示。

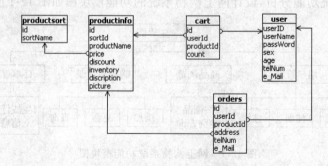

图 12-3 数据库中各表的关系

其中，用户表(user)、商品分类表(productsort)、商品信息表(productinfo)以及购物车表(cart)已经在前面的章节中讲述过，请读者参考。为了记录商品的图片信息，需要在商品信息表中添加一个 picture 字段，该字段的定义如表 12-1 所示。此处不再给出创建 productinfo 表以及向该表插入记录的 SQL 语句，请读者参考第 6、第 7 单元的内容自行修改，其余数据表的结构保持不变。

表 12-1 productinfo 表中 picture 字段的结构

列 名	数据类型	长 度	是否允许为空	说 明
picture	varchar	30	是	记载图片名称

当用户确定要购买自己放在购物车中的商品时，便产生了订单，该系统的订单表(orders)的表结构如表 12-2 所示。

表 12-2 orders 表的表结构

列 名	数据类型	长 度	是否允许为空	说 明
id	int	4	否(主键)	订单编号
userId	int	4	否(外键)	用户编号
productId	int	4	否(外键)	商品编号
address	varchar	50	否	用户地址
telNum	varchar	15	是	用户电话
e_Mail	varchar	50	否	用户邮箱地址

创建订单表(orders)的 SQL 代码如下：

```
create table if not exists orders
(id int primary key auto_increment,
userId int not null,
productId int not null,
address varchar(50) not null,
telNum varchar(15),
e_Mail varchar(50) not null
);
#为 orders 表添加带有级联删除和级联更新功能的外键 FK_order_productInfo 和 FK_order_user
alter table orders add constraint FK_order_productInfo foreign key(productId) references productInfo(id) on delete restrict on update restrict;
alter table orders add constraint FK_order_user foreign key(userId) references user(userID) on delete restrict on update restrict;
```

12.3 步骤3 网上购物系统框架搭建

在编写代码之前,系统框架搭建的准备工作是必不可少的。首先应当将系统中可能要用到的文件夹创建好,然后将系统需要的 JAR 文件复制出来,这样可以方便以后的开发工作,也可以规范网站的整体架构,为后续开发和维护做好充足的准备。

12.3.1 工程目录结构解析

1. domain 文件夹

下面对网上购物系统的目录结构进行解析,首先是 domain 文件夹,该文件夹主要存放 JavaBean 组件,其目录结构如图 12-4 所示。该文件夹中存放了和数据库对应的各个表的 JavaBean 类及其对应的映射文件,另外还存放了一个特殊的 JavaBean 文件 Cart.java,主要用于记录购物车中商品的详细信息。

2. dao 文件夹

dao 文件夹用于存放数据库操作的接口和实现类,其目录结构如图 12-5 所示。

图 12-4 domain 的目录结构

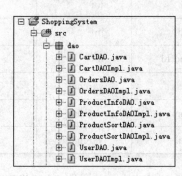
图 12-5 dao 的目录结构

3. service 文件夹

service 文件夹用于存放具体业务操作的接口与实现类,目录结构如图 12-6 所示。

4. action 文件夹

action 文件夹用于存放各种 Action 类,目录结构如图 12-7 所示。

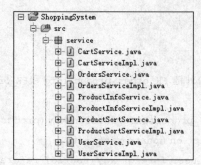
图 12-6 service 的目录结构

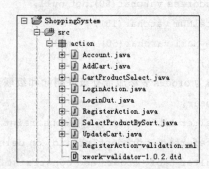
图 12-7 action 的目录结构

5. filter 文件夹

为解决中文乱码问题,创建过滤器 Servlet:CharacterEncodingFilter.java。该文件放在 filter 文件夹中,其代码和之前案例中的代码相同,这里不再叙述。

6. database 文件夹

database 文件夹中放 shopping.sql 文件,该文件用于存放与 shopping 数据库操作有关的所有 SQL 语句,代码已在之前的单元中给出,这里不再重复讲述。

7. WebRoot 文件夹

在 WebRoot 文件夹中包含所有的页面设计,其中 image 文件夹存放的是页面上的图片,productImages 文件夹存放的是所有商品的图片。该文件夹的目录结构如图 12-8 所示。在页面设计方面,主页为 index.html。该页面分为 4 部分,页眉为 head.html,导航条放在左边,由 navigation.html 显示,正文为 content.html,页脚为 foot.html。用户登录页面为 login.jsp,用户注册页面为 register.jsp,注册成功页面为 registerSuccess.jsp,商品显示页面为 showProduct.jsp,购物车中的商品信息显示页面为

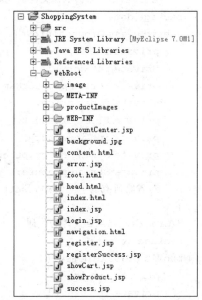

图 12-8　WebRoot 的目录结构

showCart.jsp,结算中心页面为 accountCenter.jsp,出错页面为 error.jsp,成功页面为 success.jsp。

12.3.2　创建 ShoppingSystem 工程

有了清晰的工程目录后,接下来就是创建工程了。通过 MyEclipse 创建名为 ShoppingSystem 的 Web 工程,创建过程此处不再讲述,请读者参阅以前的单元。工程创建完成后,MyEclipse 会自动在 WEB-INF 文件夹下生成一个 lib 文件夹,将网上购物系统所需要的 JAR 文件复制到该文件夹下,完成 JAR 文件的添加。

12.4　步骤 4　网上购物系统的代码实现

12.4.1　数据持久层的实现

在 domain 包中创建与数据表对应的持久化类,以及与持久化类对应的映射文件。这些文件包括 UserVo.java、uservo.hbm.xml、ProductInfoVo.java、productinfovo.hbm.xml、ProductSortVo.java、productsortvo.hbm.xml、CartVo.java、cartvo.hbm.xml 以及 OrdersVo.java 和 ordersvo.hbm.xml。这些文件的内容和第 11 单元进阶式案例所在的 CartSystem 工程的 domain 中对应的文件相同,但是 ProductInfoVo.java、productinfovo.hbm.xml、OrdersVo.java 和 ordersvo.hbm.xml 与之前的有所不同。ProductInfoVo

.java、OrdersVo.java 这两个文件的代码如下,请读者参照第 11 单元进阶式案例写出 productinfovo.hbm.xml 和 ordersvo.hbm.xml 文件的代码。

```
//ProductInfoVo.java 文件的代码
package domain;
public class ProductInfoVo{
    private int id;
    private int sortId;
    private String productName;
    private float price;
    private float discount;
    private int inventory;
    private String discription;
    private String picture;
    //省略所有的 getter()、setter()方法
}
//OrdersVo.java 文件的代码
package domain;
public class OrdersVo{
    private int id;
    private int userId;
    private int productId;
    private String address;
    private String telNum;
    private String e_Mail;
    //省略所有的 getter()、setter()方法
}
```

12.4.2 数据库连接的实现

网上购物系统的数据库连接在 applicationContext.xml 文件中配置,其中数据源 datasource 的配置与第 11 单元进阶式案例 applicationContext.xml 文件中的 datasource 的配置相同,此处不再叙述。下面给出 sessionFactory 的配置,代码如下:

```xml
<bean id="sessionFactory"
    class="org.springframework.orm.hibernate3.LocalSessionFactoryBean">
    <property name="dataSource"><ref bean="datasource"/></property>
    <property name="hibernateProperties">
        <props><prop key="hibernate.dialect">org.hibernate.dialect.MySQLDialect
        </prop></props>
    </property>
    <property name="mappingResources">
        <list><value>domain/uservo.hbm.xml</value>
            <value>domain/cartvo.hbm.xml</value>
            <value>domain/productinfovo.hbm.xml</value>
            <value>domain/productsortvo.hbm.xml</value>
```

```xml
            <value>domain/ordersvo.hbm.xml</value></list>
    </property>
</bean>
```

12.4.3 用户管理模块的实现

用户管理模块包括用户登录、注册和注销 3 大功能,其具体实现过程如下。

1. 用户管理数据库操作接口类 UserDAO 及其实现类 UserDAOImpl

在用户管理中,数据库操作的接口类为 UserDAO,该类共有 3 个方法。

(1) findByID(int userID):使用主键用户编号检索一个用户的信息。

(2) findByProperty(String propertyName,String propertyPsw):检查是否存在该用户名和密码的用户。

(3) save(UserVo newUser):向数据库新增一个用户,完成新用户注册。

接口类 UserDAO 的代码如下:

```java
package dao;
import domain.UserVo;
public interface UserDAO{
    public UserVo findByID(int userID);
    public UserVo findByProperty(String propertyName,String propertyPsw);
    public void save(UserVo newUser);
}
```

接口类 UserDAO 的实现类 UserDAOImpl 的代码如下:

```java
package dao;
import java.util.List;
import org.springframework.orm.hibernate3.support.HibernateDaoSupport;
import domain.UserVo;
public class UserDAOImpl extends HibernateDaoSupport implements UserDAO{
    public UserVo findByID(int userID){
        UserVo user=(UserVo) getHibernateTemplate().get(UserVo.class,userID);
        return user;
    }
    public UserVo findByProperty(String propertyName, String propertyPsw){
        UserVo result=new UserVo();
        String queryString="from UserVo user where user.userName='"+propertyName +
        "' and user.passWord='"+propertyPsw+"'";
        System.out.println(queryString);
        List<UserVo>userList=getHibernateTemplate().find(queryString);
        if(userList.size()!=0)
        {result=userList.get(0);}
        else
        {result=null;}
```

```
        return result;
    }
    public void save(UserVo newUser){
        if(newUser==null)    return;
        getHibernateTemplate().save(newUser);
    }
}
```

2. 用户管理业务操作接口类 UserService 及其实现类 UserServiceImpl

在用户管理中，业务操作的接口类为 UserService，该类共有 3 个方法，完成对 DAO 类相关方法的封装。

接口类 UserService 的代码如下：

```
package service;
import domain.UserVo;
public interface UserService{
    public UserVo findByID(int userID);
    public UserVo findByProperty(String propertyName,String propertyPsw);
    public void save(UserVo newUser);
}
```

接口类 UserService 的实现类 UserServiceImpl 的代码如下：

```
package service;
import dao.UserDAO;
import domain.UserVo;
public class UserServiceImpl implements UserService{
    private UserDAO userDAO;
    //省略所有属性的 getter()、setter()方法
    public UserVo findByID(int userID){
        return userDAO.findByID(userID);
    }
    public UserVo findByProperty(String propertyName, String propertyPsw){
        return userDAO.findByProperty(propertyName, propertyPsw);
    }
    public void save(UserVo newUser){
        userDAO.save(newUser);
    }
}
```

3. 用户管理的 Action 类

（1）用户登录管理。

LoginAction 类中的 execute()方法实现用户登录的功能，该方法依赖于 Service 层，登录时需要验证用户输入的用户名和密码是否存在，如果存在，需要将该用户放入 Session 对象中，以便该用户在购买商品或浏览该网站的其他网页时能很好地确定用户身

份。LoginAction 类的代码如下：

```java
package action;
import java.util.Map;
import service.UserService;
import com.opensymphony.xwork2.ActionContext;
import com.opensymphony.xwork2.ActionSupport;
import domain.UserVo;
public class LoginAction extends ActionSupport{
    private String userName;
    private String userPsw;
    private UserService userService;
    //省略所有属性的 getter()、setter()方法
    public String execute() throws Exception{
        UserVo result=userService.findByProperty(userName, userPsw);
        if (result !=null)
        {   Map session=ActionContext.getContext().getSession();
            if(session.containsKey("userVo"))
                session.remove("userVo");
            session.put("userVo",result);
            return SUCCESS;
        }
        else return ERROR;
    }
}
```

（2）用户注册管理。

RegisterAction 类中的 execute( )方法实现用户注册的功能，该方法依赖于 Service 层。注册时首先需要对用户输入的信息进行校验，校验的方法采用了 Struts 2 中的 Validation 框架，具体配置操作请参阅第 5 单元的进阶式案例。另外，关于国际化的内容也要参阅第 5 单元的进阶式案例。RegisterAction 类需要验证用户输入的用户名和密码是否存在，如果不存在，需要重新输入。RegisterAction 类的代码如下：

```java
package action;
import service.UserService;
import com.opensymphony.xwork2.ActionSupport;
import domain.UserVo;
public class RegisterAction extends ActionSupport{
    private String userName;
    private String psw1;
    private String psw2;
    private int age;
    private String sex;
    private String telNum;
```

```
        private String email;
        private UserService userService;
        //省略所有属性的 getter()、setter()方法
        public String execute() throws Exception{
            UserVo result=userService.findByProperty(userName, psw1);
            if(result !=null){
                addFieldError("error0", getText("username.exist"));
                return SUCCESS;
            }else{
                UserVo newUser=new UserVo();
                newUser.setUserName(userName);
                newUser.setPassWord(psw1);
                newUser.setSex(sex);
                newUser.setAge(age);
                newUser.setTelNum(telNum);
                newUser.setE_Mail(email);
                userService.save(newUser);
                return SUCCESS;
            }
        }
    }
```

(3) 用户注销管理。

LoginOut 类中的 execute()方法实现用户注销的功能。注销时只需将登录时加载到 Session 中的 user 对象删除即可。LoginOut 类的代码如下：

```
package action;
import java.util.Map;
import com.opensymphony.xwork2.ActionContext;
import com.opensymphony.xwork2.ActionSupport;
public class LoginOut extends ActionSupport{
    public String execute() throws Exception{
        Map  session=ActionContext.getContext().getSession();
        session.remove("userVo");
        return SUCCESS;
    }
}
```

4．用户管理模块的相关配置

(1) 在 struts.xml 中的配置。代码如下：

```
<action name="login" class="action.LoginAction">
    <result name="error">/register.jsp</result>
    <result name="success">/success.jsp</result>
</action>
```

```xml
<action name="register" class="action.RegisterAction">
    <result name="input">/register.jsp</result>
    <result name="success">/registerSuccess.jsp</result>
</action>
<action name="loginOut" class="action.LoginOut">
    <result name="success">/login.jsp</result>
</action>
```

(2) 在 applicationContext.xml 中的配置。代码如下：

```xml
<bean id="userDAO" class="dao.UserDAOImpl">
    <property name="sessionFactory"><ref local="sessionFactory"/></property>
</bean>
<bean id="userService" class="service.UserServiceImpl">
    <property name="userDAO"><ref bean="userDAO"/></property>
</bean>
<bean id="login" class="action.LoginAction">
    <property name="userService"><ref bean="userService"/></property>
</bean>
<bean id="register" class="action.RegisterAction">
    <property name="userService"><ref bean="userService"/></property>
</bean>
```

由于 LoginOut 类不是基于 Service 层的，所以无须在 applicationContext.xml 中配置。

(3) 在 struts.properties 中的配置。代码如下：

```
struts.objectFactory=spring
struts.action.extension=action
struts.locale=en_GB
struts.custom.i18n.resources=Application
```

(4) 在 web.xml 中的配置。

web.xml 中的配置与第 11 单元进阶式案例中同名文件的配置相同，此处不再讲述。

5. 用户管理的界面处理及运行效果

(1) 登录页面 login.jsp 以及登录成功页面 success.jsp。

登录页面 login.jsp 以及登录成功页面 success.jsp 的代码与第 11 单元的实例 3 工程名为 SSHUserLogin 中同名文件的代码相同，此处不再重复。运行效果与第 11 单元的图 11-3 和图 11-4 相同。

(2) 注册页面 register.jsp 以及注册成功页面 registerSuccess.jsp。

注册页面 register.jsp 以及注册成功页面 registerSuccess.jsp 的代码与第 5 单元的进阶式案例工程名为 RegisterStruts2 中同名文件的代码相同，此处不再重复。运行效果与第 5 单元的图 5-13 和图 5-14 相同。

12.4.4 商品浏览模块的实现

商品浏览模块主要实现按照商品类别进行查询的功能,其效果图如图 12-9 所示,具体实现过程详述如下。

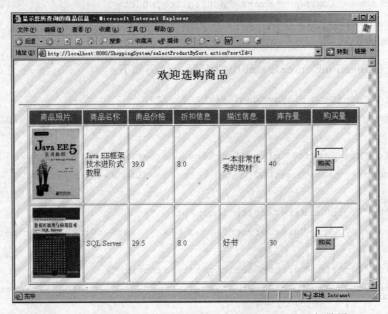

图 12-9 商品浏览模块的界面 showProduct.jsp 的运行效果

1. 商品浏览模块的数据库操作接口类 ProductInfoDAO 及其实现类 ProductInfoDAOImpl

在商品浏览模块中,数据库操作的接口类为 ProductInfoDAO,该类共有两个方法。

(1) findByID(int id):使用主键商品编号检索商品信息。

(2) findBySortId(int sortId):根据商品类别检索同种类别的商品。

接口类 ProductInfoDAO 的代码如下:

```
package dao;
import java.util.List;
import domain.ProductInfoVo;
public interface ProductInfoDAO{
    public ProductInfoVo findByID(int id);
    public List<ProductInfoVo> findBySortId(int sortId);
}
```

接口类 ProductInfoDAO 的实现类 ProductInfoDAOImpl 的代码如下:

```
package dao;
import java.util.List;
import domain.ProductInfoVo;
import org.springframework.orm.hibernate3.support.HibernateDaoSupport;
public class ProductInfoDAOImpl extends HibernateDaoSupport implements ProductInfoDAO{
```

```
    public ProductInfoVo findByID(int id){
        ProductInfoVo pi=(ProductInfoVo)getHibernateTemplate().get(ProductInfoVo.
        class,id);
        return pi;
    }
    public List<ProductInfoVo>findBySortId(int sortId){
        String queryString="from ProductInfoVo pi where pi.sortId="+sortId ;
        System.out.println(queryString);
        List<ProductInfoVo>productList=getHibernateTemplate().find(queryString);
        return productList;
    }
}
```

2. 商品浏览模块的业务操作接口类 ProductInfoService 及其实现类

在商品浏览模块中，业务操作的接口类为 ProductInfoService，该类共有两个方法，完成对 DAO 类相关方法的封装。

接口类 ProductInfoService 的代码如下：

```
package service;
import java.util.List;
import domain.ProductInfoVo;
public interface ProductInfoService{
    public ProductInfoVo findByID(int id);
    public List<ProductInfoVo>findBySortId(int sortId);
}
```

接口类 ProductInfoService 的实现类 ProductInfoServiceImpl 的代码如下：

```
package service;
import java.util.List;
import dao.ProductInfoDAO;
import domain.ProductInfoVo;
public class ProductInfoServiceImpl implements ProductInfoService{
    private ProductInfoDAO productInfoDAO;
    //省去所有属性的 getter()、setter()方法
    public ProductInfoVo findByID(int id){
        return productInfoDAO.findByID(id);
    }
    public List<ProductInfoVo>findBySortId(int sortId){
        return productInfoDAO.findBySortId(sortId);
    }
}
```

3. 商品类别的数据库操作接口类 ProductSortDAO 及其实现类 ProductSortDAOImpl

商品类别的数据库操作接口类为 ProductSortDAO，该类共有两个方法。
（1）findByID(int id)：使用主键商品类别编号检索商品类别信息。

（2）findBySortName(String sortName)：根据商品类别名称检索出商品类别的编号。

接口类 ProductSortDAO 的代码如下：

```
package dao;
import domain.ProductSortVo;
public interface ProductSortDAO{
    public ProductSortVo findByID(int id);
    public int findBySortName(String sortName);
}
```

接口类 ProductSortDAO 的实现类 ProductSortDAOImpl 的代码如下：

```
package dao;
import java.util.List;
import org.springframework.orm.hibernate3.support.HibernateDaoSupport;
import domain.ProductSortVo;
public class ProductSortDAOImpl extends HibernateDaoSupport implements ProductSortDAO{
    public ProductSortVo findByID(int id){
        ProductSortVo ps=(ProductSortVo) getHibernateTemplate().get(ProductSortVo.class,id);
        return ps;
    }
    public int findBySortName(String sortName){
        String queryString="from ProductSortVo ps where ps.sortName='"+sortName +"'";
        System.out.println(queryString);
        List<ProductSortVo>psList=getHibernateTemplate().find(queryString);
        return psList.get(0).getId();
    }
}
```

4. 商品类别的业务操作接口类 ProductSortService 及其实现类

商品类别业务操作的接口类为 ProductSortService，该类共有两个方法，完成对 DAO 类相关方法的封装。

接口类 ProductSortService 的代码如下：

```
package service;
import domain.ProductSortVo;
public interface ProductSortService{
    public ProductSortVo findByID(int id);
    public int findBySortName(String sortName);
}
```

接口类 ProductSortService 的实现类 ProductSortServiceImpl 的代码如下：

```
package service;
import dao.ProductSortDAO;
import domain.ProductSortVo;
public class ProductSortServiceImpl implements ProductSortService{
```

```
    private ProductSortDAO productSortDAO;
    //省略所有属性的getter()、setter()方法
    public ProductSortVo findByID(int id){
        return productSortDAO.findByID(id);
    }
    public int findBySortName(String sortName){
        return productSortDAO.findBySortName(sortName);
    }
}
```

5. 商品浏览模块的 Action 类

SelectProductBySort 类中的 execute()方法实现按照商品分类浏览商品的功能,该方法依赖于 Service 层。SelectProductBySort 类的代码如下:

```
package action;
import java.util.List;
import java.util.Map;
import service.ProductInfoService;
import service.ProductSortService;
import com.opensymphony.xwork2.ActionContext;
import com.opensymphony.xwork2.ActionSupport;
import domain.ProductInfoVo;
import domain.ProductSortVo;
public class SelectProductBySort extends ActionSupport{
    private int sortId=1;
    private ProductInfoVo productInfovo;
    private ProductInfoService productInfoService;
    private ProductSortVo productsortvo;
    private ProductSortService productSortService;
    //省去所有的getter()、setter()方法
    public String execute() throws Exception{
        List<ProductInfoVo>productInfo=productInfoService.findBySortId(sortId);
        if(productInfo!=null){
            Map request= (Map)ActionContext.getContext().get("request");
            request.put("productInfo",productInfo);
            return SUCCESS;
        }
        else{return ERROR;}
    }
}
```

6. 商品浏览模块的相关配置

(1) 在 struts.xml 中的配置。代码如下:

```
<action name="selectProductBySort" class="action.SelectProductBySort">
    <result name="error">/error.jsp</result>
    <result name="success">/showProduct.jsp</result>
</action>
```

(2) 在 applicationContext.xml 中的配置。代码如下：

```xml
<bean id="productInfoDAO" class="dao.ProductInfoDAOImpl">
    <property name="sessionFactory"><ref local="sessionFactory"/></property>
</bean>
<bean id="productInfoService" class="service.ProductInfoServiceImpl">
    <property name="productInfoDAO"><ref bean="productInfoDAO"/></property>
</bean>
    <bean id="productSortDAO" class="dao.ProductSortDAOImpl">
    <property name="sessionFactory"><ref local="sessionFactory" /></property>
</bean>
<bean id="productSortService" class="service.ProductSortServiceImpl">
    <property name="productSortDAO"><ref bean="productSortDAO" /></property>
</bean>
<bean id="selectProductBySort" class="action.SelectProductBySort">
    < property name="productInfoService"> < ref bean="productInfoService"/>
    </property>
    < property name="productSortService"> < ref bean="productSortService"/>
    </property>
</bean>
```

其他配置文件中的配置保持不变。

7. 商品浏览模块的界面处理及运行效果

商品浏览模块的界面处理由 showProduct.jsp 实现，该文件的代码如下。运行效果如图 12-9 所示。

```jsp
<%@page language="java" contentType="text/html; charset=UTF-8"%>
<%@taglib uri="/struts-tags" prefix="struts"%>
<html>
    <head>
        <title>显示您所查询的商品信息</title>
        <style type="text/css">
         body{  /*background: url(image/content.png) 100%0  no-repeat;*/
                background:url(image/body_bg.gif);
                background-repeat: repeat; color:#00458c; margin-top:0;
                margin-right:0;}
            .title{color:white;}
            .title TD{background:#0078B7; }</style>
    </head>
    <body><center><br/><h2>欢迎选购商品</h2><br/><hr>
        < TABLE id=tb cellSpacing=2 cellPadding=5 width="95%" align=center
        border=2>
            <tr class="title">
                <TD align="center" width="10%">商品照片</TD>
                <TD align="center" width="10%">商品名称</TD>
                <TD align="center" width="10%">商品价格</TD>
```

```
        <TD align="center" width="10%">折扣信息</TD>
        <TD align="center" width="10%">描述信息</TD>
        <TD align="center" width="10%">库存量</TD>
        <TD align="center" width="10%">购买量</TD></tr>
    <struts:action name="selectProductBySort" executeResult="false"/>
    <struts:iterator value="#request['productInfo']" id="productInfo">
        <tr><td><img src="/ShoppingSystem/productImages/<struts:
        property value="#productInfo.picture"/>" width="100"></td>
        <td><struts:property value="#productInfo.productName"/>
        </td>
        <td><struts:property value="#productInfo.price"/></td>
        <td><struts:property value="#productInfo.discount"/></td>
        <td><struts:property value="#productInfo.discription"/>
        </td>
        <td><struts:property value="#productInfo.inventory"/></td>
        <td><form action="addCart.action" method="post">
            <input type="text" name="count" size=4 value="1"/>
    <input type="hidden" name="productId" value="<struts:property value="
    #productInfo.id"/>"/>
            <input type="submit" value="购买"/></form></td></tr>
    </struts:iterator>
    </table></center>
</body>
</html>
```

12.4.5 购物车管理模块的实现

购物车模块主要实现登录用户对已选购的商品的管理,其中包含对已经选购的商品的查看和删除操作。假定用户王新民已经登录,该用户查看购物车中商品详细信息的效果如图 12-10 所示。

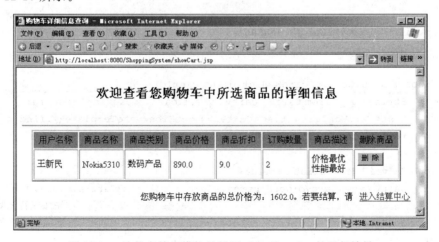

图 12-10 购物车管理模块的界面 showCart.jsp 的运行效果

具体实现过程如下。

1. 购物车模块的数据库操作接口类 CartDAO 及其实现类 CartDAOImpl

在购物车中,数据库操作的接口类为 CartDAO,该类共有 4 个方法。

(1) findALL():查询购物车表中的全部记录。

(2) findByUserId(int userId):根据用户编号检索购物车表中的信息。

(3) save(CartVo newCart):向购物车添加一条记录。

(4) delete(int cartId):删除购物车中的一条记录。

接口类 CartDAO 的代码如下:

```java
package dao;
import java.util.List;
import domain.CartVo;
public interface CartDAO{
    public List<CartVo>findALL();
    public List<CartVo>findByUserId(int userId);
    public void save(CartVo newCart);
    public void delete(int cartId);
}
```

接口类 CartDAO 的实现类 CartDAOImpl 的代码如下:

```java
package dao;
import java.util.List;
import org.springframework.orm.hibernate3.support.HibernateDaoSupport;
import domain.CartVo;
public class CartDAOImpl extends HibernateDaoSupport implements CartDAO{
    public List<CartVo>findALL(){
        String sql="from CartVo";
        List<CartVo>list=(List<CartVo>) getHibernateTemplate().find(sql);
        return list;
    }
    public void save(CartVo newCart){
        getHibernateTemplate().save(newCart);
    }
    public List<CartVo>findByUserId(int userId){
        String sql="from CartVo cartVo where cartVo.userId="+userId;
        List<CartVo>list=(List<CartVo>) getHibernateTemplate().find(sql);
        return list;
    }
    public void delete(int cartId){
        CartVo vo=(CartVo)getHibernateTemplate().get(CartVo.class, cartId);
                                                            //先加载特定实例
        getHibernateTemplate().delete(vo);                  //删除特定实例
    }
}
```

2. 购物车模块的业务操作接口类 CartService 及其实现类

在购物车中,业务操作的接口类为 CartService,该类共有 4 个方法,完成对 DAO 类相关方法的封装。

接口类 CartService 的代码如下:

```
package service;
import java.util.List;
import domain.CartVo;
public interface CartService{
    public List<CartVo>  showCart();
    public List<CartVo>  showCartByUserId(int userId);
    public void save(CartVo newCart);
    public void delete(int cartId);
}
```

接口类 CartService 的实现类 CartServiceImpl 的代码如下:

```
package service;
import java.util.List;
import domain.CartVo;
import dao.CartDAO;
public class CartServiceImpl implements CartService{
    private CartDAO cartDAO;
    //省略所有属性的 getter()、setter()方法
    public List<CartVo>showCart(){          //显示购物车中的全部信息
        if (cartDAO.findALL().size()>0){ return cartDAO.findALL();
        }
        else{return null;}
    }
    public void save(CartVo newCart){
        cartDAO.save(newCart);
    }
    public List<CartVo>showCartByUserId(int userId){
        if (cartDAO.findByUserId(userId).size()>0){
            return cartDAO.findByUserId(userId);
        }
        else{return null;}
    }
    public void delete(int cartId){
        cartDAO.delete(cartId);
    }
}
```

3. 购物车模块的 Action 类

购物车的 Action 类将查询出来的商品的详细信息放到 Cart 类生成的对象中,以便

在页面上显示。其中 Cart 类在 domain 文件夹中,该文件的代码如下:

```java
package domain;
public class Cart{
    private int userID;
    private String userName;
    private int productId;
    private String productName;
    private int sortId;
    private String sortName;
    private float price;
    private float discount;
    private String discription;
    private int cartId;
    private int count;
    //省略所有属性的 getter()、setter()方法
}
```

CartProductSelect 类中的 execute()方法实现用户对自己购物车中商品详细信息的查询,该方法依赖于 Service 层。CartProductSelect 类的代码如下:

```java
public class CartProductSelect extends ActionSupport{
    private UserService userService;
    private UserVo uservo;
    private ProductInfoVo productInfovo;
    private ProductInfoService productInfoService;
    private ProductSortVo productsortvo;
    private ProductSortService productSortService;
    private CartVo cart;
    private CartService cartService;
    //省略所有属性的 getter()、setter()方法
    public String execute() throws Exception{
        List<Cart> cart=new ArrayList<Cart>();
        Map session=ActionContext.getContext().getSession();
        UserVo userVo= (UserVo)session.get("userVo");
        List<CartVo>cartvo=cartService.showCartByUserId(userVo.getUserID());
        double totalPrice=0.0;
        for(int i=0;i<cartvo.size();i++){
            Cart newCart=new Cart();                              //构建一个 Cart 对象
            newCart.setCartId(cartvo.get(i).getId());             //记录当前的购物车 Id
            int userID=cartvo.get(i).getUserId();
            newCart.setUserID(userID);                            //记录用户 Id
            int productId=cartvo.get(i).getProductId();           //获取商品 Id
            newCart.setProductId(productId);
            ProductInfoVo pi=productInfoService.findByID(productId);
```

```
        newCart.setProductName(pi.getProductName());    //获取商品名称
        newCart.setPrice(pi.getPrice());                //获取商品价格
        newCart.setDiscount(pi.getDiscount());          //获取折扣信息
        newCart.setDiscription(pi.getDiscription());    //获取描述信息
        int productSortId=pi.getSortId();               //获取商品分类 Id
        newCart.setSortId(productSortId);
        ProductSortVo ps=productSortService.findByID(productSortId);
        newCart.setSortName(ps.getSortName());          //记录商品分类名称
        newCart.setUserName(userVo.getUserName());      //获取用户名信息
        newCart.setCount(cartvo.get(i).getCount());
        cart.add(newCart);                              //加入到 Cart 列表中
        totalPrice+=newCart.getPrice()*newCart.getCount()*newCart.getDiscount()*
0.1;
        }
    if(cart.size()>0){
        Map request= (Map)ActionContext.getContext().get("request");
        request.put("cart",cart);
        request.put("totalPrice", totalPrice);
        return SUCCESS;
        }
        else{return ERROR;}
    }
}
```

AddCart 实现了向购物车中添加一条记录的功能,该文件的代码如下:

```
public class AddCart extends ActionSupport{
    int productId;
    private int count;
    private CartService cartService;
    private CartVo cartVo;
    //省略所有属性的 getter()、setter()方法
    public String execute() throws Exception{
        //获取用户 Id
        Map session=ActionContext.getContext().getSession();
        UserVo userVo= (UserVo)session.get("userVo");
        CartVo cartVo=new CartVo();
        cartVo.setUserId(userVo.getUserID());
        cartVo.setProductId(productId);
        cartVo.setCount(count);
        cartService.save(cartVo);
        return SUCCESS;
    }
}
```

UpdateCart 类实现了对购物车的更新操作,主要完成删除一条记录的功能。代码如下:

```java
package action;
import service.CartService;
import com.opensymphony.xwork2.ActionSupport;
public class UpdateCart extends ActionSupport{
    private int cartId;
    private CartService cartService;
    //省略所有属性的 getter()、setter()方法
    public String execute() throws Exception{
        System.out.println("update cart");
        System.out.println(cartId);
        cartService.delete(cartId);
        return SUCCESS;
    }
}
```

4. 购物车模块的相关配置

(1) 在 struts.xml 中的配置。代码如下:

```xml
<action name="showCart" class="action.CartProductSelect">
    <result name="error">/error.jsp</result>
    <result name="success">/showCart.jsp</result>
</action>
<action name="addCart" class="action.AddCart">
    <result name="error">/error.jsp</result>
    <result name="success">/showProduct.jsp</result>
</action>
<action name="updateCart" class="action.UpdateCart">
    <result name="success">/showCart.jsp</result>
</action>
```

(2) 在 applicationContext.xml 中的配置。
其他配置文件中的配置保持不变。代码如下:

```xml
<bean id="cartDAO" class="dao.CartDAOImpl">
    <property name="sessionFactory"><ref local="sessionFactory"/></property>
</bean>
<bean id="cartService" class="service.CartServiceImpl">
    <property name="cartDAO"><ref bean="cartDAO"/></property>
</bean>
<bean id="showCart" class="action.CartProductSelect">
    <property name="cartService"><ref bean="cartService"/></property>
    <property name="userService"><ref bean="userService"/></property>
    <property name="productInfoService"><ref bean="productInfoService"/>
</property>
```

```xml
            <property name="productSortService"><ref bean="productSortService"/>
            </property>
</bean>
<bean id="addCart" class="action.AddCart">
            <property name="cartService"><ref bean="cartService"/></property>
</bean>
<bean id="updateCart" class="action.UpdateCart">
            <property name="cartService"><ref bean="cartService"/></property>
</bean>
```

5. 购物车模块的界面处理及运行效果

购物车模块的界面处理由 showCart.jsp 实现,该文件的代码如下。运行效果如图 12-10 所示。

```jsp
<%@page language="java" contentType="text/html; charset=UTF-8"%>
<%@taglib uri="/struts-tags" prefix="struts"%>
<html>
    <head>
        <title>购物车详细信息查询</title>
        <style type="text/css">
         div{float:right;}</style>
    </head>
<body><center><br/><h2>欢迎查看您购物车中所选商品的详细信息</h2><br/><hr>
          <TABLE id=tb cellSpacing=2 cellPadding=5 width="95%" align=center
          border=2>
              <tr><TD bgcolor=#0078B7 align="center" width="10%">用户名称</TD>
                  <TD bgcolor=#0078B7 align="center" width="10%">商品名称</TD>
                  <TD bgcolor=#0078B7 align="center" width="10%">商品类别</TD>
                  <TD bgcolor=#0078B7 align="center" width="10%">商品价格</TD>
                  <TD bgcolor=#0078B7 align="center" width="10%">商品折扣</TD>
                  <TD bgcolor=#0078B7 align="center" width="10%">订购数量</TD>
                  <TD bgcolor=#0078B7 align="center" width="10%">商品描述</TD>
                  <TD bgcolor=#0078B7 align="center" width="10%">删除商品</TD>
              </tr>
          <struts:action name="showCart" executeResult="false"/>
          <struts:iterator value="#request['cart']" id="cart">
              <tr><td><struts:property value="#cart.userName"/></td>
                  <td><struts:property value="#cart.productName"/></td>
                  <td><struts:property value="#cart.sortName"/></td>
                  <td><struts:property value="#cart.price"/></td>
                  <td><struts:property value="#cart.discount"/></td>
                  <td><struts:property value="#cart.count"/></td>
                  <td><struts:property value="#cart.discription"/></td>
                  <td><form action="updateCart.action" method="post">
                      <input type="hidden" name="cartId" value="<struts:property value="
```

```
                    #cart.cartId"/>"/>
                        <input type="submit" value="删 除"/></form></td></tr>
            </struts:iterator>
        </table><br>
        <div>您购物车中存放商品的总价格为：<struts:property value="#request
        ['totalPrice']"/>。若要结算，请     < a href ="
        accountCenter.jsp">进入结算中心</a></div></center>
    </body>
</html>
```

12.4.6 订单管理模块的实现

订单管理模块主要实现下订单的功能，需要在页面上输入用户的联系方式和通信地址，以便用户可以收到自己选择的商品，并生成订单。其效果图如图12-11所示。

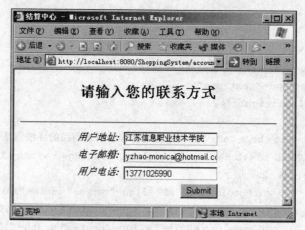

图 12-11　订单管理模块的界面 accountCenter.jsp 的运行效果

具体实现过程如下。

1. 订单管理模块的数据库操作接口类 OrdersDAO 及其实现类 OrdersDAOImpl

在订单管理模块中，数据库操作的接口类为 OrdersDAO，该类只有1个方法。

save(OrdersVo newOrder)：实现下订单的功能。

接口类 ProductInfoDAO 的代码如下：

```
package dao;
import domain.OrdersVo;
public interface OrdersDAO{
    public void save(OrdersVo newOrder);
}
```

接口类 OrdersDAO 的实现类 OrdersDAOImpl 的代码如下：

```
package dao;
import org.springframework.orm.hibernate3.support.HibernateDaoSupport;
```

```
import domain.OrdersVo;
public class OrdersDAOImpl extends HibernateDaoSupport implements OrdersDAO{
    public void save(OrdersVo newOrder){
        getHibernateTemplate().save(newOrder);
    }
}
```

2. 订单管理模块的业务操作接口类 OrdersService 及其实现类

在订单管理模块中,业务操作的接口类为 OrdersService,该类只有 1 个方法,完成对 DAO 类相关方法的封装。

接口类 OrdersService 的代码如下:

```
package service;
import domain.OrdersVo;
public interface OrdersService{
    public void save(OrdersVo newOrder);
}
```

接口类 OrdersService 的实现类 OrdersServiceImpl 的代码如下:

```
package service;
import dao.OrdersDAO;
import domain.OrdersVo;
public class OrdersServiceImpl implements OrdersService{
    private OrdersDAO ordersDAO;
    //省略所有属性的 getter()、setter()方法
    public void save(OrdersVo newOrder){
        ordersDAO.save(newOrder);
    }
}
```

3. 订单管理模块的 Action 类

Account 类中的 execute()方法实现下订单的功能,该方法依赖于 Service 层。Account 类的代码如下:

```
public class Account extends ActionSupport{
    private static final long serialVersionUID=1L;
    private String  address;
    private String  e_mail;
    private String  telNum;
    private CartService cartService;
    private OrdersService ordersService;
    //省略所有属性的 getter()、setter()方法
    public String execute() throws Exception{
        //TODO Auto-generated method stub
        Map session=ActionContext.getContext().getSession();
```

```
            UserVo userVo=(UserVo)session.get("userVo");
            List<CartVo>cartvo=cartService.showCartByUserId(userVo.getUserID());
            for(int i=0;i<cartvo.size();i++){
                OrdersVo newOrder=new OrdersVo();
                newOrder.setAddress(address);
                newOrder.setE_Mail(e_mail);
                newOrder.setTelNum(telNum);
                newOrder.setUserId(userVo.getUserID());
                newOrder.setProductId(cartvo.get(i).getProductId());
                ordersService.save(newOrder);
                cartService.delete(cartvo.get(i).getId());
            }
            return SUCCESS;
    }
}
```

4. 订单管理模块的相关配置

(1) 在 struts.xml 中的配置。代码如下：

```
<action name="account" class="action.Account">
    <result name="success">/showProduct.jsp</result>
</action>
```

(2) 在 applicationContext.xml 中的配置。代码如下：

```
<bean id="ordersDAO" class="dao.OrdersDAOImpl">
    <property name="sessionFactory"><ref bean="sessionFactory"/></property>
</bean>
<bean id="ordersService" class="service.OrdersServiceImpl">
    <property name="ordersDAO"><ref bean="ordersDAO"/></property>
</bean>
<bean id="account" class="action.Account">
    <property name="cartService"><ref bean="cartService"/></property>
    <property name="ordersService">    <ref bean="ordersService"/></property>
</bean>
```

其他配置文件中的配置保持不变。

5. 订单管理模块的界面处理及运行效果

订单管理模块的界面处理由 accountCenter.jsp 实现，该文件的代码如下。运行效果如图 12-11 所示。

```
<%@page language="java" contentType="text/html; charset=UTF-8"%>
<%@taglib uri="/struts-tags" prefix="struts"%>
<html>
    <head><title>结算中心</title><struts:head theme="ajax"/></head>
    <body><center><br/><h2>请输入您的联系方式</h2><br/><hr
```

```
        <struts:form action="account" method="post">
            <struts:textfield name="address" label="用户地址"/>
            <struts:textfield name="e_mail" label="电子邮箱"/>
            <struts:textfield name="telNum" label="用户电话"/>
            <struts:submit label="确定"/>
        </struts:form></center>
    </body>
</html>
```

12.4.7 主界面的实现

主界面由5部分实现,分别是index.html、head.html、navigation.html、content.html和foot.html,运行效果如图12-12所示。

图 12-12 主界面的运行效果

具体实现过程如下。

1. index.html 页面设计

index.html 页面代码如下:

```
<html>
    <head>
        <title>shopping</title>
        <style type="text/css">
#myFrame{}
frame{   border: 2px;
         border-color: red;}</style>
    </head>
```

```
        <frameset id="myFrame" rows="17%,73%,10%" cols="," framespacing=2>
            <frame src="head.html" name="" border="0" frameborder="no" scrolling="no" noresize>
            <frameset rows="," cols="18%,*" framespacing=2>
                <frame src="navigation.html" name="" frameborder="no" noresize>
                <frame src="content.html" name="destination" frameborder="no" noresize>
            </frameset>
            <frame src="foot.html" name="" frameborder="no" noresize>
        </frameset>
</html>
```

2. head.html 页面设计

head.html 页面代码如下：

```
<html>
    <style type="text/css">
body{   background-image: url(image/head.jpg);
        background-repeat: no-repeat;
        width: 100%;
        height: 100%;}
p{  font-size: 15px;
    color: orange;
    letter-spacing: 6px;
    text-decoration: blink;
    font-weight: bold;
    font-family: Arial, Tahoma, Verdana;}
p #welcome{ font-size: 25px;
            color: yellow;
            /*float:left;*/
            font-style: italic;}
div{ position: relative;
     top: 18px;
     left: 5px;
     color: rgb(100, 14, 200);}
a{  color: rgb(0, 0, 0);
    font-size: 17px;
    text-decoration: none;
    font-weight: bold;}
a:hover{ font-size: 17px;
         text-decoration: underline;
         color: blue;}</style>
    <meta http-equiv="Content-Type" content="text/html;charset=utf-8">
    <body><p><span id="welcome">Y</span>ou are welcome</p>
        <div><span><a href="login.jsp" target="destination">登  录
        </a></span>|
```

```html
        <span><a href="register.jsp" target="destination">注   
册</a></span>|
        <span><a href="loginOut.action" target="destination">注  
 销</a></span>|
         <span><a href="showCart.jsp" target="destination">购物车</a>
         </span>|
         <span><a href="content.html" target="destination">联系我们</a>
         </span></div></body>
</html>
```

3. navigation.html 页面设计

navigation.html 页面代码如下：

```
<html>
    <style type="text/css">
body{   background: url(image/navigation.png) 100%0 repeat-x;
        color: #00458c;}
ul{ font-size: 0.9em;
        color: #00458c;
        list-style-type: none; /* 不显示项目符号 */}
li{ background: url(image/item.png) no-repeat; /* 添加为背景图片 */
        padding-left: 25px; /* 设置图标与文字的间隔 */}
a{  text-decoration: none;
        color: blue;}
a:hover{  color: #c00;
          backaground: #069;}
a:visited{  color: sliver;}</style>
    <meta http-equiv="Content-Type" content="text/html;charset=utf-8">
    <body><strong>超级市场</strong>
        <ul><li><a href="selectProductBySort.action?sortId=1" target="
        destination">精品图书</a></li>
            <li><a href="selectProductBySort.action?sortId=2" target="
            destination">数码产品</a></li>
            <li><a href="selectProductBySort.action?sortId=3" target="
            destination">日常用品</a></li>
            <li><a href="selectProductBySort.action?sortId=4" target="
            destination">食品杂货</a></li>
        </ul>
    </body>
</html>
```

4. content.html 页面设计

content.html 页面代码如下：

```
<html>
    <head><style type="text/css">
```

```
body{ /*background: url(image/content.png) 100%0  no-repeat;*/
    background: url(image/body_bg.gif);
    background-repeat: repeat;
    color: #00458c;
    margin-top: 0;
    margin-right: 0;}</style>
    <meta http-equiv="Content-Type" content="text/html;charset=utf-8">
    </head><body></body>
</html>
```

5. foot.html 页面设计

foot.html 页面代码如下:

```
<html>
    <head><style type="text/css">
body{  background-image: url(image/foot.png);
    background-repeat: repeat-x;}
center{   font-size: 12px;}</style>
        <meta http-equiv="Content-Type" content="text/html;charset=utf-8">
    </head>
    <body><center>江苏信息职业技术学院 计算机工程系 版权所有</center>
        <center>Copyright&copy;2010-2011.All Rights Reserved.</center></body>
</html>
```

单元总结

本单元讲述了网上购物系统的设计过程,展示了如何使用 Java EE 框架技术开发、设计系统的详细步骤。该系统运用了软件工程的知识,以及本单元之前讲述的各种技术,是本单元之前所有知识的综合运用。

该系统涉及的技术包括 MySQL 数据库技术、HTML、Servlet、JSP、CSS、Struts 框架技术、Hibernate 框架技术和 Spring 框架技术。

由于篇幅有限,本书仅介绍了功能简单的网上购物系统。尽管简单,但依然按照系统设计、需求分析等软件工程的开发步骤进行,采用了 Java EE 四层开发模型(数据库层、数据持久层、业务逻辑层、用户表示层)完成系统开发。本单元详细介绍了网上购物系统开发的步骤和各个功能模块的设计。该案例可供老师在课程结束时的实训环节使用,供读者参考。

习 题

(1) 按照本单元介绍的步骤,完成网上购物系统的调试工作。

(2) 对网上购物系统进行修改,编写 Servlet 程序,实现在用户未登录或注册之前不允许访问其他网页的功能。
(3) 对网上购物系统进行修改,使用 AOP 技术,实现用户下单后的通知功能。
(4) 本单元讲述的网上购物系统仅涉及前台功能的开发,请参照相关步骤完成后台的设计和开发,如货物上架、订单浏览等功能。

实训 12 图书管理系统

1. 实训目的
(1) 掌握系统开发的主要步骤。
(2) 能够完成系统的需求分析和功能解析。
(3) 了解系统数据库设计的过程。
(4) 掌握数据库层、数据持久化层、业务逻辑层、表示层的开发步骤。

2. 实训内容
根据本单元已学知识,完成图书管理系统的设计和开发,具体要求如下:
(1) 完成图书管理系统的需求分析,绘制功能结构图、E-R 图。
(2) 完成图书管理系统的数据库设计,完成各数据表的设计,构建各表间的关系。
(3) 搭建图书管理系统的框架,完成工程目录的搭建,创建 LibrarySystem。
(4) 完成图书管理系统的代码设计,完成前台设计和后台设计。

3. 操作步骤
参考本单元讲述的内容以及本书之前各单元中介绍的知识,完成图书管理系统。

4. 实训小结
对相关内容写出实训总结。